"十三五"职业教育国家规划教材

食品微生物学

新世纪高职高专教材编审委员会 组编
主 编 杨玉红 吕玉珍
副主编 陈玉勇 李西腾 刘宏伟
刘海琴 裴保河

●互联网+：
纸质图书+在线课程+微课视频，三位一体
●资源丰富：
微课视频+教学课件+实训指导等

大连理工大学出版社

图书在版编目(CIP)数据

食品微生物学 / 杨玉红，吕玉珍主编. -- 大连 :
大连理工大学出版社，2019.9(2022.12 重印)
新世纪高职高专食品类课程规划教材
ISBN 978-7-5685-2331-8

Ⅰ. ①食… Ⅱ. ①杨… ②吕… Ⅲ. ①食品微生物－微生物学－高等职业教育－教材 Ⅳ. ①TS201.3

中国版本图书馆 CIP 数据核字(2019)第 240518 号

大连理工大学出版社出版

地址:大连市软件园路 80 号　邮政编码:116023
发行:0411-84708842　邮购:0411-84708943　传真:0411-84701466
E-mail:dutp@dutp.cn　URL:https://www.dutp.cn
大连日升彩色印刷有限公司印刷　　大连理工大学出版社发行

幅面尺寸:185mm×260mm　　印张:15　　字数:365 千字
2019 年 9 月第 1 版　　2022 年 12 月第 7 次印刷

责任编辑:李　红　　责任校对:马　双
封面设计:张　莹

ISBN 978-7-5685-2331-8　　定　价:45.00 元

编 委 会

主　编　杨玉红(鹤壁职业技术学院)

吕玉珍(扬州市职业大学)

副主编　陈玉勇(江苏农牧科技职业学院)

李西腾(江苏食品药品职业技术学院)

刘宏伟(鹤壁市农产品检验检测中心)

刘海琴(鹤壁市畜产品质量监测检验中心)

裴保河(鹤壁市疾病预防控制中心)

前　言

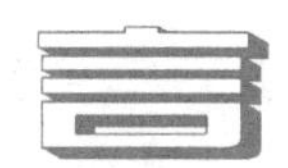

《食品微生物学》是"十三五"职业教育国家规划教材，也是新世纪高职高专教材编审委员会组编的食品类课程规划教材之一。

《食品微生物学》是食品类专业的一门重要的专业基础课程。教材以《高等职业学校专业教学标准》为依据，按照食品类专业对食品微生物学课程教学的基本要求，并充分考虑高等职业技术教育培养技术技能人才的目标规格编写。既注重微生物学基础知识，又突出微生物与食品的关系。在微生物学基础方面，系统介绍了微生物的形态、结构、营养、生长繁殖、遗传变异和菌种选育，力求简洁明了、深入浅出。在微生物与食品的关系方面，突出微生物在食品生产中的应用，系统介绍了微生物与食品变质、食品保藏的关系，并按照最新食品安全国家标准介绍了微生物与食品安全相关内容。

全书共分 10 章，前 9 章为微生物理论与应用内容，每章以知识目标、技能目标、学习重点与难点开篇，以拓展知识、本章小结、复习思考题结束。力求使学生明白学习重点，能力培养重点，同时拓展学生的学习视野。第 10 章为实验实训内容，配合理论知识的递增规律进行安排，对学生进行微生物实验基本技能、微生物检测能力、微生物在食品生产中应用能力培养。

本教材可作为高职高专食品加工技术、食品营养与检测、食品质量与安全、食品贮运与营销、食品检测技术、食品营养与卫生、绿色食品生产与检验等食品类专业教学用书，同时也供从事营养、食品、生物专业工作人员参考。

本书由杨玉红（鹤壁职业技术学院）、吕玉珍（扬州职业大学）任主编，陈玉勇（江苏农牧科技职业学院）、李西腾（江苏食品药品职业技术学院）、刘宏伟（鹤壁市农产品检验检测中心）、刘海琴（鹤壁市畜产品质量检验检测中心）、裴保河（鹤壁市疾病预防控制中心）任副主编。具体编写分工为：第 1、2、3、4、7 章由杨玉红编写，第 5、6 章由吕玉珍编写，第 8、9 章由刘宏伟、刘海琴、裴保河编写，第 10 章由李西腾、陈玉勇编写。杨玉红、裴保河提供了本书大量的数字资源。

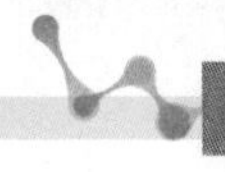

本教材是新形态教材，充分利用现代化的教学手段和教学资源辅助教学，图文声像等多媒体并用。本书重点开发了微课资源，以短小精悍的微视频透析教材中的重难点知识点，使学生充分利用现代二维码技术，随时、主动、反复学习相关内容。除了微课外，还配有传统配套资源，供学生使用，此类资源可登录教材服务网站进行下载。

在编写过程中，得到国内各有关高等院校、企业领导、多位食品专家的热情帮助和支持，在此谨致以诚挚的谢意。编写过程中，编者参考了许多国内同行的论著及部分网上资料，材料来源未能一一注明，在此向原作者表示诚挚的感谢。由于编者知识水平和条件有限，书中错误在所难免，恳请同仁和读者批评指正，以便进一步修改、完善。

编　者

2019 年 9 月

所有意见和建议请发往：dutpgz@163.com
欢迎访问职教数字化服务平台：https://www.dutp.cn/sve/
联系电话：0411-84707492　84706671

目　录

模块一　食品微生物基础理论与应用

模块二　食品微生物实验与实训

微课堂索引

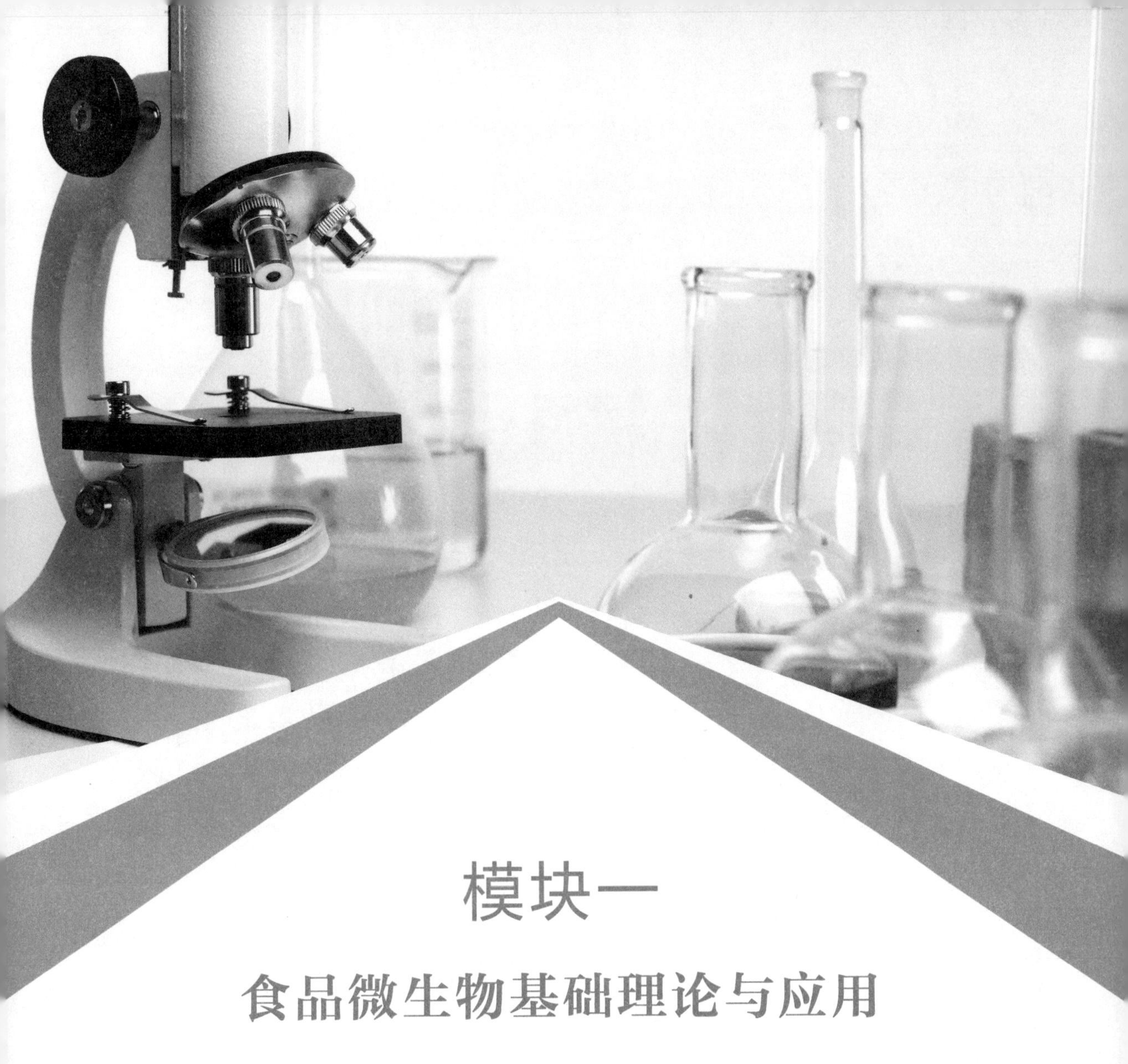

模块一

食品微生物基础理论与应用

在食品微生物基础理论与应用知识学习中，讲好中国故事、传播好中国声音，以社会主义核心价值观为引领，发展社会主义先进文化，弘扬革命文化，传承中华优秀传统文化，弘扬劳动精神、奋斗精神、奉献精神、创造精神、勤俭节约精神。牢固树立和践行绿水青山就是金山银山的理念，弘扬社会主义法治精神，传承中华优秀传统法律文化，做社会主义法治的忠实崇尚者、自觉遵守者、坚定捍卫者。

第1章 绪论

学习目标

1.掌握微生物的基本概念及微生物在生物分类学中的地位。
2.熟悉微生物的生物学特点和作用。
3.了解微生物学的主要分支学科和发展史。
4.明确食品微生物学的研究内容和任务。

微生物学的发展过程中,我国古代劳动人民早已广泛应用微生物酿酒、制醋、发面、腌制酸菜泡菜、盐渍等,种痘预防天花,在生产与日常生活中积累了不少关于微生物作用的经验并总结出相应的规律,并且应用这些规律,创造财富,减少和消灭病害。众多微生物学家特别是我国科学家的开创性研究成果,对世界微生物学发展做出了重要贡献。

1.1 微生物及其生物学特点

微生物及其分类、地位

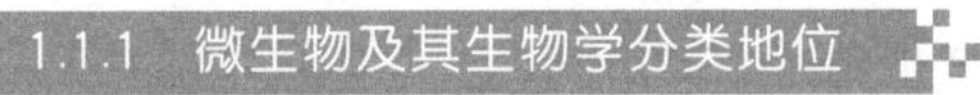

1.1.1 微生物及其生物学分类地位

1.微生物的概念及其主要类群

微生物(Microorganism 或 Microbe)是一类个体微小、结构简单,肉眼不可见或看不清楚的微小生物的统称。这个微小生物类群十分庞杂,它包括小到没有细胞结构的病毒(Virus)、单细胞原核的细菌(Bacteria)、放线菌(Actinomyces)、支原体(Mycoplasma)、立克次氏体(Rickettsia)、衣原体(Chlamydia)等和属于真菌的酵母菌(Yeast)、霉菌(Mould)等以及原生动物(Protozoa)等。与食品工业有密切关系的主要是细菌、酵母菌、霉菌、放线菌和部分专门侵害微生物的部分病毒(噬菌体,Phage)。这些微小生物虽然种类不同、形态和大小各异,但是,它们的生物学特性比较接近,所以人们赋予其一个共同的名称——微生物。

2.微生物的生物学分类地位

微生物不是一个分类学名称,对于生物的分类,早在18世纪中叶,人们把所有生物分成两界,即动物界(Animalia)和植物界(Plantae);后来发现把自然界中存在的形体微小、结构简单的低等生物笼统地归入动物界和植物界是不妥当的。1866年,Haeckel提出了原生生物界(Protistae),其中包括藻类(Alga)、原生动物、真菌(Fungi)和细菌。到20世纪50年

代，随着电子显微镜的应用和细胞超微结构研究的进展，人们提出了原核与真核的概念，因此把属于原核结构的细菌和具有真核结构的真菌等统归原生生物界显然是不可能的。1957年，Copeland提出四界分类系统：原核生物界(细菌、蓝细菌等)、原生生物界(原生动物、真菌、黏菌和藻类等)、动物界和植物界。

1969年，Whinaker提出把真菌单独列为一界，即形成了生物五界分类系统，将生物分为原核生物界、真核原生生物界、真菌界、动物界和植物界。随着对病毒研究的深入，1977年，我国微生物学家王大耜提出把病毒列为一界，即病毒界。因此在五界分类系统的基础上形成了六界分类系统。根据微生物的定义，我们可以看出，在生物六界分类系统中，微生物包括四界。

20世纪70年代以后，随着"第三型生物"——古细菌(Archaea)的发现，R. H. Whittaker和L. Margulis于1978年提出了三原界(Urkingdom)分类系统，认为在生物进化的早期，存在一类各生物的共同祖先，然后分成三条进化路线，形成了三个原界：古细菌原界，包括产甲烷细菌、极端嗜盐细菌、嗜热嗜酸细菌；真细菌(Eubacteria)原界，包括除古细菌以外的其他原核生物；真核生物原界，包括原生动物、真菌、动物和植物。

近年来，我国学者又提出了菌物界的概念，菌物界是与动、植物界并行的一大类真核生物，除指一般真菌外，还包括一些既不宜归入动物界，也不宜归入植物界，又不同于一般真菌的真核生物，如黏菌、卵菌等。

综上所述，自然界生物系统的划分，与微生物的不断发现和对微生物研究的逐步深入密切相关，充分显示了微生物在生物领域中的重要地位。

1.1.2 微生物的生物学特点及作用

微生物除具有生物的共性外，也有其独特的特点，正因为其具有这些特点，才使得这样微不可见的生物类群引起人们的高度重视。

1.种类繁多，分布广泛

微生物的种类极其繁多，目前已发现的微生物达10万种以上，并且每年都有大量新的微生物菌种报道。微生物的多样性已在全球范围内对人类产生巨大影响。首先微生物为人类创造了巨大的物质财富，目前所使用的抗生素药物，绝大多数是微生物发酵产生的，微生物发酵工业为工、农、医等领域提供各种产品。微生物分布非常广泛，可以说微生物无处不有，凡是有高等生物生存的地方，都有微生物存在，甚至某些没有其他生物生存的地方也有微生物存在，例如在冰川、温泉、火山口等极端环境条件下也有大量微生物分布。土壤是微生物的大本营，尤其是耕作的土壤中，微生物的数量很大，1 g沃土中含菌量高达几亿甚至几十亿。一般土壤越肥沃，其含菌量越高，而表层土中比深层土中的含菌量高。除土壤外，水、空气中也含有大量微生物，越是人员聚集的公共场所，空气中的微生物含量越高。水中的微生物以江、湖、河、海中含量高，井水次之。在动、植物的体表及某些内部器官中也含有大量微生物。由于食品主要以植物果实或动物的组织器官为原料，所以动、植物携带的微生物是食品变质的主要污染来源。

2.生长繁殖快，代谢能力强

微生物生长繁殖的速度是高等生物所无法比拟的，大肠杆菌(*Escherichia coli*)在适宜的条件下，每20 min即繁殖一代，24 h即可繁殖72代，一个菌细胞可繁殖约4.7×10^{21}个，如果将这些新生菌体排列起来，可绕地球一周有余。微生物生长繁殖的速度如此之快，是因为微生物的代谢能力很强，由于微生物个体微小，单位体积的表面积相对很大，有利于细胞内外的物质交换，所以细胞内的代谢反应较快。正因为微生物具有生长快、代谢能力强的特点，它才能够成为发酵工业的产业大军，在工、农、医等战线上发挥巨大作用。加之微生物的种类繁多，代谢类型多种多样，其在地球上的物质转化（如 N、C 等的物质循环）中起重要作用。可以设想，如果没有微生物，自古以来的动、植物尸体不能分解腐烂，地球上早已是动、植物尸体堆积如山。但事物总是一分为二的，正因为微生物的上述特点，微生物也曾经或随时都有可能给人类带来疫病的灾难。

3.遗传稳定性差，容易发生变异

微生物个体微小，对外界环境很敏感，抗逆性较差，很容易受到各种不良外界环境的影响。另外，微生物的结构简单，缺乏免疫监控系统（如高等动物的免疫系统），所以很容易发生遗传性状的变异。微生物的遗传不稳定性，是相对于高等生物而言的。实际上在自然条件下，微生物的自发突变频率在 10^{-6} 左右。微生物的遗传稳定性差，给微生物菌种保藏工作带来一定不便。一般在能满足生产需要的情况下，尽量减少菌种的转接代数，并且不断检测菌种的纯度和活力。一旦出现菌种因突变而退化的现象，就必须对菌种进行复壮工作。微生物的遗传稳定性差，其遗传的保守性低，使得微生物菌种培育容易得多。通过育种工作，可大幅度地提高菌种的生产性能，其产量性状提高幅度是高等动、植物所难以实现的。目前在发酵工业上，所用的生产菌种大多是经过突变培育的，其生产性能比原始菌株提高几倍、几十倍甚至几百倍。

1.2 微生物学及其发展

1.2.1 微生物学及其主要分支学科

微生物学是研究微生物在一定条件下的形态结构、生理生化、遗传变异以及微生物的进化、分类、生态等生命活动规律及其应用的一门学科。

随着微生物学的不断发展，已形成了基础微生物学和应用微生物学，又可根据研究的侧重面和层次不同而分为许多不同的分支学科，并还在不断地形成新的学科和研究领域。

按研究对象分，可分为细菌学、放线菌学、真菌学、病毒学、原生动物学、藻类学等。

按过程与功能分，可分为微生物生理学、微生物分类学、微生物遗传学、微生物生态学、微生物分子生物学、微生物基因组学、细胞微生物学等。

按生态环境分，可分为土壤微生物学、环境微生物学、水域微生物学、海洋微生物学、宇宙微生物学等。

按技术与工艺分，可分为发酵微生物学、分析微生物学、遗传工程学、微生物技术学等。

按应用范围分，可分为工业微生物学、农业微生物学、医学微生物学、兽医微生物学、食品微生物学、预防微生物学等。

按与人类疾病关系分，可分为流行病学、医学微生物学、免疫学等。

随着现代理论和技术的发展，新的微生物学分支学科正在不断形成和建立。细胞微生物学、微生物分子生物学和微生物基因组学等在分子水平、基因水平和后基因组水平上研究微生物生命活动规律及其生命本质的分支学科和新型研究领域的出现，表明微生物学的发展进入一个崭新的阶段。

1.2.2 微生物学发展简史

1.史前时期

人类对微生物的认识与利用始于17世纪下半叶，荷兰学者列文虎克(Leeuwenhoek)用自制的简易显微镜亲眼观察到细菌个体。在此之前，对于一门学科来说，微生物学尚没形成，这个时期称为微生物学史前时期。这个时期，人们在生产与日常生活中积累了不少关于微生物作用的经验并总结出相应的规律，并且应用这些规律，创造财富，减少和消灭病害。民间早已广泛应用微生物来酿酒、制醋、发面、腌制酸菜泡菜、盐渍等。古埃及人也早已掌握制作面包和配制果酒技术。这些都是人类在食品工艺中控制和应用微生物活动规律的典型例子。积肥、沤粪、翻土压青、豆类作物与其他作物的间作轮作，是人类在农业生产实践中控制和应用微生物生命活动规律的生产技术。种痘预防天花是人类控制和应用微生物生命活动规律在预防疾病、保护健康方面的宝贵实践。尽管这些还没有上升为微生物学理论，但都是控制和应用微生物生命活动规律的实践活动。

2.微生物形态学发展阶段

17世纪80年代，列文虎克用他自己制造的可放大160倍的显微镜观察牙垢、雨水、井水以及各种有机质的浸出液，发现了许多可以活动的“活的小动物”，并发表了这一“自然界的秘密”。这是首次对微生物形态和个体的观察和记载。随后，其他研究者凭借显微镜对于其他微生物类群进行观察和记载，充实和扩大了人类对微生物类群形态的视野。但是在其后相当长的时间内，人们对微生物作用的规律仍一无所知。这个时期也称为微生物学的创始时期，即形态学发展阶段。

3.微生物生理学发展阶段

19世纪60年代初，法国的巴斯德(Pasteur)和德国的科赫(Koch)等一批杰出的科学家建立了一套独特的微生物研究方法，对微生物的生命活动及其对人类实践和自然界的作用做了初步研究，同时还建立起许多微生物学分支学科，尤其是建立了解决当时实际问题的几门重要应用微生物学科，如医用细菌学、植物病理学、酿造学、土壤微生物学等。在这个时期，巴斯德研究了酒变酸的微生物原理，探索了蚕病、牛羊炭疽病、鸡霍乱和人狂犬病等传染病的病因，有机质腐败和酿酒失败的起因，否定了生命起源的“自然发生说”，建立了巴氏消毒法等一系列微生物学实验技术。科赫在巴斯德之后，改进了固体培养基的配方，发明了倾皿法进行纯种分离，建立了细菌细胞的染色技术，显微摄影技术和悬滴培养法，寻找并证实了炭疽病、结核病和霍乱病等一系列严重传染疾病的病原体等。这些成就奠定了微生物学成为一门科学的基础。他们是微生物学的奠基人。在这一时期，英国学者布赫纳(Buchner)在1897年研究了磨碎酵母菌的发酵作用，把酵母菌的生命活动和酶化学联系起来，推动了微生物生理学的发展。同时，其他学者例如俄国学者伊万诺夫斯基(Ivanovski)首先发现了烟草花叶病毒(Tobacco Mosaic Virus，TMV)，扩大了微生物的类群范围。

4.微生物分子生物学发展阶段

在上一时期的基础上，20世纪初至20世纪40年代末，微生物学进入了酶学和生物化学研究时期，许多酶、辅酶、抗生素以及许多反应的生物化学和生物遗传学都是在这一时期被发现和创立的，并在 20 世纪 40 年代末形成了一门研究微生物基本生命活动规律的综合学科——普通微生物学。20 世纪 50 年代初，随着电镜技术和其他高新技术的出现，对微生物的研究进入分子生物学的水平。1953 年，沃森(Watson)和克里克(Crick)发现了细菌基因体脱氧核糖核酸长链的双螺旋构造。1961 年，加古勃(Jacab)和莫诺德(Monod)提出了操纵子学说，指出了基因表达的调节机制和其局部变化与基因突变之间的关系，即阐明了遗传信息的传递与表达的关系。1977 年，C.Weose 等在分析原核生物 16S rRNA 和真核生物 18S rRNA 序列的基础上，提出了可将自然界的生命分为细菌、古菌和真核生物三域。揭示了各生物之间的系统发育关系，使微生物学进入成熟时期。在这个成熟时期，从基础研究来讲，从三大方面深入分子水平来研究微生物的生命活动规律：①研究微生物大分子的结构和功能，即研究核酸、蛋白质、生物合成、信息传递、膜结构与功能等。②在基因和分子水平上研究不同生理类型微生物的各种代谢途径和调控、能量产生和转换，以及严格厌氧和其他极端条件下的代谢活动等。③在分子水平上研究微生物的形态构建和分化，病毒的装配以及微生物的进化、分类和鉴定等，在基因和分子水平上揭示微生物的系统发育关系。尤其是近年来，应用现代分子生物技术手段，将具有某种特殊功能的基因绘制了组成序列图谱，以大肠杆菌等细菌细胞为工具和对象进行了各种各样的基因转移、克隆等开拓性研究。在应用方面，开发菌种资源、发酵原料和代谢产物，利用代谢调控机制和固定化细胞、固定化酶发展发酵生产和提高发酵经济的效益，应用遗传工程组建具有特殊功能的"工程菌"，把研究微生物的各种方法和手段应用于动、植物和人类研究的某些领域。这些研究使微生物学研究进入一个崭新的时期。

1.3 食品微生物学及其任务

食品微生物学研究的内容

食品微生物学(Food Microbiology)是专门研究微生物与食品之间的相互关系的一门学科。它是微生物学的一个重要分支，是一门综合性的学科，它融合了普通微生物学、工业微生物学、医学微生物学、农业微生物学和食品有关的部分，是食品类专业的专业基础课。

微生物在自然界广泛存在，在食品原料和大多数食品上都存在微生物。但是，不同的食品或在不同的条件下，其微生物的种类、数量和作用亦不相同。食品微生物学研究的内容包括与食品有关的微生物的特征、微生物与食品的相互关系及其生态条件等。

早在古代，人们就采食野生菌类，利用微生物酿酒、制酱，但当时并不知道微生物的作用。随着对微生物与食品关系的认识日益深刻，才逐步阐明微生物的种类及其机理，也逐步扩大了微生物在食品制造中的应用范围。概括起来，微生物在食品中的应用有三种方式：①微生物菌体的应用。食用菌就是受人们欢迎的食品；乳酸菌可用于蔬菜和乳类及其他多种食品的发酵，所以，人们在食用酸牛奶和酸泡菜时也食用了大量的乳酸菌；单细胞蛋白(*SCP*)就是从微生物体中所获得的蛋白质，也是人们对微生物菌体的利用。②微生物代谢产物的应用。这是指人们食用的食品是经过微生物发酵作用的代谢产物，如酒类、食醋、氨基酸、有机酸、维生素等。③微生物酶的应用。如腐乳、酱油。酱类是利用微生物产生的酶将原料中的成分分解而制成的食品。微生物酶制剂在食品及其他工业中的应用日益广泛。

我国幅员辽阔，微生物资源丰富。开发微生物资源，并利用生物工程手段改造微生物菌种，使其更好地发挥有益作用，为人类提供更多更好的食品，是食品微生物学的重要任务之一。

有些微生物能引起食品腐败变质，使食品营养价值降低或完全丧失。有些微生物是人类致病的病原菌，有的微生物可产生毒素。如果人们食用含有大量病原菌或含有毒素的食物，则可引起食物中毒，影响人体健康，甚至危及生命。所以食品微生物学工作者应该设法控制或消除微生物对人类的这些有害作用，采用现代的检测手段，对食品中的微生物进行检测，以保证食品安全性，这也是食品微生物学的任务之一。

总之，食品微生物学的任务在于，为人类提供既有益于健康、营养丰富，又保证生命安全的食品。

本章小结

微生物是存在于自然界的一群个体微小、结构简单、肉眼看不见或看不清楚，必须借助光学或电子显微镜放大数百倍、数千倍甚至数万倍才能观察到的低等生物的总称。微生物的特点是：比表面积大；代谢能力强，代谢类型多；生长繁殖快，容易培养；适应能力强，易发生变异；分布广泛，种类繁多。微生物学是一门在细胞、分子和群体水平上研究微生物的形态构造、生理代谢、遗传变异、生态分布和分类进化等生命活动基本规律，并将其应用于工业发酵、医药卫生、生物工程和环境保护等实践领域的科学，其根本任务是发掘、利用、改善和保护有益微生物，控制、消灭或改造有害微生物，为人类社会的进步服务。列文虎克、巴斯德、科赫等人是微生物学的奠基者。

复习思考题

1.什么是微生物？什么是微生物学？

2.简述微生物在生物分类中的重要地位。

3.简述微生物的生物学特征，并举例说明。

4.简述微生物学的形成和发展。

5.食品微生物学的研究内容是什么？

6.简述我国微生物学家王大耜提出的生物六界分类系统内容。

7.我国是认识和利用微生物历史最为悠久、应用成果最为优秀的国家之一，在酒、酱油、醋等微生物饮料和调味品的制作及现代化发酵工业中都有卓越贡献，请谈一谈我国在世界上有影响的研究成果有哪些？在微生物学研究领域有哪些研究成果进入了国际先进水平？

知识链接

路易斯·巴斯德

路易斯·巴斯德(1822—1895),法国微生物学家、化学家。他研究了微生物的类型、习性、营养、繁殖、作用等,在战胜狂犬病及鸡霍乱、炭疽病、蚕病等方面都取得了成果。从此,整个医学界迈进了细菌学时代,医学得到了空前的发展,人的平均寿命也因而在这个世纪里延长了三十年之久。巴斯德曾任里尔大学、巴黎师范大学教授和巴斯德研究所所长。在他的一生中,曾在对同分异构现象、发酵、细菌培养和疫苗等研究中取得重大成就,从而奠定了工业微生物学和医学微生物学的基础,并开创了微生物生理学,被后人誉为"微生物学之父"。

巴斯德一生进行了多项探索性的研究,取得了重大成果,是19世纪最有成就的科学家之一。他用一生的精力证明了三个科学问题:(1)每一种发酵作用都是源于一种微菌的发展,这位法国化学家发现用加热的方法可以杀灭那些让啤酒变酸的、恼人的微生物。很快,"巴氏杀菌法"便应用在各种食物和饮料上。(2)每一种传染病都源于一种微菌在生物体内的发展,由于发现并根除了一种侵害蚕卵的细菌,巴斯德拯救了法国的丝绸工业。(3)传染病的微菌,在特殊的培养之下可以减轻毒力,使它们从病菌变成防病的疫苗。他意识到许多疾病均由微生物引起,于是建立了细菌理论。

当时,法国的啤酒业在欧洲是很有名的,但啤酒常常会变酸,整桶芳香可口的啤酒,变酸后只得倒掉,这使酒商叫苦不迭,有的甚至因此而破产。1865年,里尔一家酿酒厂厂主请求巴斯德帮助"医治"啤酒的病,看看能否加进一种化学药品来阻止啤酒变酸。

巴斯德答应研究这个问题。他在显微镜下观察,发现未变质的陈年葡萄酒和啤酒,其液体中有一种圆球状的酵母细胞,当葡萄酒和啤酒变酸后,酒液里有一根根细棍似的乳酸杆菌,就是这种"坏蛋"在营养丰富的啤酒里繁殖,使啤酒"生病"。他把封闭的酒瓶放在铁丝篮子里,泡在水里加热到不同的温度,试图既能杀死乳酸杆菌,又不把啤酒煮坏,经过反复试验,他终于找到了一个简便有效的方法:只要把酒放在50~60 ℃的环境里,保持半小时,就可杀死酒里的乳酸杆菌,这就是著名的"巴氏消毒法",这个方法至今仍在使用,市场上出售的消毒牛奶就是用这种办法消毒的。

当时,啤酒厂厂主不相信巴斯德的这种办法,巴斯德不急不恼,他对一些样品加热,另一些不加热,告诉厂主耐心地等上几个月,结果经过加热的样品打开后酒味醇正,而没有加热的已经酸了。

巴斯德从化学研究转入生物学研究,发现了微生物对酸的选择作用。在研究酒质变酸问题的过程中,明确指出发酵是微生物的作用,不同的微生物会引起不同的发酵过程。改变了以往认为微生物是发酵的产物,发酵是一个纯粹的化学变化过程的错误观点。同时,巴斯德通过大量实验提出:环境、温度、pH和基质的成分等因素的改变,以及有毒物质都以特有的方式影响着不同的微生物。例如酵母菌发酵产生酒精的最佳pH为酸性,而乳酸杆菌却喜欢pH为中性的环境条件。巴斯德把微生物发酵原理广泛应用于指导工业生产,开创了"微生物工程"。

第2章

原核微生物

学习目标

1.了解原核微生物的基本概念和种类。

2.熟悉放线菌的形态结构、菌落特征和繁殖方式。

3.掌握细菌的形态结构、菌落特征和繁殖方式。

4.能根据菌落特征初步区分细菌和放线菌。

认识原核微生物

根据微生物不同进化水平和各种性状上的明显差别,可将微生物分为原核微生物(Prokaryotes)、真核微生物(Eukaryotic Microor Ganisms)和非细胞微生物(Acellular Microor Ganisms)三大类群。

原核微生物是指一大类仅含一个DNA分子的原始核区而无核膜包裹,无核仁,无细胞器的原始单细胞微生物,与真核微生物不同。20世纪70年代后,还发现了另外一类生活在极端环境下的古老微生物,虽然它们的细胞结构既不完全与原核微生物相同,也不同于真核微生物,但其结构与真细菌更为接近,所以把它们称为古生菌。因此原核微生物包括真细菌和古生菌两大类群。其中除少数属于古生菌外,多数的原核微生物(细菌、放线菌、蓝细菌、支原体、立克次氏体和衣原体等)都属于真细菌。

2.1 细　菌

细菌的基本形态和空间排列

细菌是一类细胞细短(直径为约0.5 μm,长度为0.5～5 μm)、结构简单、种类繁多、主要以二分裂方式繁殖以及水生性较强的单细胞原核微生物。

细菌是自然界中分布最广、数量最大、与人类关系极为密切的一类微生物。在我们周围,到处都有大量细菌存在。凡在温暖、潮湿和富含有机物质的地方,都有大量的细菌活动。

2.1.1 细菌的形态、排列方式和大小

1.细菌细胞的形态和排列方式

细菌细胞的基本形态有球状、杆状、螺旋状三种(图2-1),分别称为球菌、杆菌和螺旋菌,其中以杆状最为常见,球状次之,螺旋状较为少见。仅有少数细菌或一些细菌在培养不正常时为其他形状,如丝状、三角形、方形、星形等。

(1)球菌

球菌单独存在时,细胞呈球形或近球形。根据其繁殖时细胞分裂面的方向不同,以及分裂后菌体之间相互粘连的松紧程度和组合状态,可形成若干排列方式(图 2-2)。

①单球菌　细胞沿一个平面进行分裂,子细胞分散而独立存在,如尿素微球菌。

②双球菌　细胞沿一个平面分裂,子细胞成双排列,如褐色固氮菌。

③四联球菌　细胞按两个互相垂直的平面分裂,子细胞呈田字形排列,如四联微球菌。

④八叠球菌　细胞按三个互相垂直的平面分裂,子细胞呈立方体排列,如尿素八叠球菌。

⑤链球菌　细胞沿一个平面分裂,子细胞成链状排列,如溶血链球菌。

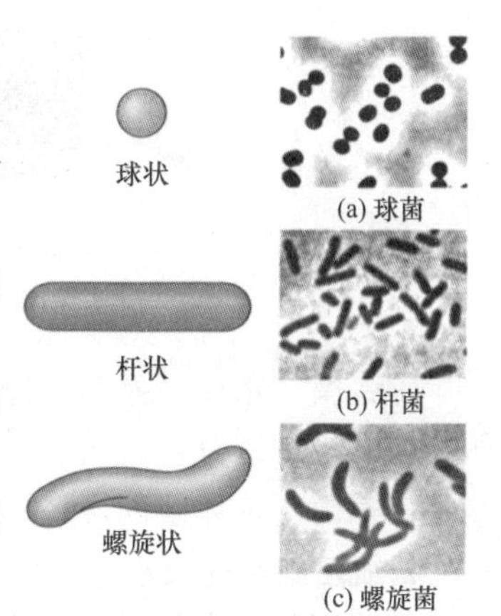

图 2-1　细菌的三种基本形态
(左为模式图,右为照片,下同)

⑥葡萄球菌　细胞分裂无定向,子细胞呈葡萄状排列,如金黄色葡萄球菌。

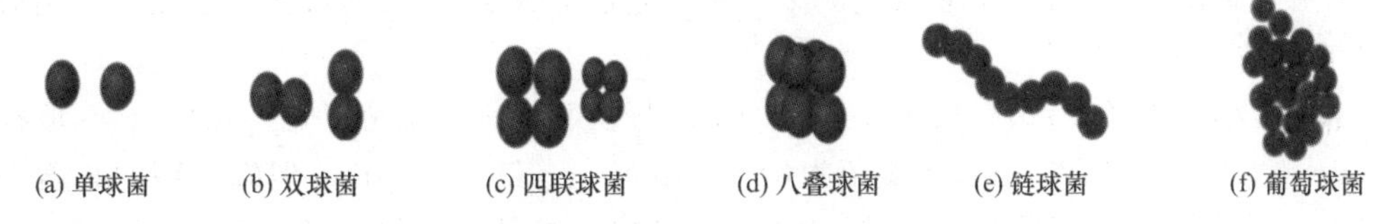

图 2-2　球菌的形态及排列方式

细菌细胞的形态与排列方式在细菌的分类鉴定上具有重要的意义。但某种细菌的细胞不一定全部按照特定的排列方式存在,只是特征性的排列方式占优势。

(2)杆菌

杆菌细胞呈杆状或圆柱状,形态多样。不同杆菌其长短、粗细差别较大,有短杆或球杆状(长宽非常接近),如甲烷短杆菌属;有长杆或棒杆状(长宽相差较大),如枯草芽孢杆菌。不同杆菌的端部形态各异,有的两端钝圆,如蜡状芽孢杆菌;有的两端平截,如炭疽芽孢杆菌;有的两端稍尖,如梭菌属;有的一端分支,呈"丫"状或叉状,如双歧杆菌属;有的一端有一柄,如柄细菌属;也有的杆菌稍弯曲而呈月亮状或弧状,如脱硫弧菌属。杆菌的细胞排列方式有单杆"八"字状、栅栏状、链状等多种,形成单杆菌、双杆菌、栅栏状排列的菌和链杆菌等(图 2-3)。

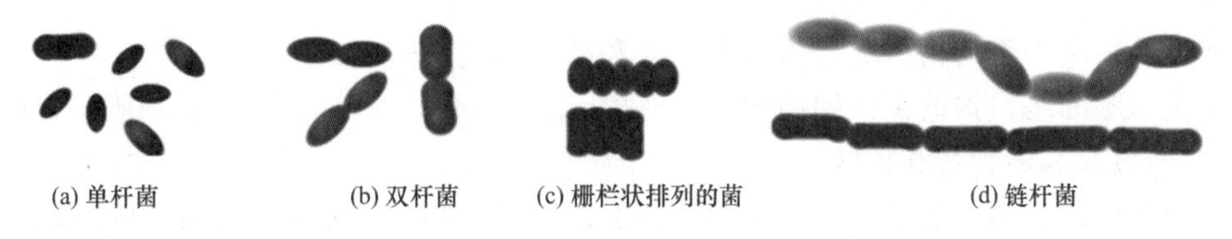

图 2-3　杆菌的形态及排列

(3)螺旋菌

螺旋菌细胞呈弯曲状,常以单细胞方式分散存在。根据其弯曲的情况不同,可分为两种(图 2-4)。

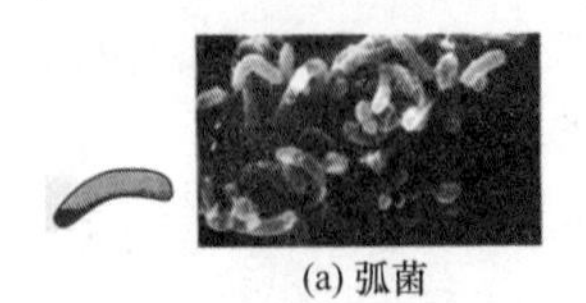
(a) 弧菌

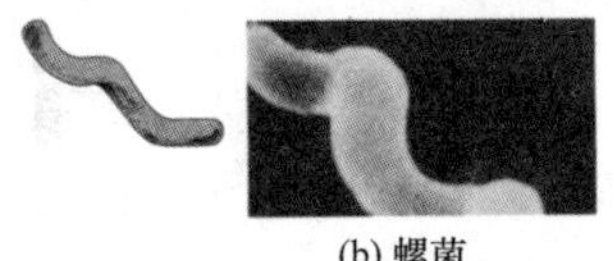
(b) 螺菌

图 2-4　螺旋菌的形态
（左为模式图，右为照片）

①弧菌　菌体呈弧形或逗号状，螺旋不足 1 周的称为弧菌，如霍乱弧菌。这类菌与略弯曲的杆菌较难区分。

②螺菌　菌体坚硬，回转如螺旋状，螺旋大于 1 周的称为螺菌，如迂回螺菌。

2.细菌细胞的大小

细菌细胞大小的常用度量单位是微米（μm），而细菌亚细胞结构的度量单位是纳米（nm）。不同细菌的大小相差很大。一个典型细菌的大小可用大肠杆菌作为代表，它的细胞平均长度为 2 μm，宽为 0.5 μm。迄今为止所知的最小细菌是纳米细菌，其细胞直径仅有 50 nm，比最大的病毒还要小。而最大的细菌是纳米比亚珍珠硫细菌，它的细胞直径为 0.32～1.00 mm，肉眼清楚可见。

细菌细胞微小，一般采用显微镜测微尺测量它们的大小；也可通过投影法或照相制成图片，再按照放大倍数测算。

球菌大小以直径表示，一般为 0.5～1.0 μm；杆菌和螺旋菌都是以宽×长表示，一般杆菌为(0.5～1.0)μm×(1～5)μm，螺旋菌为(0.5～1.0)μm×(1～50)μm。但螺旋菌的长度是菌体两端空间距离，而不是真正的长度，它的真正长度应按其螺旋的直径和圈数来计算。

在显微镜下观察到的细菌大小与所用固定染色的方法有关。经干燥固定的菌体比活菌体的长度，一般要缩短 1/4～1/3；若用衬托菌体的负染色法，其菌体往往大于普通染色法，甚至比活菌体还大。

细菌的大小和形态除了随种类变化外，还要受环境条件（如培养基成分、浓度、培养温度和时间等）的影响。在适宜的生长条件下，幼龄细胞或对数期培养物的形态一般较为稳定，因而适于进行形态特征的描述。在非正常条件下生长或衰老的培养体，常表现出膨大、分枝或丝状等畸形。例如巴氏醋酸菌在高温下由短杆状转为纺锤状、丝状或链状，干酪乳杆菌的老龄培养体可从长杆状变为分枝状等。少数细菌类群（如芽孢细菌、鞘细菌和黏细菌）具有几种不同形态的生长阶段，共同构成一个完整的生活周期，应作为一个整体来描述研究。

2.1.2　细菌的细胞结构

典型的细菌细胞的构造可分为基本构造和特殊构造（图 2-5）。

细菌细胞的基本构造是指细菌细胞共有的、生命必需的细胞构造，包括细胞壁、细胞膜、间体、细胞质及其内含物和核区。

细菌细胞的特殊构造是指某些细菌所特有的，具有某些特殊功能的细胞构造，如芽孢、糖被（或荚膜）、鞭毛、菌毛和性菌毛等。

1.细菌细胞的基本构造

(1)细胞壁

细胞壁（Cell Wall）是位于细胞最外面的一层厚实、坚韧的外被。厚度因菌种而异，一般

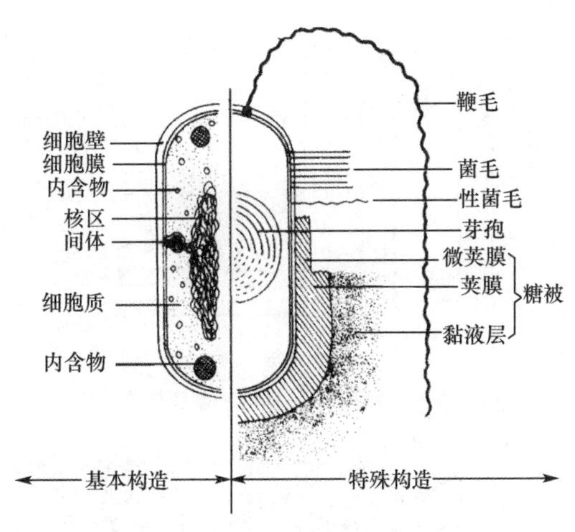

图 2-5　细菌细胞的模式构造

为 10～80 nm，占细胞干重的 10%～25%。通过染色、质壁分离或制成原生质体后在光学显微镜下可观察到，或用电子显微镜观察细菌超薄切片等方法，也可证明细胞壁的存在。

①细菌的革兰氏染色法

细菌细胞既微小又透明，因此一般要经过染色才能做显微镜观察。革兰氏染色法是 1884 年由丹麦药理学家兼细菌学家 Hans Christain Gram 创立的，而后一些学者在此基础上做了某些改进。该法不仅能观察到细菌的形态，而且还可将细菌区分开。其主要过程为：结晶紫初染、碘液媒染、95%乙醇脱色和番红等红色染料复染四步(图 2-6)。染色反应呈蓝紫色的称为革兰氏阳性细菌(G^+ 细菌)；染色反应呈红色的称为革兰氏阴性细菌(G^- 细菌)。现在已知细菌革兰氏染色的阳性或阴性与细菌细胞壁的构造和化学组成有关。

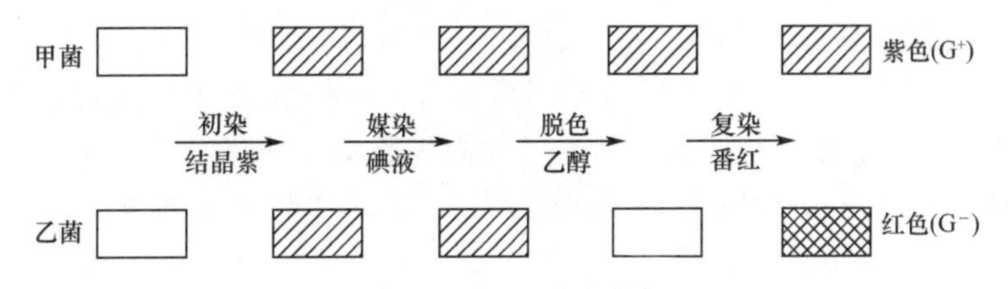

图 2-6　革兰氏染色步骤

②细菌细胞壁的构造和化学组成

根据细菌细胞壁的构造和化学组成不同(图 2-7)，可将其分为 G^+ 细菌与 G^- 细菌。G^+ 细菌的细胞壁较厚(20～80 nm)，但化学组成比较单一，只含有 90%的肽聚糖和 10%的磷壁酸；G^- 细菌的细胞壁较薄(10～15 nm)，却有多层构造(肽聚糖层和脂多糖层等)，其化学成分中除含有肽聚糖以外，还含有一定量的类脂质和蛋白质等成分。此外，两者在表面结构上也有显著不同。

a.肽聚糖

肽聚糖又称黏肽、胞壁质或黏肽复合物，是细菌细胞壁中的特有成分，是一种杂多糖的衍生物。每一个肽聚糖单体由三部分组成(图 2-8)。

双糖单位：由 N-乙酰葡萄糖胺(以 G 表示)和 N-乙酰胞壁酸(以 M 表示)以 β-1，4-糖苷键交替连接起来，构成肽聚糖骨架。溶菌酶是一种可以作用于肽聚糖 β-1，4-糖苷键的分解酶，可将肽聚糖分解成许多 N-乙酰葡萄糖胺和 N-乙酰胞壁酸，从而破坏细胞壁的骨架，它

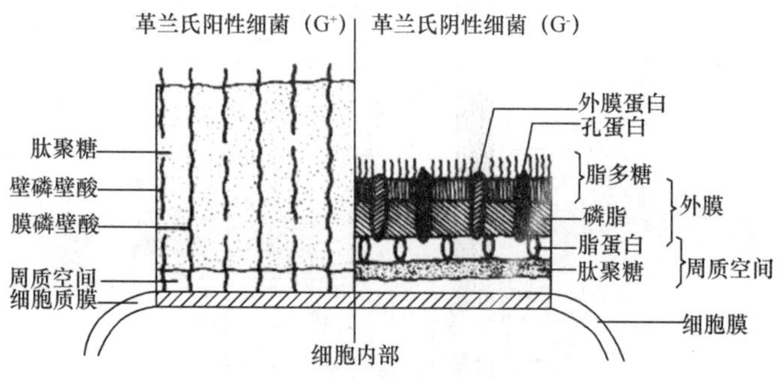

图 2-7　G^+ 细菌与 G^- 细菌细胞壁构造的比较

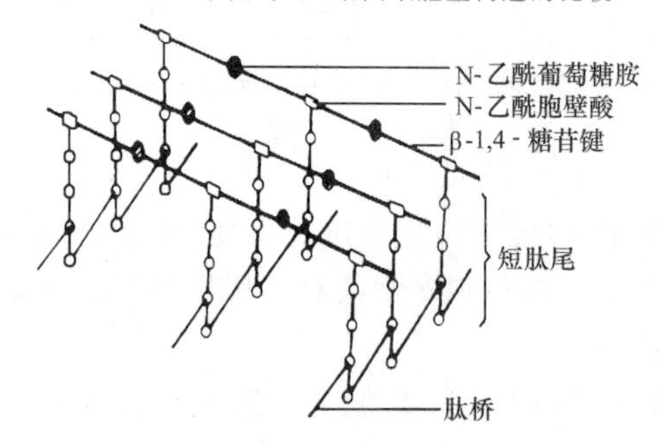

图 2-8　细菌肽聚糖的立体结构(片段)

广泛存在于卵清、人的泪液和鼻腔、部分细菌和噬菌体内。

短肽尾：一般是由 4 个氨基酸连接成的短肽链连接在 N-乙酰胞壁酸分子上。

肽桥：肽桥将相邻“肽尾”相互交联形成高强度的网状结构。

b.磷壁酸

磷壁酸又称垣酸，是 G^+ 细菌细胞壁所特有的成分，约占细胞干重的 50%。主要成分为甘油磷酸或核糖醇磷酸。根据结合部位不同可分为两种类型：壁磷壁酸和膜磷壁酸。

磷壁酸的主要生理功能为：a.协助肽聚糖加固细胞壁；b.提高膜结合酶的活力。因磷壁酸带负电荷，故可与环境中的 Mg^{2+} 等阳离子结合，提高这些离子的浓度，以保证细胞膜上一些合成酶维持高活性的需要；c.储藏磷元素；d.调节细胞内自溶素的活力，以防止细胞因自溶而死亡；e.作为某些噬菌体特异性吸附受体；f.赋予 G^+ 细菌特异的表面抗原，因而可用于菌种鉴定；g.增强某些致病菌(如 A 族链球菌)对宿主细胞的粘连，避免被白细胞吞噬，并有抗补体的作用。

③革兰氏染色的原理

革兰氏染色结果的差异主要基于细菌细胞壁的构造和化学组分不同。通过初染和媒染，在细菌细胞膜或原生质体上染上了不溶于水的结晶紫与碘的大分子复合物。G^+ 细菌细胞壁较厚、肽聚糖含量较高和交联紧密，故用乙醇洗脱时，肽聚糖层网孔会因脱水而明显收缩，再加上其细胞壁基本上不含类脂，故乙醇处理不能在壁上溶出缝隙，因此，结晶紫与碘复合物仍牢牢阻留在其细胞壁内，使其呈现蓝紫色。G^- 细菌因其细胞壁薄、肽聚糖含量低和交联松散，故遇乙醇后，肽聚糖层网孔不易收缩，加上它的类脂含量高，所以当乙醇将类脂溶解后，在细胞壁上就会出现较大的缝隙，这样结晶紫与碘的复合物就极易被溶出细胞壁。因此，通过乙醇脱色，细胞又呈现无色。这时，再经番红等红色染料复染，就使 G^- 细菌获得了新的颜色——红色，而 G^+ 细菌则仍呈蓝紫色(实为紫中带红)。

革兰氏染色不仅是分类鉴定菌种的重要指标，而且由于 G^+ 细菌和 G^- 细菌在细胞结构、成分、形态、生理、生化、遗传、免疫、生态和药物敏感性等方面都呈现出明显的差异，因此任何细菌只要通过简单的革兰氏染色，就可提供不少其他重要的生物学特性方面的信息。

④细胞壁的主要功能

a.固定细胞外形和提高机械强度，使其免受渗透压等外力的损伤。

b.为细胞的生长、分裂和鞭毛运动所必需。

c.阻拦大分子有害物质（某些抗生素和水解酶）进入细胞。

d.赋予细菌特定的抗原性、致病性（如内毒素）以及对抗生素和噬菌体的敏感性。

(2)细胞膜和间体

①细胞膜(Cell Membrane)

细胞膜又称细胞质膜，是一层紧贴在细胞壁内侧，包围着细胞质的柔软、富有弹性的半透性薄膜，厚 7～8 nm，约占细胞干重的 10%。细胞膜的主要化学成分有磷脂（占 20%～30%）和蛋白质（占 50%～70%），还有少量糖类（如己糖），其中蛋白质种类有 200 余种。

细胞膜基本构造为双层单位膜：磷脂双分子层构成了膜的基本骨架；膜蛋白质以不同深度无规则分布于膜的磷脂层中；磷脂分子在细胞膜中以多种形式不断运动，从而使膜结构具有流动性；膜中的蛋白质和磷脂，不论数量和种类，均随菌体生理状态而变化。

细胞膜的功能为：能选择性地控制细胞内外的物质（营养物质和代谢产物）的运送与交换；维持细胞内正常渗透压的屏障作用；合成细胞壁各种组分（肽聚糖、磷壁酸、脂多糖等）和糖被等大分子的重要场所；进行氧化磷酸化或光合磷酸化的产能基地；许多酶（β-半乳糖苷酶、细胞壁和荚膜的合成酶及 ATP 酶等）和电子传递链的所在部位；鞭毛的着生点，并提供其运动所需的能量等。

②间体(Mesosome)

间体又称中间体，是由细胞膜内褶形成的层状、管状或囊状构造。在 G^+ 细菌中均有一个至数个发达的间体，但许多 G^- 细菌中没有。

间体是细胞呼吸时的氧化磷酸化中心，起着真核生物中线粒体的作用。还与细胞壁合成、核质分裂和芽孢形成有关。

(3)细胞质及其内含物

细胞质(Cytoplasm)是指被细胞膜包围的除核区以外的半透明、胶体状、颗粒状物质的总称。其含水量约为 80%，还包括核糖体、储藏物、各种酶类、中间代谢物、质粒、各种营养物质和大分子的单体等，少数细菌还存在类囊体、羧酶体、气泡或伴孢晶体等。

①核糖体(Ribosome)

核糖体是以游离状态或多聚核糖体状态存在于细胞质中的一种颗粒状物质，由 RNA (50%～70%)和蛋白质(30%～50%)组成，每个菌体内所含有的核糖体可多达数万个，其直径为 18 nm，沉降系数为 70S，由 50S 与 30S 两个亚基组成，它是蛋白质的合成场所。

链霉素、四环素、氯霉素等抗生素通过作用于细菌核糖体的 30S 亚基而抑制细菌蛋白质的合成，使其对人的 80S 核糖体不起作用，因此可用于治疗细菌性疾病。

②储藏物(Reserve-material)

在许多细菌细胞质中，常含有各种形状较大的颗粒状内含物，多数是细胞储藏物，如聚 β-羟丁酸、异染颗粒、多糖类储藏物、硫粒等。这些内含物常因菌种而异，即使同一种菌，颗粒的多少也随菌龄和培养条件不同而有很大变化。往往在某些营养物质过剩时，细菌就将其聚合成各种储藏颗粒，当营养缺乏时，它们又被分解利用。

③气泡(Gas Vacuole)

在许多光合营养型、无鞭毛运动的、水生细菌的细胞质中通常含有气泡。其大小为(0.2～1.0)μm × 75 nm，其功能是调节细胞相对密度以使细胞漂浮在最适水层中获取光能、O_2 和营养物质，每个细胞一般含有几个到几百个气泡。

(4)核区与质粒

①核区(Nuclear Region)

核区又称核质体、原核、拟核或核基因组。细菌的核区位于细胞质内，没有核膜，没有核仁，没有固定形态，结构也很简单。构成核区的主要物质是一个大型的反复折叠高度缠绕的环状双链 DNA 分子，长度为 0.25～3.00 mm，另外还含有少量的 RNA 和蛋白质。其功能是存储、传递和调控遗传信息。正常情况下，每个细胞中只含有 1 个核，但由于核的分裂常在细胞分裂之前进行，加上细菌生长迅速，分裂不断进行，故在一个菌体内，经常可以看到已经分裂完成的 2 个或 4 个核，而细胞本身尚未完成分裂。细菌在一般情况下均为单倍体，只有在染色体复制时间内呈双倍体。

②质粒(Plasmid)

很多细菌细胞质中，除染色体外还有质粒。它是存在于细菌染色体外或附加于染色体上的遗传物质，绝大多数由共价闭合环状双链 DNA 分子构成。每个菌体内有一个或几个，每个质粒可以有几个甚至 50～100 个基因。不同质粒的基因可以发生重组，质粒基因与染色体基因间也可重组。

质粒存在与否，无损于细菌生存。但是，许多次生代谢产物如抗生素、色素等的产生以至芽孢的形成，均受质粒的控制。质粒既能自我复制、稳定遗传，也可插入细菌染色体中或其携带的外源 DNA 片段共同复制增殖；它可通过转化、转导或接合作用单独转移，也可携带着染色体片段一起转移。所以质粒已成为遗传工程中重要的运载工具之一。

2.细菌细胞的特殊构造

(1)芽孢(Spore)

某些细菌在其生长发育后期，在细胞内形成的一个圆形或椭圆形、厚壁、折光性强、含水量低、抗逆性强的休眠结构，称为芽孢。因其在细胞内形成，故又称内生孢子。由于每一个营养细胞内仅形成一个芽孢，故芽孢无繁殖能力。

芽孢是整个生物界抗逆性最强的生命体，在抗热、抗化学药物、抗辐射和抗静水压等方面尤为突出。如肉毒梭状芽孢杆菌的芽孢在 100 ℃沸水中要经过 5.0～9.5 h 才能被杀死，至 121 ℃时，平均也要 10 min 才能被杀死。巨大芽孢杆菌芽孢的抗辐射能力要比大肠杆菌强 36 倍。芽孢的休眠能力更为突出，在常规条件下，一般可存活几年甚至几十年，据文献记载，有些芽孢杆菌甚至可以休眠数百年、数千年甚至更久。

①产芽孢细菌的种类

能否形成芽孢是细菌种的特征。能产芽孢的细菌种类不多，最主要的是革兰氏阳性杆菌的两个属，即好氧性的芽孢杆菌属和厌氧性的梭菌属。球菌中只有芽孢八叠球菌属产芽孢，螺旋菌中发现有少数种产芽孢。

②芽孢的类型

芽孢形成的位置、形状、大小因菌种而异，在分类鉴定上有一定意义。例如巨大芽孢杆菌、枯草芽孢杆菌、炭疽芽孢杆菌等的芽孢位于菌体中央，卵圆形，小于菌体宽度；肉毒梭菌等的芽孢位于菌体中央，椭圆形，直径比菌体大，使原菌体两头小中间大而呈梭形；破伤风细菌的芽孢却位于菌体一端，正圆形，直径比菌体大，使原菌体呈鼓槌状(图 2-9)。

③芽孢的结构

在产芽孢的细菌中，芽孢囊就是指产芽孢菌的营养细胞外壳。成熟的芽孢具有多层结构(图 2-10)。由外到内依次为：芽孢外壁，主要成分是脂蛋白，透性差，有的芽孢无此层。芽孢衣，主要含疏水性角蛋白，非常致密，通透性差，能抗酶、抗化学物质和多价阳离子的透入。皮层，皮层很厚，约占芽孢总体积的一半，主要含芽孢肽聚糖及 DPA-Ca，赋予芽孢异常的抗热性，皮层的渗透压很高。核心，由芽孢壁、芽孢膜、芽孢质和芽孢核区四部分构成，含水量极低。

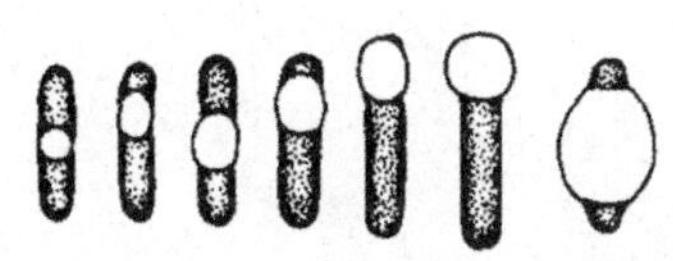

图 2-9　芽孢的类型

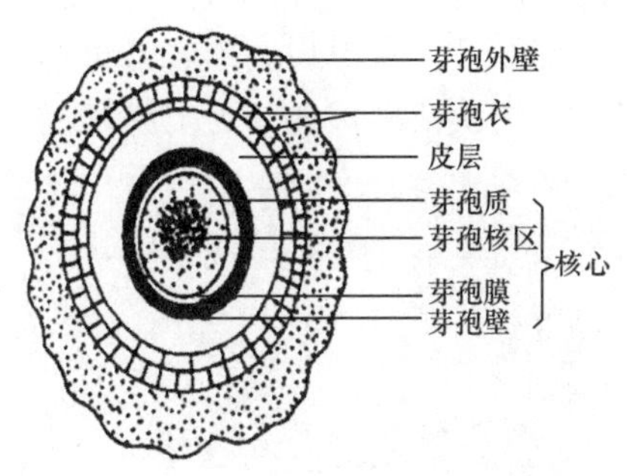

图 2-10　芽孢的结构

④芽孢的抗热机制

关于芽孢耐热的本质至今尚无公认的解释，较新的是渗透调节皮层膨胀学说。该学说认为，芽孢的耐热性缘于芽孢衣对多价阳离子和水分的渗透性很差以及皮层的离子强度很高，从而使皮层产生极高的渗透压去夺取芽孢核心的水分，结果造成皮层的充分膨胀，而核心部分的生命物质却形成高度失水状态，因而产生耐热性。除渗透调节皮层膨胀学说外，还有别的学说来解释芽孢的高度耐热机制。例如，针对在芽孢形成过程中会合成大量的营养细胞所没有的 DPA-Ca，该物质会使芽孢中的生命大分子物质形成稳定而耐热性强的凝胶。总之，芽孢耐热机制还有待于深入研究。

⑤研究芽孢的意义

研究细菌芽孢有重要的理论和实践意义。芽孢的有无、形态、大小和着生位置等是细菌分类和鉴定中的重要形态学指标；芽孢的存在，有利于提高菌种的筛选效率，有利于菌种的长期保藏；是否能杀灭一些代表菌的芽孢是衡量和制定各种消毒灭菌标准的主要依据；许多产芽孢细菌是强致病菌。例如，炭疽芽孢杆菌、肉毒梭菌和破伤风梭菌等；有些产芽孢细菌可伴随产生有用的产物，如抗生素短杆菌肽、杆菌肽等。

⑥伴孢晶体(Parasporal Crystal)

少数芽孢杆菌，例如苏云金芽孢杆菌(*Bacillus Thuringiensis*)在其形成芽孢的同时，会在芽孢旁形成一颗菱形或双锥形的碱溶性蛋白晶体(δ 内毒素)，称为伴孢晶体(图2-11)。伴孢晶体对 200 多种昆虫尤其是鳞翅目的幼虫有毒杀作用，因此常被制成生物农药——细菌杀虫剂。

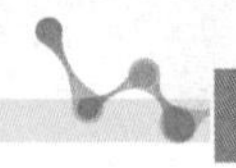

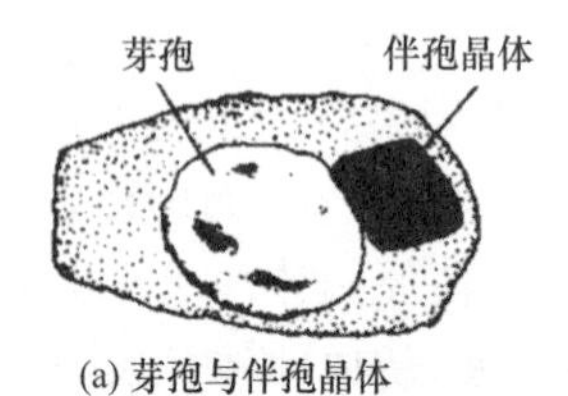

(a) 芽孢与伴孢晶体

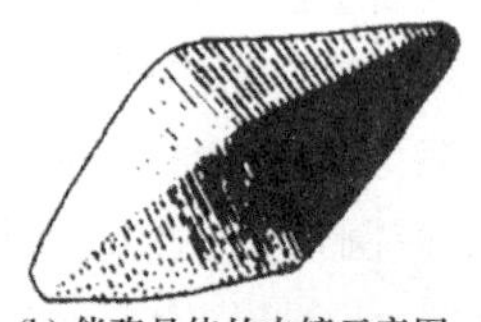

(b) 伴孢晶体的电镜示意图

图 2-11　苏云金芽孢杆菌的伴孢晶体

⑦细菌其他休眠状态的结构

少数细菌还产生其他休眠状态的结构，如固氮菌的孢囊等。固氮菌在营养缺乏的条件下，其营养细胞的外壁加厚、细胞失水而形成一种抗干旱但不抗热的圆形休眠体——孢囊，与芽孢一样，也没有繁殖功能。在适宜的外界条件下，孢囊可萌发，重新进行营养生长。

(2)糖被(Glycocalyx)

有些细菌在一定营养条件下，可向细胞壁表面分泌一层松散、透明的黏液状或胶质状的多糖类物质，即糖被。这类物质用碳素墨水进行负染色法在光学显微镜下可见。根据糖被有无固定层次、层次薄厚可细分为荚膜(或大荚膜)、微荚膜、黏液层和菌胶团(图 2-12)。

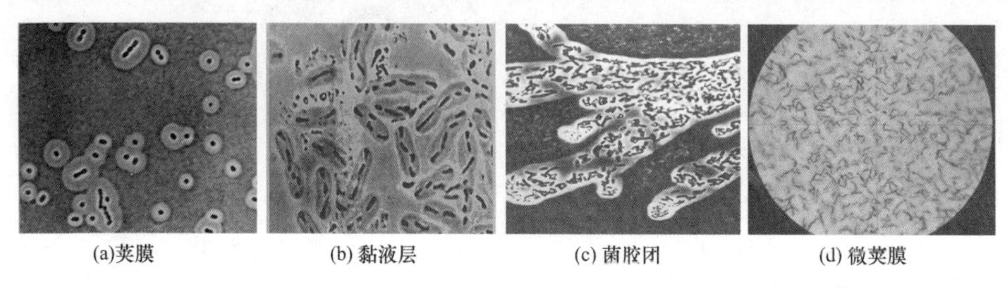

(a)荚膜　(b) 黏液层　(c) 菌胶团　(d) 微荚膜

图 2-12　细菌的糖被

荚膜(或大荚膜)：较厚(约 200 nm)，有明显的外缘和一定的形态，相对稳定地附着于细胞壁外。它与细胞结合力较差，通过液体振荡培养或离心便可得到荚膜物质。

微荚膜：较薄(厚度<200 nm)，光学显微镜不能看见，但可采用血清学方法证明其存在。微荚膜易被胰蛋白质酶消化。

黏液层：量大且没有明显边缘，又比荚膜疏松，可扩散到周围环境，并增大培养基黏度。

菌胶团：荚膜物质互相融合，连为一体，多个菌体包含于共同的糖被中。

糖被的化学组成主要是水，占质量的 90%以上，其余为多糖类、多肽类，或者多糖蛋白质复合体，尤以多糖类居多。如肺炎链球菌荚膜为多糖；炭疽杆菌荚膜为多肽；巨大芽孢杆菌为多肽与多糖的复合物。

糖被的主要功能：①保护作用。可保护细菌免于干燥；防止化学药物毒害；能保护菌体免受噬菌体和其他物质(如溶菌酶和补体等)的侵害；能抵御吞噬细胞的吞噬。②储藏养料。当营养缺乏时，可被细菌用作碳源和能源。③堆积某些代谢废物。④致病功能。糖被为主要表面抗原，是有些病原菌的毒力因子，如 S 型肺炎链球菌靠其荚膜致病，而无荚膜的 R 型为非致病菌；糖被也是某些病原菌必需的黏附因子，如引起龋齿的唾液链球菌和变异链球菌等能分泌一种己糖基转移酶，使蔗糖转变成果聚糖，它可使细菌黏附于牙齿表面，引起龋齿；肠致病大肠杆菌的毒力因子是肠毒素，但仅有肠毒素产生并不足以引起腹泻，还必须依靠其酸性多糖荚膜(K 抗原)黏附于小肠黏膜上皮才能引起腹泻。

产糖被细菌常给人类带来一定的危害,除了上述的致病性外,还常常使糖厂的糖液以及酒类、牛乳等饮料和面包等食品发黏变质,给制糖工业和食品工业等带来一定的损失。但也可使它转化为有益的物质,例如,肠膜状明串珠菌(*Leuconostoc Mesenteroides*)的葡聚糖的糖被已用于代血浆成分——右旋糖酐和葡聚糖的生产。从野油菜黄单胞菌(*Xanthomonas Campestris*)糖被提取的黄原胶可用作石油开采中的井液添加剂,也可用于印染、食品工业;产生菌胶团的细菌用于污水处理。此外,还可利用糖被物质的血清学反应来进行细菌的分类鉴定。

产糖被与否是细菌的一种遗传特性,可作为鉴定细菌的依据之一。但是要注意糖被的形成也与环境条件密切相关。

(3)鞭毛(Flagellum,复数 Flagella)

鞭毛是着生于某些细菌体表的细长、波浪形弯曲的丝状蛋白质附属物,数目为 1~10 根,是细菌的运动器官。鞭毛长 15~20 μm,直径为 10~20 nm,通常只能用电镜进行观察;但经过特殊的鞭毛染色法可以用普通光学显微镜观察到;在暗视野显微镜下,不用染色即可见到鞭毛丛。此外,根据观察细菌在水浸片或悬滴标本中的运动情况,生长在琼脂平板培养基上的菌落形态以及在半固体直立柱穿刺接种线上群体扩散的情况,也可以判断有无鞭毛。

大多数球菌(除尿素八叠球菌外)不生鞭毛,杆菌中有的生鞭毛有的不生鞭毛,螺旋菌一般都生鞭毛。根据细菌鞭毛的着生位置和数目,可将具有鞭毛的细菌分为五种类型(图 2-13)。

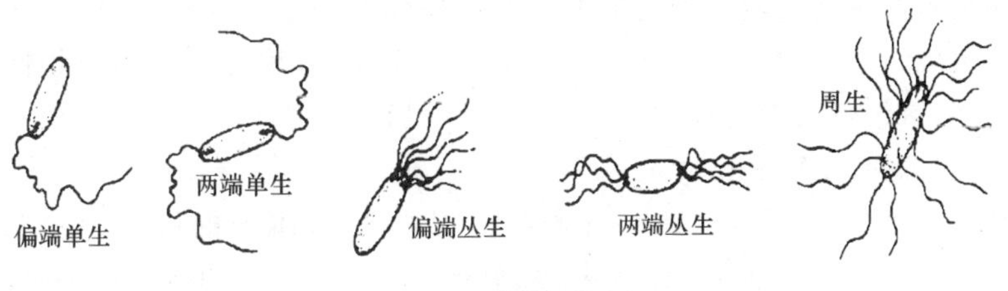

图 2-13 细菌鞭毛的类型

①偏端单生鞭毛菌:在菌体的一端只生一根鞭毛,如霍乱弧菌。

②两端单生鞭毛菌:在菌体两端各生一根鞭毛,如鼠咬热螺旋体。

③偏端丛生鞭毛菌:菌体一端生出一束鞭毛,如荧光假单胞菌。

④两端丛生鞭毛菌:菌体两端各生出一束鞭毛,如红色螺菌。

⑤周生鞭毛菌:菌体周身都生有鞭毛,如大肠杆菌、枯草杆菌等。

鞭毛的着生位置和数目是细菌种的特征,具有分类鉴定的意义。

鞭毛的主要化学成分为蛋白质,还有少量的多糖或脂类。

原核生物的鞭毛都有共同的构造,由基体、鞭毛钩(也称钩形鞘)和鞭毛丝组成,G^+ 细菌和 G^- 细菌的鞭毛构造稍有差别。

G^- 细菌的鞭毛结构(图 2-14)最为典型,以大肠杆菌为例。基体(Basal Body)由 4 个环组成,由外向内分别称作 L、P、S、M 环。其中 L 环和 P 环分别包埋在细菌细胞壁的外膜(脂多糖外膜层)和内壁层(肽聚糖层),而 S 环和 M 环分别位于细胞膜表面和细胞膜内。这 4 个环由直径较小的鞭毛杆串插着,在 L 环与 P 环之间还有一个圆柱体结构。S 环和 M 环周围有一对驱动该环快速旋转的 Mat 蛋白,S 环和 M 环基部还有一个起键钮作用的 Fli 蛋

白，它根据发自细胞的信号让鞭毛正转或逆转。

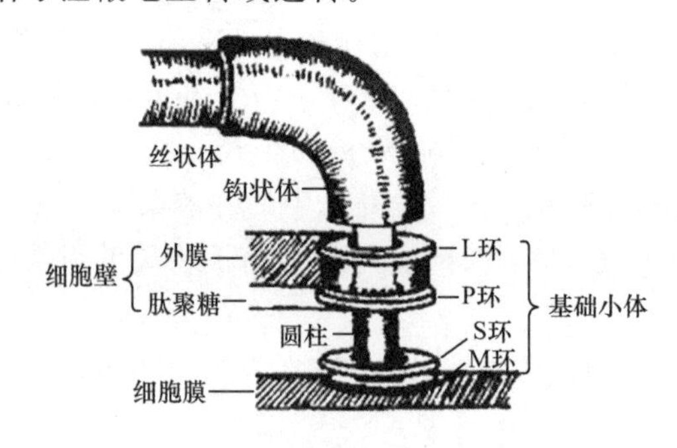

图 2-14　G^- 细菌鞭毛的详细构造

鞭毛钩(Hook)接近细胞表面连接基体与鞭毛丝，较短，弯曲，直径约为 17 nm。

鞭毛丝(Filament)着生于鞭毛钩上部，伸在细胞壁之外，长为 15～20 μm。鞭毛丝由许多直径为 4.5 nm 的鞭毛蛋白亚基沿中央孔道(直径为 20 nm)做螺旋状缠绕而成，每周有 8～10个亚基。鞭毛丝抗原称为 H 抗原，可用于血清学检查。

G^+ 细菌的鞭毛结构较简单，除其基体仅有 S 环和 M 环外，其他均与 G^- 细菌相同。

鞭毛具有推动细菌运动的功能。鞭毛通过旋转而使菌体运动，犹如轮船的螺旋桨。鞭毛的运动速度很快，一般每秒可移动 20～80 μm。例如，铜绿假单胞菌每秒可移动 55.8 μm，是其体长的 20～30 倍。

鞭毛运动是趋性运动。能运动的细菌对外界环境的刺激很敏感，可以立即做出改变原来运动方向的反应。生物向着高梯度方向运动称为正趋性，反之则称为负趋性。根据环境因子性质的不同，可细分为趋化性、趋光性、趋氧性、趋磁性等。

(4)菌毛(Fimbria，复数 Fimbriae)

菌毛又称纤毛、伞毛、须毛，是一种着生于某些细菌体表的纤细、中空、短直(长为 0.2～2.0 μm，宽为 3～14 nm)且数量较多(每菌有 250～300 条)的蛋白质类附属物，具有使菌体附着于物体表面的功能。

菌毛具有以下功能：①促进细菌的黏附。尤其是某些 G^- 细菌致病菌，依靠菌毛而定植致病(如淋病奈氏球菌黏附于泌尿生殖道上皮细胞)；菌毛也可以黏附于其他有机物质表面，而传播传染病(如副溶血弧菌黏附于甲壳类表面)。②促使某些细菌缠集在一起而在液体表面形成菌膜(醭)以获取充分的氧气。③菌毛是许多 G^- 细菌的抗原——菌毛抗原。

(5)性菌毛

性菌毛又称性毛，构造和成分与菌毛相同，但性菌毛数目较少(1～4 根)、较长、较宽。性菌毛一般多见于 G^- 细菌中，具有在不同性别菌株间传递遗传物质的作用，有的还是 RNA 噬菌体的特异性吸附受体。

2.1.3　细菌的繁殖方式

细菌一般进行无性繁殖，表现为细胞的横分裂，称为裂殖(其中最主要和最普通的是二分裂)。绝大多数类群在分裂时产生大小相等、形态相似的两个子细胞，称同形裂殖。但有少数细菌在陈旧培养基中却分裂成两个大小不等的子细胞，称为异形裂殖。

细菌二分裂的过程：首先从核区染色体 DNA 的复制开始，形成新的双链，随着细胞的生长，每条DNA各形成一个核区，同时在细胞赤道附近的细胞膜由外向中心做环状推进，然后闭合，在两核区之间产生横隔膜，使细胞质分开。进而细胞壁也向内逐渐伸展，把细胞膜分成两层，每一层分别形成子细胞膜。接着横隔壁亦分成两层，并形成两个子细胞壁，最后分裂为两个独立的子细胞(图2-15)。

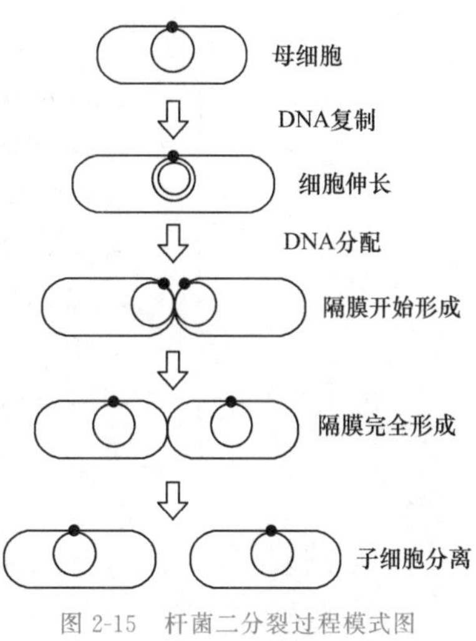

图2-15　杆菌二分裂过程模式图
(图中DNA均为双链)

少数细菌以其他方式进行繁殖。例如，柄细菌的不等二分裂，形成一个有柄细胞和一个极生单鞭毛的细胞；暗网菌的三分裂形成网眼状的菌丝体；蛭弧菌的复分裂以及生丝微菌等十余属芽生细菌的出芽繁殖。近年来，通过电子显微镜的观察和遗传学的研究，发现在埃希氏菌属、志贺氏菌属、沙门氏菌属等细菌中还存在频率较低的有性接合。

2.1.4　细菌的群体特征

1.菌落特征

将单个微生物细胞或一小堆同种细胞接种在固体培养基的表面(有时为内部)，当它占有一定的发展空间并处于适宜的培养条件时，该细胞就迅速生长繁殖。结果会形成以母细胞为中心的一堆肉眼可见，并有一定形态、构造的子细胞集团，这就是菌落(Colony)。如果菌落是由一个单细胞发展而来的，则它就是一个纯种细胞群或克隆(Clone)。如果将某一纯种的大量细胞密集地接种到固体培养基表面，结果长成的各“菌落”相互连接成一片，这就是菌苔(Bacterial Lawn)。

描述菌落特征时需选择稀疏、孤立的菌落，其项目包括大小、形状、边缘情况、隆起形状、表面状态、质地、颜色和透明度等(图2-16)。多数细菌菌落呈圆形，小而薄，表面光滑、湿润、较黏稠，半透明，颜色多样，色泽一致，质地均匀，易挑取，常有臭味。这些特征可与其他微生物菌落相区别。

不同细菌的菌落也具有自己的特有特征，对于产鞭毛、荚膜和芽孢的种类尤为明显。例如，对无鞭毛、不能运动的细菌尤其是各种球菌来说，随着菌落中个体数目的剧增，只能依靠“硬挤”的方式来扩大菌落的体积和面积，因而就形成了较小、较厚及边缘极其完整的菌落。对长有鞭毛的细菌来说，其菌落就有大而扁平、形态不规则和边缘多缺刻的特征，运动能力强的细菌还会出现树根状甚至能移动的菌落。有荚膜的细菌，菌落光滑，并呈透明的蛋清状，形状较大。产芽孢的细菌，因其芽孢引起的折光率变化而使菌落的外形很不透明或有“干燥”之感，并因其细胞分裂后常成链状而引起菌落表面粗糙、有褶皱感，再加上它们一般都有周生鞭毛，因此产生了既粗糙、多褶、不透明，又有外形及边缘不规则特征的独特菌落。

同一种细菌在不同条件下形成的菌落特征会有差别，但在相同的培养条件下形成的菌落特征是一致的。所以，菌落的形态特征对菌种的分类鉴定有重要的意义。菌落还常用于微生物的分离、纯化、鉴定、计数及选种与育种等工作。

2.其他培养特征

培养特征除了菌落外，还包括普通斜面画线培养特征、半固体琼脂穿刺培养特征、明胶

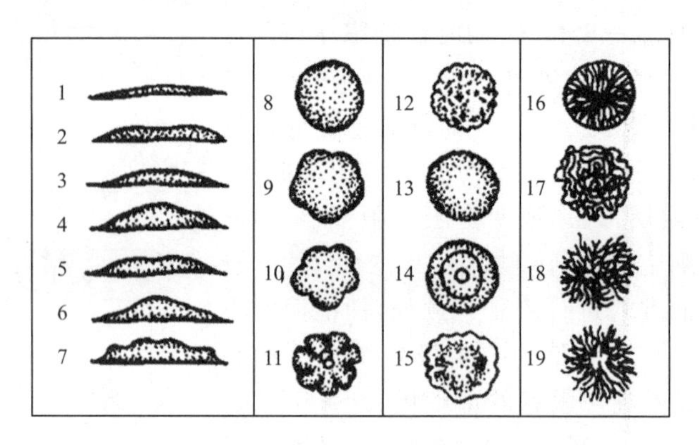

图 2-16　细菌的菌落特征

侧面观察：1—扁平；2—隆起；3—低凸起；4—高凸起；5—脐状；6—草帽状；7—乳头状；正面观察：8—圆形、边缘完整；9—不规则、边缘波浪状；10—不规则、颗粒状、边缘叶状；11—规则、放射状、边缘叶状；12—规则、边缘扇形；13—规则、边缘齿状；14—规则、有同心环、边缘完整；15—不规则、毛毯状；16—规则、菌丝状；17—不规则、卷发状、边缘波状；18—不规则、丝状；19—不规则、树根状

穿刺培养特征及液体培养特征等。

(1)普通斜面画线培养特征

在琼脂斜面中央画直线接种细菌，一般要培养 1～5 d，观察细菌生长的程度、形态、表面状况等(图 2-17)。若菌落与菌苔特征发生异样情况，表明该菌种受杂菌污染或发生变异，应分离纯化。

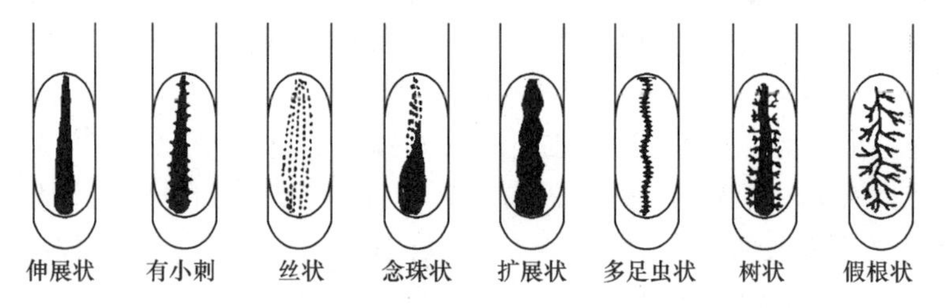

图 2-17　普通斜面画线培养特征

(2)半固体琼脂穿刺培养特征

在半固体培养基中穿刺接种，培养后观察细菌沿穿刺接种部位的生长状况等方面(图 2-18)。不运动细菌只沿穿刺部位生长，能运动的细菌则向穿刺线四周扩散生长。各种细菌的运动扩散形状是不同的。

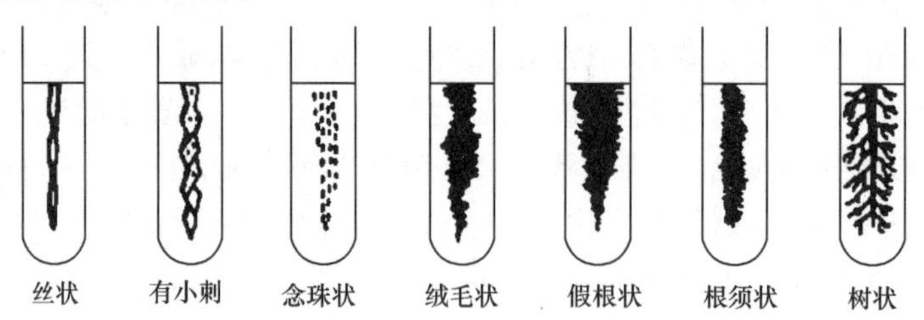

图 2-18　半固体琼脂穿刺培养特征

(3)明胶穿刺培养特征

在明胶培养基中穿刺接种，经培养后观察明胶能否水解及水解后的状况(图 2-19)。凡

能产生溶解区的，表明该菌能形成明胶水解酶(蛋白酶)。溶解区的形状也因菌种不同而异。

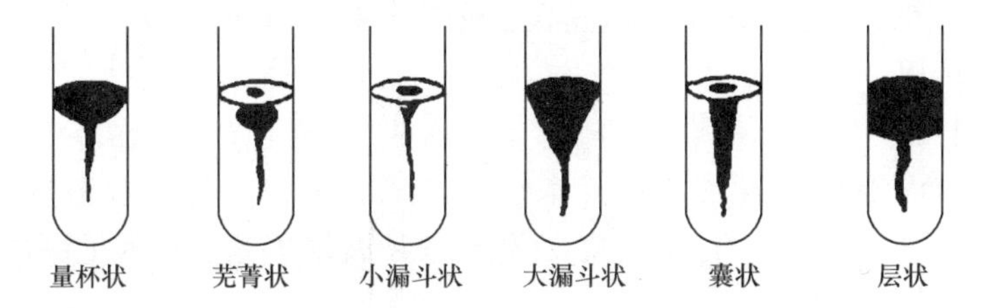

图 2-19 明胶穿刺培养特征

(4)液体培养特征

将细菌接种于液体培养基中，培养 1～3 d，观察液面生长状况(如膜和环等)、浑浊程度、沉淀情况、有无气泡和颜色等(图 2-20)。多数细菌表现为浑浊，部分表现为沉淀，一些好氧性细菌则在液面大量生长形成菌膜或菌环等。

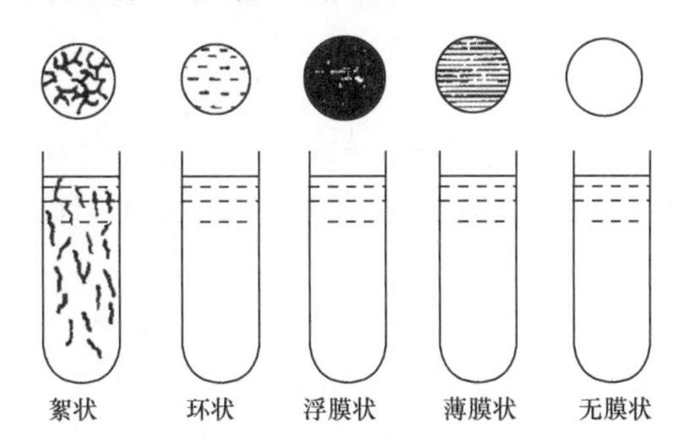

图 2-20 液体培养特征

2.1.5 食品中常见细菌简介

1.革兰氏阴性菌

(1)假单胞菌属

假单胞菌属为直或略弯曲杆菌，多单生，大小为(0.5～1.0)μm×(1.5～5.0)μm。无芽孢，端生单根或多根鞭毛，罕见不运动者。本属菌营养要求不严，属化能有机营养型，多数为好氧菌。大部分菌种能在不含维生素、氨基酸的培养基上很好生长。有些菌种能产生不溶性的荧光色素和绿脓菌青素、绿菌素等蓝色、红色、黄橙色、绿色的色素。本属菌具有很强的分解蛋白质和脂肪的能力，但能水解淀粉的菌株较少。

本属菌种类繁多，广泛存在于土壤、水、动植物体表以及各种含蛋白的食品中。假单胞菌是最重要的食品腐败菌之一，可使食品变色、变味，引起变质；在好气条件下还会引起冷藏食品腐败、冷藏血浆污染；假单胞菌的少数种会对人、动物或植物致病，如铜绿假单胞菌等。但多数假单胞菌在工业、农业、污水处理、消除环境污染中起重要作用。

(2)醋酸杆菌属

细胞呈椭圆或杆状，直或稍弯曲，大小为(0.6～0.8)μm×(1.0～3.0)μm，单生、成对或成链。某些种常出现各种退化型，其细胞呈球形、伸长、膨胀、弯曲、分枝或丝状等形态。周毛运动或不运动，不形成芽孢。其属于化能有机营养型，呼吸代谢，从不发酵，氧是最终氢受体。在中性或酸性(pH=4.5)时氧化乙醇使其生成醋酸。其中的醋化醋杆菌通常存在于水果、蔬菜、酸果汁、醋和

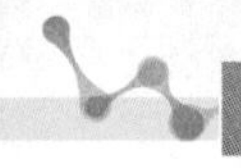

酒中，此菌常用于醋酸酿造工业。醋酸杆菌中有的种可引起菠萝的粉红病和苹果、梨的腐烂病，有的菌株在生长过程中可以合成纤维素，这在细菌中是极其罕见的。

(3)埃希氏菌属

埃希氏菌属又叫大肠杆菌属，短杆菌，单生或成对，周生鞭毛，许多菌株产荚膜和微荚膜，有的菌株生有大量菌毛，化能有机营养型，属兼性厌氧菌。能分解乳糖、葡萄糖，产酸产气，能利用醋酸盐，但不能利用柠檬酸盐，在伊红亚甲蓝培养基上菌落呈深蓝黑色，并有金属光泽。

该属中最具典型意义的代表种是大肠埃希氏菌(*E.Coli*)。正常条件下，大多数大肠杆菌是人和动物肠道内的正常菌群，但在特定条件下(如移位侵入肠外组织或器官)又是条件致病菌，可导致大肠杆菌病；另外，该属中也有少数与大肠杆菌病密切相关的病原性大肠杆菌存在。大肠杆菌是食品中常见的腐败细菌。卫生细菌学上常以“大肠菌群数”和“细菌总数”作为饮用水、牛乳、食品、饮料等卫生检定指标；本菌还是进行微生物学、分子生物学和基因工程研究的重要实验材料和对象。

(4)沙门氏菌属

沙门氏菌属是寄生于人和动物肠道内的无芽孢直杆菌，兼性厌氧菌。除极少数外，通常以周生鞭毛运动。绝大多数发酵葡萄糖产酸产气，不分解乳糖，可利用柠檬酸盐。在肠道鉴别培养基上可形成无色菌落。

本属种类繁多，已发现 1 860 多种。沙门氏菌是重要的肠道致病菌，除可引起肠道病变外，尚能引起脏器或全身感染，如肠热症、败血症等。误食被沙门氏菌污染的食品，常会造成食物中毒。

(5)肠杆菌属

肠杆菌属的性状与埃希氏菌属相似。在人的肠内虽比大肠杆菌少，但广泛存在于土壤、水域和食品中，也是食品中常见的腐败菌。少数菌株显示出很强的腐败力，甚至有些菌种能在 0～4 ℃增殖，造成包装食品冷藏过程中的腐败。

(6)变形杆菌属

变形杆菌属的菌体形态常不规则，有明显多形性。无荚膜、无芽孢、有菌毛、有周生鞭毛，活泼运动，属兼性厌氧菌。在普通琼脂上生长良好，肉汤培养物均匀浑浊且有菌膜。广泛分布于动物肠道、土壤、水域和食品中。有些菌种如普通变形杆菌，是食品的腐败菌，误食后引起食物中毒，也是伤口中较常见的继发感染菌和人类尿道感染最多见的病原菌之一。

2.革兰氏阳性菌

(1)微球菌属

菌体呈球状，单生、双生或多次分裂，分裂面无规律，形成不规则簇状或立面体状，好氧、不运动，在食品中常见，是食品腐败细菌。某些菌株如黄色微球菌能产生色素，感染这些菌后，会使食品发生变色。微球菌属具有较高的耐盐性和耐热性。有些菌种适于在低温环境中生长，引起冷藏食品腐败变质。

(2)葡萄球菌属

菌体呈球状，单生、双生或呈葡萄串状，无芽孢、无鞭毛、不运动，有的形成荚膜或黏液层，好氧或兼性厌氧菌。本属菌广泛分布于自然界，如空气、土壤、水域及食品中，也经常存在于人和动物的皮肤上，是皮肤正常微生物区系的代表成员。某些菌种是引起人畜皮肤感染或食物中毒的潜在病原菌。如人和动物的皮肤或黏膜损伤后而感染金黄色葡萄球菌，可引起化脓性炎症；食物被该菌污染，人误食后可引起毒素型食物中毒。

(3)芽孢杆菌属

菌体呈杆状，菌端钝圆或平截，单个或成链状。有芽孢，大多数能以周生鞭毛或退化的周生鞭毛运动。某些种可在一定条件下产生荚膜。此菌属为好氧或兼性厌氧，菌落形态和大小多变，在某些培养基上可产生色素，生理性状多种多样。

本属广泛分布于自然界，种类繁多。枯草芽孢杆菌(*Bacillus Subtilis*)是代表种，除作为细菌生理学研究外，常作为生产中性蛋白酶、α-淀粉酶、$5'$-核苷酸酶和杆菌肽的主要菌种及饲料微生物添加剂中的安全菌种。地衣芽孢杆菌(*B. Licheniformis*)可用于生产碱性蛋白酶、甘露聚糖酶和杆菌肽。多黏芽孢杆菌(*B. Polymyxa*)可生产多黏菌素。炭疽芽孢杆菌(*B. Anthracis*)是毒性很大的病原菌，能使人、畜患炭疽病。蜡状芽孢杆菌(*B. Cereus*)是工业发酵生产中常见的污染菌，同时也可引起食物中毒。苏云金芽孢杆菌(*B. Thuringiensis*)的伴孢晶体可用于生产无公害农药。

(4)梭状芽孢杆菌属

菌体呈杆状，两端钝圆或稍尖，有些种可形成长丝状。细胞单个、成双、短链或长链，运动或不运动，运动者具周生鞭毛。可形成卵圆状或圆形芽孢，常使菌体膨大。由于芽孢的形状和位置不同，芽孢体可表现为各种形状。化能有机营养菌，也有些是化能无机营养菌。绝大多数种专性厌氧，对氧的耐受差异较大。

梭菌在自然界分布广泛。多数为非病原菌，其中有一部分为工业生产用菌种，如丙酮丁醇梭菌是发酵工业上生产丙酮丁醇的菌种。常见的致病菌较少，但多为人畜共患病病原。如，肉毒梭菌和产气荚膜梭菌是可引起人畜多种严重疾病，亦是可造成食物中毒的细菌。其中肉毒梭菌产生的肉毒毒素，毒性极大，只要 30 g，就能使 50 亿人中毒死亡。

(5)乳酸菌

乳酸菌是指一群能将糖类发酵产生乳酸的细菌，包括乳杆菌属、链球菌属等。

①乳杆菌属　菌体呈长杆状或短杆状，链状排列、不运动。厌氧性或兼性厌氧，能发酵糖类产生乳酸。化能有机营养型，营养要求复杂，需要生长因子。在 pH 为 3.3～4.5 条件下，仍能生存。乳杆菌常见于乳制品、腌制品、饲料、水果、果汁及土壤中。

它们是许多恒温动物包括人类口腔、胃肠和阴道的正常菌群，很少致病。德氏乳杆菌(*Lactobacillus Delbruckii*)常用于生产乳酸及乳酸发酵食品；保加利亚乳杆菌、嗜酸性乳杆菌等常用于发酵饮料工业。

②链球菌属　菌体呈球状或卵圆状，直径为 $0.5 \sim 1.0\ \mu m$，呈短链或长链排列，无鞭毛，不能运动，兼性厌氧菌，广泛分布于水域、尘埃、粪便以及人的鼻咽部等处。有些是有益菌，如乳链球菌常用于乳制品发酵工业及我国传统食品工业中；有些是乳制品和肉食中的常见污染菌；有些是构成人和动物的正常菌群；有些是人或动物的病原菌，如化脓链球菌、肺炎链球菌、猪链球菌等。

(6)棒状杆菌属

菌体为杆状、直或微弯，常呈一端膨大的棒状。细胞着色不均匀，可见节段染色或异染颗粒。细胞分裂形成“八”字形排列或栅状排列。无芽孢、无鞭毛、不运动，少数植物病原菌能运动。少数为好氧菌而多数为兼性厌氧菌。

棒状杆菌属广泛分布于自然界，腐生型的棒状杆菌生存于土壤、水体中，如产生谷氨酸的北京棒状杆菌(*Corynebacterium Pekinense*)。利用该菌种，根据代谢调控机理，已筛选出生产各种氨基酸的菌种。寄生型的棒状杆菌可引起人、动植物的病害，如引起人类患白喉病的白喉棒状杆菌以及造成马铃薯环腐病的马铃薯环腐病棒状杆菌。

(7)短棒菌苗属

形态多变，通常呈一端圆一端尖的棒状，但老龄细胞(对数生长后期)则多呈球状。在排列方式上也是呈多样性，或单个、成对、成短链；或呈V形、Y形细胞对；或以“汉字”状簇群排列。厌氧至耐氧，化能有机营养型，能发酵乳酸、糖和蛋白胨，产生大量的丙酸及乙酸，使乳酪具有特殊风味是这类细菌生理的独特特征。从牛奶、奶酪、人的皮肤、人与动物的肠道中可分离出，其中有的种对人有致病性。费氏短棒菌苗是工业上用来生产丙酸和维生素 B_{12} 的菌种。

2.2 放线菌

放线菌

放线菌(Actinomycete)是一类主要呈菌丝状生长和以孢子繁殖的、陆生性较强的革兰氏阳性原核微生物。它是介于细菌和真菌的单细胞微生物。一方面，放线菌的细胞构造和细胞壁化学组成与细菌相似，与细菌同属原核微生物；另一方面，放线菌菌体呈纤细的菌丝状，有分枝，又以外生孢子的形式繁殖，这些特征与霉菌相似。放线菌菌落中的菌丝常从一个中心向四周辐射状生长，并因此而得名。

放线菌在自然界分布广泛，尤以含水量较少，有机质丰富的微碱性土壤中最多，每克土壤中其孢子数一般可高达 10^7 个。泥土所特有的泥腥味就是由放线菌产生的代谢产物——土腥味素引起的。

大多数放线菌营腐生生活，少数为寄生。腐生型放线菌在环境保护和自然界物质循环等方面起着相当重要的作用，而寄生型可引起人、动物、植物的疾病。放线菌最突出的特性就是能产生大量的、种类繁多的抗生素。

2.2.1 放线菌的形态与结构

放线菌种类繁多，下面以种类最多、分布最广、形态特征最典型的链霉菌属为例阐述其形态构造。

链霉菌的细胞呈丝状分枝，菌丝直径为 1 μm 左右，菌丝内无隔膜，故呈多核的单细胞状态，其细胞壁的主要成分是肽聚糖，也含有胞壁酸和二氨基庚二酸，不含几丁质或纤维素。

放线菌的菌丝由于形态和功能不同，一般可分为基内菌丝、气生菌丝和孢子丝三类(图 2-21)。

1.基内菌丝

基内菌丝又称基质菌丝、营养菌丝或一级菌丝，生长在培养基内或表面。基内菌丝较细，一般颜色浅，但有的产生水溶性或脂溶性色素。基内菌丝的主要功能是吸收营养物质和排泄废物。

2.气生菌丝

气生菌丝又称二级菌丝，它是基内菌丝生长到一定时期，长出培养基表面伸向空中的菌

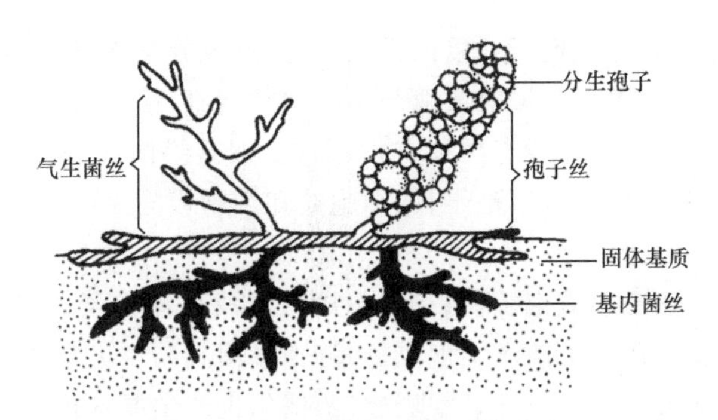

图 2-21　链霉菌的形态构造模式图

丝。气生菌丝较基内菌丝粗，一般颜色较深，有的产生色素。气生菌丝的形状有直或弯曲状，有的有分枝，其主要功能是传递营养物质和繁殖后代。

3.孢子丝

孢子丝（图 2-22）又称繁殖菌丝、产孢丝，它是气生菌丝生长发育到一定阶段分化成的可产孢子的菌丝。孢子丝的形态和在气生菌丝上的排列方式随菌种而异。孢子丝的形状有直形、波曲形、钩状或螺旋状，其着生方式有互生、轮生或丛生等，是分类鉴别的重要依据。

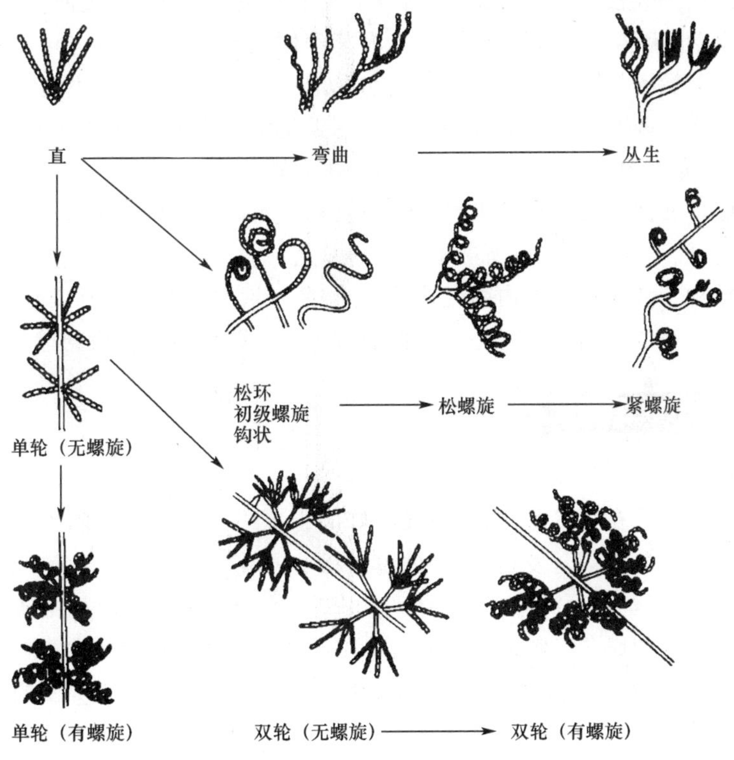

图 2-22　链霉菌的各种孢子丝形态

2.2.2 放线菌的繁殖方式

放线菌主要通过形成无性孢子的方式进行繁殖，也可借菌体断裂片段繁殖。放线菌产生的无性孢子主要有分生孢子和孢囊孢子。

大多数放线菌（如链霉菌属）生长到一定阶段，大部分气生菌丝形成孢子丝，孢子丝成熟便分化形成许多孢子，称为分生孢子。以前人们认为，形成分生孢子的形式有凝聚分裂和横割分裂两种方式，但根据电子显微镜对放线菌超薄切片观察，结果表明孢子丝形成孢子只有横割分裂而无凝聚过程。横割分裂有两种方式，即：①细胞膜内陷，再由外向内逐渐收缩形成横隔膜，将孢子丝分割成许多分生孢子；②细胞壁和细胞膜同时内陷，再逐渐向内缢缩，将孢子丝缢裂成连串的分生孢子。

有些放线菌可在菌丝上形成孢子囊，在孢子囊内形成孢囊孢子，孢子囊成熟后，释放出大量孢囊孢子。孢子囊可在气生菌丝上形成（如链孢囊菌属），也可在基内菌丝上形成（如游动放线菌属），或二者均可生成。另外，某些放线菌偶尔也产生厚壁孢子。

借菌丝断裂的片段形成新菌体的繁殖方式常见于液体培养中，如工业化发酵生产抗生素时，放线菌就以此方式大量繁殖。

2.2.3 放线菌的群体特征

放线菌的菌落由菌丝体组成，一般为圆形、平坦或有许多皱褶和地衣状。放线菌的菌落特征随菌种而不同。一类是产生大量分枝的基内菌丝和气生菌丝的菌种，如链霉菌，其菌丝较细，生长缓慢，菌丝分枝相互交错缠绕，所以形成的菌落质地致密，表面呈较紧密的绒状，或坚实，干燥，多褶，菌落较小而不延伸；其基内菌丝伸入基质内，菌落与培养基结合较紧密而不易挑取或挑起后不易破碎。菌落表面起初光滑或如发状缠结，产生孢子后，则呈粉状、颗粒状或絮状。气生菌丝有时呈同心环状。另一类是不产生大量菌丝体的菌种，如诺卡氏菌，这类菌的菌落黏着力较差，结构成粉质，用针挑取则粉碎。

有些种类菌丝和孢子常含有色素，使菌落正面和背面呈现不同颜色。正面是气生菌丝和孢子的颜色，背面是基内菌丝或所产生色素的颜色。

将放线菌接种于液体培养基内静置培养，能在瓶壁液面处形成斑状或膜状菌落，或沉降于瓶底而不使培养基浑浊；若振荡培养，常形成由短小的菌丝体所构成的球状颗粒。

2.2.4 常见的放线菌

1.链霉菌属

链霉菌属大多生长在含水量较低、通气较好的土壤中。其菌丝无隔膜，基内菌丝较细，直径为 0.5～0.8 μm，气生菌丝发达，较基内菌丝粗 1～2 倍，成熟后分化为呈直形、波曲形或螺旋形的孢子丝，孢子丝发育到一定时期产生出成串的分生孢子。链霉菌属是抗生素工业所用放线菌中最重要的属。已知链霉菌属有 1 000 多种。许多常用抗生素，如链霉素、土霉素、井冈霉素、丝裂霉素、博来霉素、制霉菌素、红霉素和卡那霉素等，都是链霉菌产生的。

2.诺卡氏菌属

诺卡氏菌属主要分布在土壤中，其菌丝有隔膜，基内菌丝较细，直径为 0.2～0.6 μm。一般无气生菌丝。基内菌丝培养十几个小时形成横隔，并断裂成杆状或球状孢子。菌落较小，表面多皱，致密干燥，边缘呈树根状，颜色多样，一触即碎。有些种能产生抗生素，如利福霉素、蚁霉素等；也可用于石油脱蜡及污水净化中脱氰等。

3.放线菌属

放线菌属菌丝较细，直径小于 1 μm，有隔膜，可断裂呈 V 形或 Y 形，不形成气生菌丝，也不产生孢子，一般为厌氧或兼性厌氧菌。本属多为致病菌，如引起牛颚肿病的牛型放线菌，引起人的后颚骨肿瘤病及肺部感染的衣氏放线菌。

4.小单孢菌属

小单孢菌属分布于土壤及水底淤泥中。基内菌丝较细，直径为 0.3～0.6 μm，无隔膜，不断裂，一般无气生菌丝。在基内菌丝上长出短孢子梗，顶端着生单个球形或椭圆形孢子。小单孢菌属的菌落较小，多数好氧，少数厌氧。有的种可产抗生素，如绛红小单孢菌和棘孢小单孢菌都可产庆大霉素，有的种还可产利福霉素。此外，还有的种能产生维生素 B_{12}。

5.链孢囊菌属

链孢囊菌属的特点是它的气生菌丝可形成孢囊和孢囊孢子。孢囊孢子无鞭毛，不能运动。本属菌也有不少菌种能产生抗生素，如粉红链孢囊菌产生多霉素、绿灰链孢囊菌产生氯霉素等。

2.3 其他原核微生物

2.3.1 蓝细菌

蓝细菌(Cyanobacteria)旧名蓝藻或蓝绿藻，是一类进化历史悠久、革兰氏染色阴性、无鞭毛、含叶绿素 a(但不形成叶绿体)、能进行产氧性光合作用的大型原核微生物。

蓝细菌分布极广，普遍生长在淡水、海水和土壤中，并且在极端环境(如温泉、盐湖、贫瘠的土壤、岩石表面或风化壳中以及植物树干等)中也能生长，故有“先锋生物”的美称。许多蓝细菌类群具有固氮能力。一些蓝细菌还能与真菌、苔蕨类、苏铁科植物、珊瑚甚至一些无脊椎动物共生。

1.蓝细菌的形态与构造

蓝细菌的细胞一般比细菌大，通常直径为 3～10 μm，最大的可达 60 μm，如巨颤蓝细菌。根据细胞形态差异，蓝细菌可分为单细胞和丝状体两大类。单细胞类群多呈球状、椭圆状和杆状，单生或团聚体，如黏杆蓝细菌和皮果蓝细菌等属；丝状体蓝细菌是由许多细胞排列而成的群体，包括：有异形胞的，如鱼腥蓝细菌属；无异形胞的，如颤蓝细菌属；有分支的，如费氏蓝细菌属。

蓝细菌的细胞构造与革兰氏阴性细菌相似。细胞壁有内外两层，外层为脂多糖层，内层为肽聚层。许多种能不断地向细胞壁外分泌胶黏物质，将一群细胞或丝状体结合在一起，形成黏质糖被或鞘。细胞膜单层，很少有间体。大多数蓝细菌无鞭毛，但可以“滑行”。蓝细菌光合作用的部位称为类囊体，数量很多，以平行或卷曲的方式贴近分布在细胞膜附近，其中含有叶绿素 a 和藻胆素(一类辅助光合色素)。蓝细菌的细胞内含有糖原、聚磷酸盐、PHB 以及蓝细菌肽等储藏物以及能固定 CO_2 的羧酶体，少数水生性种类中还有气泡。

在化学组成上，蓝细菌最独特之处是含有两个或多个双键组成的不饱和脂肪酸，而细菌通常只含有饱和脂肪酸和一个双键的不饱和脂肪酸。

蓝细菌的细胞有几种特化形式，较重要的是异形胞、静息孢子、链丝段和内孢子。异形胞是存在于丝状体蓝细菌中的较营养细胞稍大、色浅、壁厚，位于细胞链中间或末端且数目

少而不定的细胞。异形胞是固氮蓝细菌的固氮部位。营养细胞的光合产物与异形胞的固氮产物,可通过胞间连丝进行物质交换。静息孢子是一种着生于丝状体细胞链中间或末端的形大、色深、壁厚的休眠细胞,胞内有储藏性物质,具有抗干旱或冷冻的能力。链丝段又称连锁体或藻殖段,是长细胞断裂而成的短链段,具有繁殖功能。内孢子是少数蓝细菌种类在细胞内形成许多球形或三角形的内孢子,成熟后可释放,具有繁殖功能。

2.蓝细菌的繁殖

蓝细菌通过无性方式繁殖。单细胞类群以裂殖方式繁殖,包括二分裂或多分裂。丝状体类群可通过单平面或多平面的裂殖方式加长丝状体,还常通过链丝段繁殖。少数类群以内孢子方式繁殖。在干燥、低温和长期黑暗等条件下,可形成休眠状态的静息孢子,在适宜条件下可继续生长。

2.3.2 支原体

支原体(Mycoplasma)是一类无细胞壁、介于独立生活和细胞内寄生生活的最小型的原核微生物。许多种类是人和动物的致病菌,有些腐生种类生活在污水、土壤或堆肥中,少数种类可污染实验室的组织培养物。植物支原体(又称类支原体)是黄化病、矮缩病等植物病的病原体。

支原体的特点包括:①细胞小,直径仅为 0.1~0.3 μm,多数为 0.25 μm,在光学显微镜下勉强可见。②无细胞壁,呈革兰氏阴性反应,形态高度多形和易变,呈球形、扁圆形、玫瑰花形、长短不一的丝状乃至分枝状等;对渗透压敏感;菌体柔软,能通过细菌过滤器。③细胞膜含甾醇,比较坚韧。④菌落呈"油煎蛋"状,直径仅 0.1~1.0 mm。⑤一般以二分裂方式繁殖,有时也可出芽繁殖。⑥体外培养的营养要求苛刻,需用含血清、酵母膏和甾醇等营养丰富的人工培养基。⑦多数能以糖类做能源,能在有氧或无氧条件下进行氧化型或发酵型产能代谢。⑧对热、干燥抵抗力弱,45 ℃条件下 30 min 即可被杀死;对苯酚、来苏水等化学消毒剂及各种表面活性剂和醇类敏感;对青霉素、环丝氨酸等抑制细胞壁合成的抗生素和溶菌酶不敏感,但对四环素、卡那霉素、红霉素等能抑制蛋白质生物合成的抗生素和两性霉素、制霉菌素等破坏含甾体的细胞膜结构的抗生素敏感。⑨基因组很小,仅为 0.6~1.1 Mb,为大肠杆菌的 1/4~1/5。

2.3.3 立克次氏体

立克次氏体(Rickettsia)是一类专性寄生于真核细胞内的革兰氏阴性原核微生物。它不仅是动物细胞的寄生者,也寄生于植物细胞中,植物细胞中的立克次氏体被称为类立克次氏体。

立克次氏体的特点包括:①细胞大小为(0.3~0.6)μm×(0.8~2.0)μm,一般不能通过细菌过滤器,在光学显微镜下清晰可见。②细胞呈球状、杆状或丝状,有的具有多形性。③有细胞壁,呈革兰氏阴性反应。④除少数外,均在真核细胞内营专性寄生,宿主一般为虱、蚤等节肢动物,并可传至人或其他脊椎动物。⑤以二等分裂方式进行繁殖,但繁殖速度较细菌慢,一般 9~12 h 繁殖一代。⑥有不完整的产能代谢途径,大多只能利用谷氨酸和谷氨酰胺产能而不能利用葡萄糖或有机酸产能。⑦大多数不能用人工培养基培养,需用鸡胚、敏感动物及动物组织细胞来培养。⑧对热、光照、干燥及化学药剂抵抗力差，60 ℃条件下 30 min 即可被杀死，100 ℃下很快死亡，对一般消毒剂、磺胺及四环素、氯霉素、红霉素、青霉素等抗生素敏感。⑨基因组很小，如普氏立克次氏体的基因组为 1.1 Mb。

立克次氏体在虱等节肢动物的胃肠道上皮细胞中增殖并大量存在其粪中。人受到虱等叮咬时，立克次氏体便随粪从抓破的伤口或直接从昆虫口器进入人的血液并在其中繁殖，从而使人感染得病。当节肢动物再叮咬人吸血时，人血中的立克次氏体又进入其体内增殖，如此不断循环。立克次氏体可使人与动物患多种疾病，如立氏立克次氏体可使人类患落基山斑点热、普氏立克次氏体可使人类患流行性斑疹伤寒、穆氏立克次氏体可使人类患地方性斑疹伤寒、伯氏考克斯氏体可使人类患 Q 热、恙虫热立克次氏体可使人类患恙虫热。

2.3.4　衣原体

衣原体(Chlamydia)是一类在真核细胞内营专性寄生的小型革兰氏阴性原核微生物。衣原体曾长期被误认为是“大型病毒”，直至 1956 年，由我国著名微生物学家汤飞凡等自沙眼中首次分离到沙眼的病原体后，才逐步证实它是一类独特的原核微生物。

衣原体的特点包括：①细胞较立克次氏体稍小，直径为 0.2～0.3 μm，能通过细菌过滤器，在光学显微镜下勉强可见。②细胞呈球形或椭圆形。③其细胞构造、化学成分与细菌相似，有革兰氏阴性细菌的特征细胞壁(但缺肽聚糖)，细胞内同时含有 DNA 和 RNA 两种核酸，有核糖体。④以二等分裂方式进行繁殖。⑤有不完整的酶系，尤其缺乏产能代谢的酶系，必须在活细胞内寄生。⑥在实验室中，衣原体只能用鸡胚卵黄囊膜、小白鼠腹腔或 HeLa 细胞组织培养物等活体进行培养。⑦抵抗力较低，对热敏感，在 56～60 ℃下仅能存活 5～10 min。在冰冻条件下可存活数年。除鹦鹉热衣原体对磺胺具有抗性这一特例外，对一般消毒剂和抑制细菌的抗生素和药物(如四环素、氯霉素、红霉素、青霉素及磺胺等)敏感。⑧DNA 相对分子量很小，仅为大肠杆菌的 1/4。

衣原体有一个特殊的生活史。具有感染力的个体称为原体，它是一种不能运动的球状细胞，直径小于 0.4 μm，有坚韧的细菌型细胞壁，在宿主细胞内，原体逐渐伸长，形成无感染力的个体，称作始体，这是一种薄壁的球状细胞，形体较大，直径达 1.0～1.5 μm，它通过二等分裂的方式在宿主的细胞质内形成一个微菌落，随后大量的子细胞又分化成较小而厚壁的感染性原体，一旦宿主细胞破裂，原体又可重新感染新的细胞。

目前已发现的衣原体有：引起人体沙眼的沙眼衣原体、引起鹦鹉热等人兽共患病的鹦鹉热衣原体、引起肺炎的肺炎衣原体。

2.3.5　古生菌

古生菌(Archaea)又称古细菌(Archaebacteria)，是近年来发现的一类特殊细菌，它们虽然在大小、形态及细胞结构等方面与细菌相似，但在某些细胞结构的化学组成以及许多生理生化特性上都不同于真细菌。它们大多数生活在极端环境中，包括极端厌氧的产甲烷菌，极端嗜盐菌以及在强酸和高温环境中生活的极端嗜热嗜酸菌。

在古生菌中，尽管具有原核生物的基本性质，但深入研究后发现它们具有特殊的细胞壁和细胞膜。除个别类群如热原体属无细胞壁外，已研究过的古生菌细胞壁中都没有真正的

肽聚糖，而是由假肽聚糖、糖蛋白或蛋白质构成的。例如，甲烷杆菌属的细胞壁由假肽聚糖组成，甲烷八叠球菌的细胞壁含有独特的多糖，盐杆菌属的细胞壁由糖蛋白组成，少量产甲烷菌的细胞壁由蛋白质组成。古生菌细胞膜与真细菌、真核微生物有明显差异。例如，古生菌膜类脂由甘油与烃链通过醚键而不是酯键连接；组成其烃链的是异戊二烯的重复单位，而不是脂肪酸；古生菌细胞膜中有独特的单分子层膜或单、双分子层混合膜；古生菌细胞膜上含有独特的脂类，如胡萝卜素等。其16S rRNA有较强的保守性，它的RNA酶切片的双向层析和碱基的序列分析结果表明古生菌的16S rRNA图谱既不同于其他细菌，也与真核生物有明显的区别。古生菌还具有特殊的类似于真核生物的基因转录和翻译系统，它们不为利福霉素所抑制，其RNA聚合酶由多个亚基组成，核糖体30S亚基的形状、tRNA结构、蛋白质合成的起始氨基酸及对抗生素的敏感性等均与细菌不同，而类似于真核生物。由此可以认为，古生菌是一类16S rRNA及其他细胞成分在分子水平上与原核和真核细胞均有所不同的特殊生物类群。

本章小结

微生物是一大类一般用肉眼看不到的生物，分三大类群，即原核、真核和非细胞形态微生物。细菌个体微小，是原核微生物的一种，具有一定的形态和结构。从形态上，分为球菌、杆菌和螺旋菌。细菌结构有基本结构和特殊结构。细菌的耐药性和革兰氏染色原理与细菌细胞壁结构关系密切，细菌的特殊结构是细菌所特有的，但不是所有细菌都有的，其中包括荚膜、鞭毛、菌毛和芽孢，各有一定的结构及特殊的生理功能，与细菌的致病性及免疫原性有关。细菌菌体以横二分裂法进行无性繁殖。放线菌的菌丝分为基内菌丝、气生菌丝和孢子丝三种。其繁殖主要是通过形成无性孢子的方式，也可借菌体断裂片段繁殖。放线菌的菌落特征与细菌不同，放线菌中，种类最多、分布最广、形态特征最典型的是链霉菌属。

复习思考题

1.试比较原核细胞与真核细胞的主要区别。

2.试从化学组成和构造叙述细菌细胞的结构和功能。

3.试述革兰氏染色的机制。

4.试述放线菌的形态结构与菌落特征。

5.立克次氏体有哪些与专性活细胞内寄生有关的特性？它们有什么特殊的生活方式？

6.衣原体与立克次氏体都为专性活细胞内寄生，两者有何区别？

7.为什么衣原体也属于原核微生物，衣原体是怎么被发现的？简述我国著名微生物学家汤飞凡首次分离并证实沙眼衣原体的过程，说一说我国科学家在原核微生物分离与发现方面的贡献，我们应该如何学习他们的科学献身精神？

知识链接

缺壁细菌

细胞壁是细菌细胞的基本构造，在特殊情况下也可发现有几种细胞壁缺损的或无细胞壁的细菌存在。

- 缺壁细菌
  - 实验室中形成
    - 人工方法去壁
      - 彻底除尽：原生质体
      - 部分去除：球状体
    - 自发缺壁突变：L 形细菌
  - 自然界长期进化中形成：支原体

1.原生质体：指在人工条件下用溶菌酶除尽原有细胞壁或用青霉素抑制细胞壁的合成后，所留下的仅由细胞膜包裹着的球状渗透敏感细胞，一般由 G^+ 菌形成。

2.球状体：指还残留部分细胞壁的原生质体，一般由 G^- 菌形成。

原生质体和球状体的共同特点：无完整的细胞壁，细胞呈球状，对渗透压较敏感，即使有鞭毛也无法运动，对相应噬菌体不敏感，细胞不能分裂等。在合适的再生培养基中，原生质体可以恢复，长出细胞壁。原生质体或球状体比正常有细胞壁的细菌更易导入外源遗传物质和渗入诱变剂，故是研究遗传规律和进行原生质体育种的良好实验材料。

3.L 形细菌：1935 年，英国李斯特预防医学研究所发现一种由自发突变而形成细胞壁缺损的细菌——念珠状链杆菌。它的细胞膨大，对渗透压十分敏感，在固体培养基表面形成“油煎蛋”似的小菌落。由于该研究所的第一字母是“L”，故称 L 形细菌。许多 G^+ 菌和 G^- 菌都可形成 L 形。目前 L 形细菌的概念有时用得较杂，甚至还把原生质体或球状体也包括在内。严格来说，L 形细菌专指在实验室中通过自发突变形成的遗传性稳定的细胞壁缺陷菌株。

L 形细菌虽然丧失合成细胞壁的能力，但是由于质膜完整，在一定渗透压下不影响其生存和繁殖，不能保持原有细胞形态，因此菌体形成高度多形态的变异菌。

4.支原体：指在长期进化过程中形成的、适应自然生活条件的无细胞壁的原核微生物。其细胞膜中含有一般原核生物所没有的甾醇，因此虽缺乏细胞壁，其细胞膜仍有较高的机械强度。

第3章 真核微生物

学习目标

1.了解酵母菌、霉菌与人类生活的关系。
2.熟悉酵母菌、霉菌的形态结构。
3.熟悉酵母菌、霉菌的生活史。
4.掌握真核微生物的主要特征。
5.能依据菌落特征区分和鉴别食品中常见的霉菌。

真核微生物是指细胞核具核仁和核膜、能进行有丝分裂、细胞质中有线粒体等细胞器的微小生物，主要包括酵母菌(Yeast)、霉菌(Mould 或 Mold)、藻类(Algae)、原生动物(Protozoon)和微型后生动物等。与食品关系密切的主要有酵母菌和霉菌。

3.1 酵母菌

酵母菌不是分类学上的名称，而是一类非丝状真核微生物，一般泛指能发酵糖类的各种单细胞真菌。酵母菌通常以单细胞状态存在，细胞壁常含甘露聚糖，以芽殖或裂殖方式进行无性繁殖，能发酵糖类产能，喜在含糖量较高的偏酸性水生环境中生长。

酵母菌在自然界分布很广，主要分布于偏酸性含糖环境中，如水果、蔬菜、蜜饯的表面和果园土壤中。石油酵母则多分布于油田和炼油厂周围的土壤中。

酵母菌是人类应用最早的微生物，与人类关系极为密切。千百年来，酵母菌及其发酵产品大大改善和丰富了人类的生活，如各种酒类生产，面包制造，甘油发酵，饲用、药用及食用单细胞蛋白生产，从酵母菌体提取核酸、麦角甾醇、辅酶 A、细胞色素 C、凝血质和维生素等生化药物。近年来，在基因工程中，酵母菌还以最好的模式真核微生物而被用作表达外源蛋白功能的优良受体菌，同时它也是分子生物学、分子遗传学等重要理论研究的良好材料。当然，酵母菌也会给人类带来危害。例如，腐生型的酵母菌能使食品、纺织品和其他原料发生腐败变质；耐渗透压酵母菌可引起果酱、蜜饯和蜂蜜的变质。少数酵母菌能引起人或其他动物的疾病，其中最常见者为“白色念珠菌”(白假丝酵母)，能引起人体一些表层(皮肤、黏膜或深层各内脏和器官)组织疾病。

3.1.1　酵母菌的形态和构造

1.酵母菌的形状与大小

大多数酵母菌为单细胞，形状因种而异，基本形状为球形、卵圆形、圆柱形或香肠形。某些酵母菌进行一连串的芽殖后，长大的子细胞与母细胞并不立即分离，其间仅以极狭小的接触面相连，这种藕节状的细胞串称为假菌丝。酵母菌的菌体无鞭毛，不能游动。

酵母菌的细胞直径约为细菌的10倍，其直径一般为2～5 μm，长度为5～30 μm，最长可达100 μm。每一种酵母菌的大小因生活环境、培养条件和培养时间长短而有较大的变化。最典型和最重要的酿酒酵母细胞大小为(2.5～10.0) μm×(4.5～21.0)μm。

2.酵母菌的细胞构造

酵母菌具有典型的真核细胞构造(图3-1)，与其他真菌的细胞构造基本相同，但是也有其本身的特点。

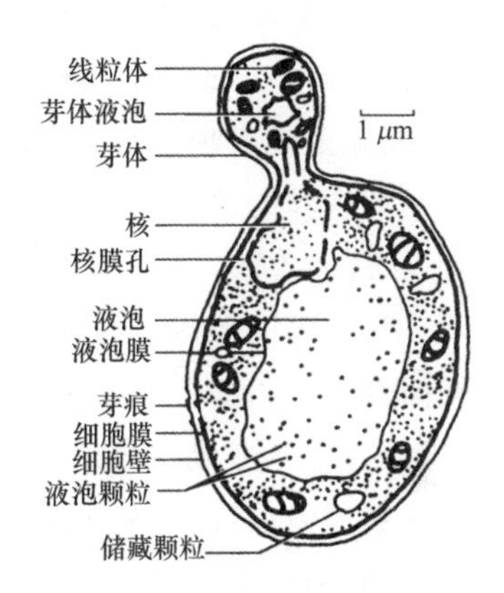

图3-1　酵母菌的细胞构造

酵母菌细胞壁具三层结构——外层为甘露聚糖，内层为葡聚糖，都是复杂的分枝状聚合物，其间夹有一层蛋白质分子。位于细胞壁内层的葡聚糖是维持细胞壁强度的主要物质。此外，细胞壁上还含有少量类脂和以环状形式分布于芽痕周围的几丁质。用玛瑙螺的胃液制得的蜗牛消化酶，可用来制备酵母菌的原生质体。

芽痕是酵母菌特有的结构，酵母菌出芽生殖时，芽体长成后与母细胞分离，在母细胞壁上留下的痕迹即为芽痕。在光学显微镜下无法看到芽痕，但用荧光染料染色，或用扫描电镜观察，都可看到芽痕。

3.1.2　酵母菌的繁殖方式

食品中常见的酵母菌

酵母菌具有无性繁殖和有性繁殖两种繁殖方式，大多数酵母菌以无性繁殖为主。无性繁殖包括芽殖、裂殖和产生无性孢子，有性繁殖主要是指产生子囊孢子进行繁殖。繁殖方式对酵母菌的鉴定极为重要。

1.无性繁殖

(1)芽殖

芽殖是酵母菌最常见的繁殖方式。在良好的营养和生长条件下，酵母菌生长迅速，几乎所有的细胞上都长有芽体，而且芽体上还可形成新芽体，于是就形成了呈簇状的细胞团。出芽过程如图3-2所示。

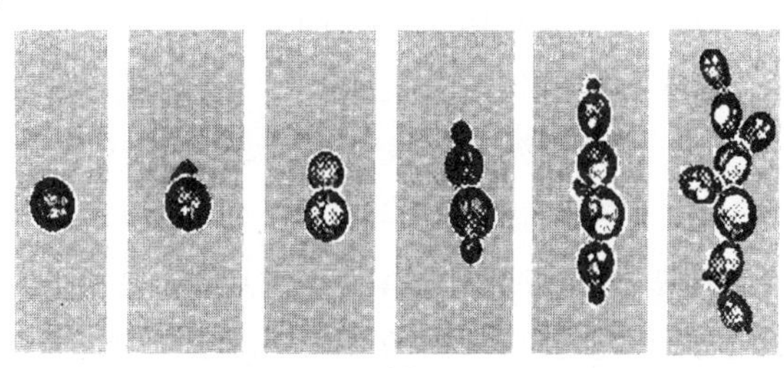

图3-2　酵母菌的出芽过程

芽体形成过程:水解酶分解母细胞形成芽体部位的细胞壁多糖,使细胞壁变薄;大量新细胞物质——核物质(染色体)和细胞质等在芽体起始部位堆积,芽体逐步长大后,就在与母细胞连接的位置形成由葡聚糖、甘露聚糖和几丁质组成的隔壁。成熟后两者分离,在母细胞上留下一个芽痕,在子细胞上相应留下一个蒂痕。

(2)裂殖

酵母菌的裂殖与细菌裂殖相似。其过程是细胞伸长,核分裂为二,细胞中央出现隔膜,将细胞横分为两个大小相等、各具一个核的子细胞。进行裂殖的酵母种类很少,裂殖酵母属的八孢裂殖酵母就是其中一种。

(3)产生无性孢子

少数酵母菌(如掷孢酵母)可以产生无性孢子。掷孢酵母可在卵圆形营养细胞上生出小梗,其上产生掷孢子。掷孢子成熟后通过特有喷射机制射出。用倒置培养器培养掷孢酵母时,器盖上会出现掷孢子发射形成的酵母菌落的模糊镜像。有的酵母菌如白假丝酵母等还能在假菌丝的顶端产生具有厚壁的厚垣孢子。

2.有性繁殖

酵母菌以形成子囊和子囊孢子的方式进行有性繁殖。其过程是通过邻近的两个形态相同而性别不同的细胞各伸出一根管状原生质突起,相互接触、融合并形成一个通道,细胞质结合(质配),两个核在此通道内结合(核配),形成双倍体细胞,并随即进行减数分裂,形成4个或8个子核,每一个子核和其周围的原生质形成孢子。含有孢子的细胞称为子囊,子囊内的孢子称为子囊孢子。

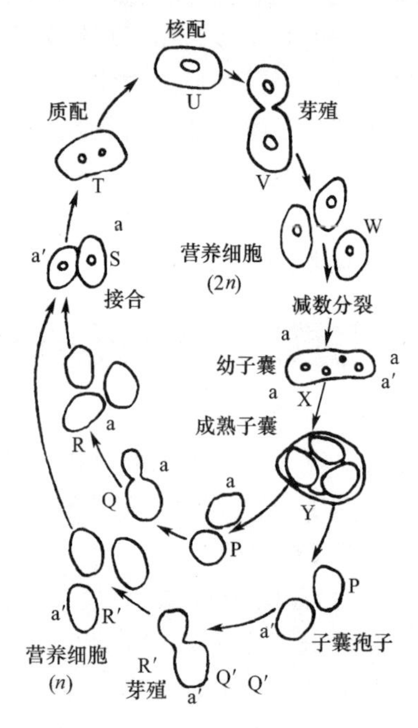

图 3-3 啤酒酵母菌的生活史

酵母菌的子囊和子囊孢子的形状因菌种不同而异,是酵母菌分类鉴定的重要依据之一。通常处于幼龄的酵母细胞,在适宜的培养基和良好的环境条件下,才易形成子囊孢子。在合适的条件下,子囊孢子又可萌发成新的菌体。如图3-3所示为啤酒酵母菌的生活史。

3.1.3 酵母菌的菌落特征

酵母菌的菌落形态特征与细菌相似,但比细菌大而厚,湿润,表面光滑,多数不透明,黏稠,菌落颜色单调,多数呈乳白色,少数红色,个别黑色。酵母菌生长在固体培养基表面,容易用针挑起,菌落质地均匀,正、反面及中央与边缘的颜色一致。不产生假菌丝的酵母菌菌落稍微隆起,边缘十分圆整;形成大量假菌丝的酵母,菌落较平坦,表面和边缘粗糙。酵母菌的菌落特征是分类鉴定的重要依据。

酵母菌在液体培养基中的生长情况也不相同,有的在液体中均匀生长,有的在底部生长并产生沉淀,有的在表面生长形成菌膜,菌膜的表面状况及厚薄也不相同。

3.1.4　与食品关系密切的酵母菌

1.啤酒酵母

啤酒酵母是啤酒生产上常用的典型的上面发酵酵母。除用于酿造啤酒、酒精及其他的饮料酒外，还可发酵面包。菌体维生素、蛋白质含量高，可做食用、药用和饲料酵母，还可以从其中提取细胞色素C、核酸、谷胱甘肽、凝血质、辅酶A和三磷酸腺苷等。在维生素的微生物测定中，常用啤酒酵母测定生物素、泛酸、硫胺素、吡哆醇和肌醇等。

啤酒酵母在麦芽汁琼脂培养基上，菌落为乳白色，有光泽，平坦，边缘整齐。无性繁殖以芽殖为主。能发酵葡萄糖、麦芽糖、半乳糖和蔗糖，不能发酵乳糖和蜜二糖。

按细胞长与宽的比例，可将啤酒酵母分为三类。第一类的细胞多为圆形、卵圆形或卵形（细胞长宽比<2），主要用于酒精发酵、酿造饮料酒和面包生产。第二类的细胞形状以卵形和长卵形为主，也有圆或短卵形细胞（细胞长宽比≈ 2）。这类酵母主要用于酿造葡萄酒和果酒，也可用于啤酒、蒸馏酒和酵母生产。第三类的细胞为长圆形（细胞长宽比>2）。这类酵母比较耐高渗透压和高浓度盐，适合于以甘蔗糖蜜为原料生产酒精。

2.卡尔斯伯酵母

卡尔斯伯酵母因丹麦卡尔斯伯（*Carlsberg*）这个地方而得名，是啤酒酿造业中的典型的下面发酵酵母，俗称卡氏酵母。卡氏酵母细胞呈椭圆形或卵形，其大小为$(3\sim5)\ \mu m\times(7\sim10)\ \mu m$。在麦芽汁琼脂斜面培养基上，菌落呈浅黄色，软质，具光泽，产生细微的皱纹，边缘产生细的锯齿状，孢子形成困难。能发酵葡萄糖、蔗糖、半乳糖、麦芽糖及棉籽糖。卡氏酵母除了用于酿造啤酒外，还可做食用、药用和饲料酵母，其麦角固醇含量较高，也可用于泛酸、硫胺素、吡哆醇和肌醇等维生素的测定。

3.异常汉逊氏酵母

异常汉逊氏酵母异常变种的细胞为圆形（直径为$4\sim7\ \mu m$）或椭圆形、腊肠形[大小为$(2.5\sim6)\ \mu m\times(4.5\sim20)\ \mu m$]，有的细胞甚至长达$30\ \mu m$，属于多边芽殖，发酵液面有白色菌醭，培养液浑浊，有菌体沉淀于管底。在麦芽汁琼脂斜面培养基上，菌落平坦，乳白色，无光泽，边缘丝状。在加盖玻片马铃薯葡萄糖琼脂培养基上，能形成发达的树枝状假菌丝。

异常汉逊氏酵母产生乙酸乙酯，故常在食品的风味中起一定作用。如无盐发酵酱油的增香；以薯干为原料酿造白酒时，经浸香和串香处理可酿造出味道更醇厚的酱油和白酒。该菌种氧化烃类能力强，可以煤油和甘油做碳源，在培养液中还能累积游离L-色氨酸。

3.2　霉　菌

认识霉菌

霉菌不是分类学上的名词，而是一些丝状真菌的通称。在1971年Ainsworth的分类系统中，霉菌分属于鞭毛菌亚门、接合菌亚门、子囊菌亚门和半知菌亚门。

霉菌在自然界分布极为广泛，它们存在于土壤、空气、水体和生物体等处，与人类关系极为密切，兼具利和害的双重作用。例如，①工业应用方面：柠檬酸、葡萄糖酸等多种有机酸，淀粉酶、蛋白酶和纤维素酶等多种酶制剂，青霉素和头孢霉素等抗生素，核黄素等维生素，麦角碱等生物碱，真菌多糖和植物生长刺激素(赤霉素)等产品的生产；利用某些霉菌对甾族化合物的生物转化生产甾体激素类药物。②食品酿造方面：酿酒、制酱及酱油等。③在基础理论研究方面：霉菌是良好的实验材料。④危害：霉菌能引起粮食、水果、蔬菜等农副产品及各种工业原料、产品、电器和光学设备的发霉或变质，也能引起动植物和人体疾病，如马铃薯晚疫病、小麦锈病、稻瘟病和皮肤癣症等。

3.2.1 霉菌的形态和构造

霉菌的营养体由菌丝构成。菌丝可无限伸长和产生分枝，产生分枝的菌丝相互交错在一起，形成了菌丝体。菌丝直径一般为 3～10 μm，与酵母细胞直径类似，但比细菌或放线菌的细胞约粗 10 倍。

霉菌菌丝细胞的构造与酵母菌十分相似。菌丝最外层为厚实、坚韧的细胞壁，其内有细胞膜，膜内空间充满细胞质。细胞核、线粒体、核糖体、内质网、液泡等与酵母菌相同。构成霉菌细胞壁的成分按物理形态可分为两大类；一类为纤维状物质，如纤维素和几丁质，赋予细胞壁坚韧的机械性能。在低等霉菌里，细胞壁的多糖主要是纤维素；在高等霉菌里，细胞壁的多糖主要是几丁质。另一类为无定形物质，如蛋白质、葡聚糖和甘露聚糖，混填在由纤维状物质构成的网内或网外，充实细胞壁的结构。

霉菌的菌丝有两类：一类菌丝中无横隔，整个菌丝为长管状单细胞，含有多个细胞核。其生长过程只表现为菌丝的延长和细胞核的裂殖增多以及细胞质的增加，如根霉、毛霉、犁头霉等的菌丝属于此种形式[图 3-4(a)]。另一类菌丝有横隔，菌丝由横隔膜分隔成成串多细胞，每个细胞内含有一个或多个细胞核。有些菌丝，从外观看虽然像多细胞，但横隔膜上有小孔，使细胞质和细胞核可以自由流通，而且每个细胞的功能也都相同，如青霉菌、曲霉菌、白地霉菌等的菌丝均属此类图[3-4(b)]。

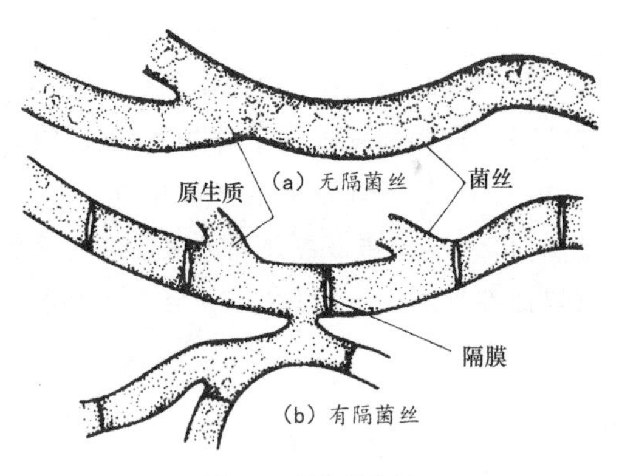

图 3-4　霉菌的菌丝

霉菌菌丝在生理功能上有一定程度的分化。在固体培养基上，部分菌丝伸入培养基内吸收养料，称为营养菌丝；另一部分则向空中生长，称为气生菌丝。有的气生菌丝发育到一定阶段，分化成繁殖菌丝(图 3-5)。

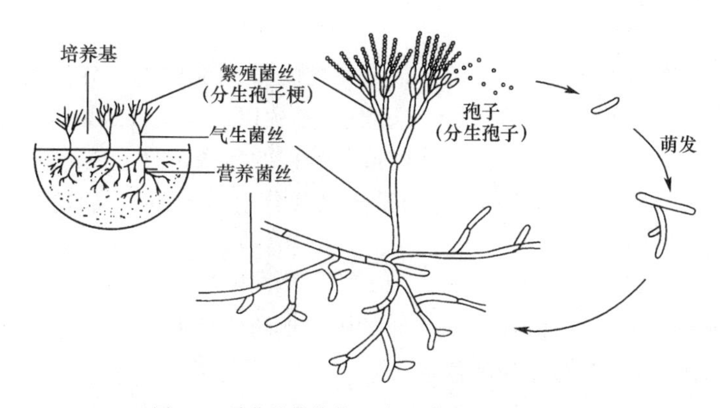

图 3-5　霉菌的营养菌丝、气生菌丝和繁殖菌丝

霉菌的繁殖

3.2.2　霉菌的繁殖方式

霉菌具有很强的繁殖能力，繁殖方式多种多样，除了菌丝片段可以生长成新的菌丝体外，主要通过无性繁殖或有性繁殖来完成生命的传递。无性繁殖是指不经过两性细胞结合而直接由菌丝分化形成孢子的过程，所产生的孢子叫无性孢子。有性繁殖则是经过不同性别细胞的结合，经质配、核配、减数分裂形成孢子的过程，所产生的孢子叫有性孢子。霉菌孢子的形态和产孢子器官的特征是分类的主要依据。

1.无性孢子

霉菌的无性繁殖主要是通过产生无性孢子的方式来实现的。常见的无性孢子有孢囊孢子、分生孢子、节孢子、厚垣孢子等(图 3-6)。

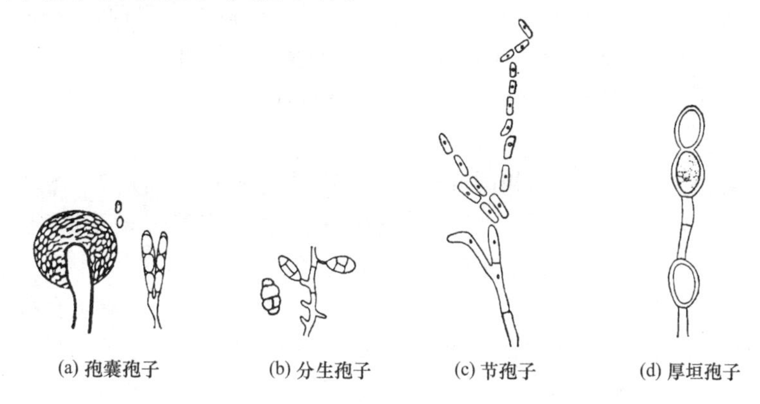

图 3-6　霉菌无性孢子的类型

(1)孢囊孢子

孢囊孢子又称孢子囊孢子，是一种内生孢子，为藻状菌纲的毛霉、根霉、犁头霉等所具有。其形成过程为：菌丝发育到一定阶段，气生菌丝的顶端细胞膨大成圆形、椭圆形或犁形孢子囊，然后膨大部分与菌丝间形成隔膜，囊内原生质形成许多原生质小团(每个小团内包含 1～2 个核)，每一小团的周围形成一层壁，将原生质包围起来，形成孢囊孢子。孢子囊成熟后破裂，散出孢囊孢子。该孢子遇适宜环境发芽，形成菌丝体。孢囊孢子有两种类型：一种是生鞭毛、能游动的，叫游动孢子，如鞭毛菌亚门中的绵霉属；另一种是不生鞭毛、不能游动的，叫静孢子，如接合菌亚门中的根霉属。

(2)分生孢子

分生孢子是一种外生孢子,是霉菌中最常见的一类无性孢子。分生孢子由菌丝顶端或分生孢子梗出芽或缢缩形成,其形状、大小、颜色、结构以及着生方式因菌种不同而异。如红曲霉和交链孢霉等,其分生孢子着生在菌丝或其分枝的顶端,单生、成链或成簇,具有无明显分化的分生孢子梗;曲霉和青霉等,具有明显分化的分生孢子梗,它们的分生孢子着生于分生孢子梗的顶端,壁较厚。

(3)节孢子

节孢子也称粉孢子,是白地霉等少数种类所产生的一种外生孢子,由菌丝中间形成许多横隔顺次断裂而成,孢子形态多为圆柱形。

(4)厚垣孢子

厚垣孢子又称厚壁孢子,是外生孢子,它是由菌丝顶端或中间的个别细胞膨大,原生质浓缩,变圆,细胞壁加厚形成的球形或纺锤形的休眠体,对外界环境有较强抵抗力。厚垣孢子的形态、大小和产生位置各种各样,常因霉菌种类不同而异,如总状毛霉往往在菌丝中间形成厚垣孢子。

2.有性孢子

在霉菌中,有性繁殖不及无性繁殖普遍,仅发生于特定条件下,一般培养基上不常出现。真菌的有性结合是较为复杂的过程,它们的发生需要种种条件。霉菌的有性孢子主要有卵孢子、接合孢子、子囊孢子。

(1)卵孢子

卵孢子是由两个大小、形状不同的配子囊结合后发育而成的有性孢子。其小型配子囊称为雄器,大型配子囊称为藏卵器。藏卵器中原生质与雄器配合以前,往往收缩成一个或数个原生质小团,即卵球。雄器与藏卵器接触后,雄器生出一根小管刺入藏卵器,并将细胞核与细胞质输入卵球内。受精后的卵球生出外壁,发育成双倍体的厚壁卵孢子(图 3-7)。

(2)接合孢子

接合孢子是由菌丝生出形态相同或略有不同的配子囊接合而成的(图 3-8)。当两个邻近的菌丝相遇时,各自向对方生长出极短的侧枝,称为原配子囊。两个原配子囊接触后,各自的顶端膨大,并形成横隔,融成一个细胞,称为配子囊。相接触的两个配子囊之间的横隔消失,细胞质和细胞核互相配合,同时外部形成厚壁,即为接合孢子。接合孢子主要分布在接合菌类中,如高大毛霉和黑根霉产生的有性孢子。

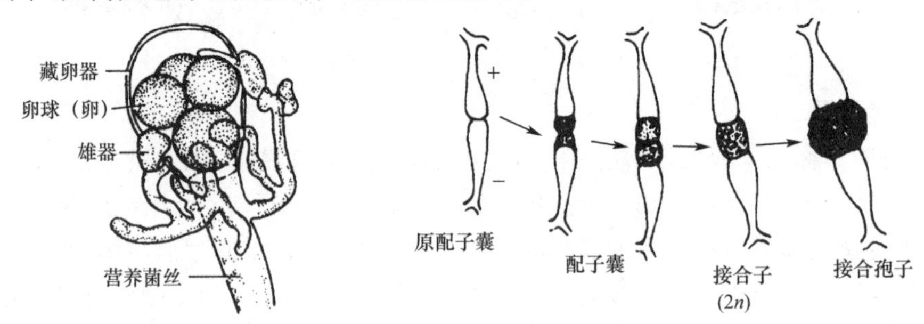

图 3-7　卵孢子的结构　　图 3-8　根霉接合孢子的发育过程

(3)子囊孢子

子囊孢子产生于子囊中。子囊是一种囊状结构,圆球形、棒形或圆筒形,还有的为长方体形。一个子囊内通常含有 2～8 个孢子。一般真菌产生子囊孢子的过程相当复杂，但是酵母菌有性过程产生的子囊孢子相对简单。大多数子囊包在由很多菌丝聚集而形成的特殊的子囊果中。子囊果的形态有三种类型(图 3-9)：第一种为完全封闭的圆球形，称为闭囊壳；第二种为烧瓶状，有孔，称为子囊壳；第三种呈盘状，称为子囊盘。子囊孢子、子囊及子囊果的形态、大小、质地和颜色等随菌种而异，在分类上有重要意义。

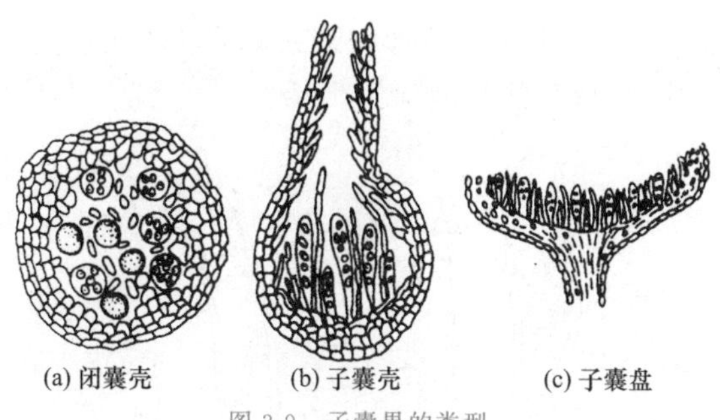

图 3-9　子囊果的类型

3.2.3　霉菌的菌落特征

由于霉菌的细胞呈丝状，在固体培养基上生长时形成营养菌丝和气生菌丝，所以菌落与细菌和酵母菌不同，与放线菌接近。但霉菌的菌落形态较大，质地比放线菌疏松，外观干燥，不透明，呈现或紧或松的蛛网状、绒毛状或棉絮状。菌落与培养基连接紧密，不易挑取。菌落正、反面的颜色及边缘与中心的颜色常不一致。菌落正反面颜色呈现明显差别，其原因是：由气生菌丝分化出来的子实体和孢子的颜色往往比深入在固体基质内的营养菌丝的颜色深；菌落中心气生菌丝的生理年龄大于菌落边缘的气生菌丝，其发育分化和成熟度较高，颜色较深，从而造成菌落中心与边缘气生菌丝在颜色与形态结构上的明显差异。

菌落特征是鉴定各类微生物的重要形态学指标，在实验室和生产实践中有重要的意义。现将细菌、酵母菌、放线菌和霉菌这四大类微生物的细胞形态和菌落特征等加以比较，见表 3-1。

表 3-1　　四大类微生物的细胞形态和菌落特征的比较

菌落特征			单细胞微生物		菌丝状微生物	
			细菌	酵母菌	放线菌	霉菌
主要特征	细胞	形态特征	小而均匀、个别有芽孢	大而分化	细而均匀	粗而分化
		相互关系	单个分散或按一定方式排列	单个分散或呈假丝状	丝状交织	丝状交织
	菌落	含水情况	很湿或较湿	较湿	干燥或较干燥	干燥
		外观特征	小而突起或大而平坦	大而突起	小而紧密	大而疏松或大而致密
参考特征	菌落透明度		透明或稍透明	稍透明	不透明	不透明
	菌落与培养基结合度		不结合	不结合	牢固结合	较牢固结合
	菌落的颜色		多样	单调	十分多样	十分多样
	菌落正反面颜色差别		相同	相同	一般不同	一般不同
	细胞生长速度		一般很快	较快	慢	一般较快
	气味		一般有臭味	多带酒香	常有泥腥味	霉味

3.2.4 食品中常见的霉菌

1.根霉

根霉的菌丝无隔膜、有分枝和假根，营养菌丝体上产生匍匐枝，匍匐枝的节间形成特有的假根，从假根处向上丛生直立、不分枝的孢囊梗，顶端膨大形成圆形的孢子囊，囊内产生孢囊孢子。孢子囊内囊轴明显，球形或近球形，囊轴基部与梗相连处有囊托(图 3-10)。根霉的孢子可以在固体培养基内保存，能长期保持生活力。

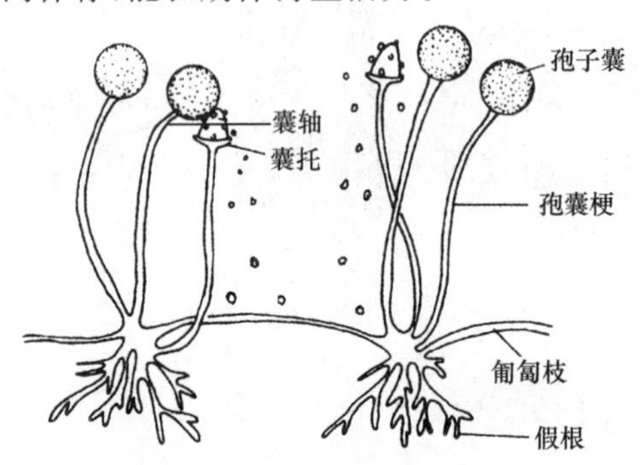

图 3-10　根霉的形态和构造

根霉在自然界分布很广，用途广泛，其淀粉酶活性很强，是酿造工业中常用的糖化菌。我国最早利用根霉糖化淀粉(阿明诺法)生产酒精。根霉能生产延胡索酸、乳酸等有机酸，还能产生芳香性的酯类物质。根霉亦是转化甾族化合物的重要菌类。与食品关系密切的根霉主要有黑根霉。

黑根霉也称匐枝根霉，分布广泛，常出现于生霉的食品上，瓜果蔬菜等在运输和储藏中的腐烂及甘薯的软腐都与其有关。黑根霉是目前发酵工业上常使用的微生物菌种。黑根霉的最适生长温度约为 28 ℃，超过 32 ℃不再生长。

2.毛霉

毛霉又叫黑霉、长毛霉，菌丝为无隔膜的单细胞，多核，以孢囊孢子和接合孢子繁殖。毛霉的菌丝体在基质上或基质内能广泛蔓延，无假根和匍匐枝，孢囊梗直接由菌丝体生出，一般单生，分枝较少或不分枝。分枝顶端都有膨大的孢子囊，囊轴与孢囊梗相连处无囊托。孢囊孢子成熟后，孢子囊壁破裂，孢囊孢子分散开来(图 3-11)。毛霉菌丝初期呈白色，后期变成灰白色至黑色，这说明孢子囊大量成熟。

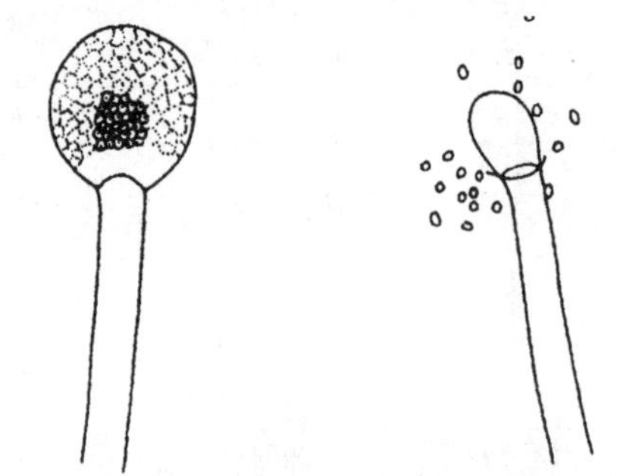

(a) 孢子囊梗和幼年孢子囊　(b) 孢子囊破裂后露出囊轴和孢囊孢子

图 3-11　高大毛霉的孢子囊和孢囊孢子

毛霉在土壤、粪便、禾草及空气等环境中存在。在高温、高湿度以及通风不良的条件下生长良好。毛霉的用途很广，常出现在酒药中，能糖化淀粉并能生成少量乙醇，产生蛋白酶，有分解大豆蛋白的能力，我国多用来做腐乳、豆豉。许多毛霉能产生草酸、乳酸、琥珀酸及甘油等，有的毛霉能产生脂肪酶、果胶酶、凝乳酶等。常用的毛霉主要有鲁氏毛霉和总状毛霉。

3.曲霉

曲霉是一种典型的丝状菌，属多细胞，菌丝有隔膜。营养菌丝大多匍匐生长，没有假根。曲霉的菌丝体通常无色，成熟时渐变为浅黄色至褐色。从特化了的菌丝细胞(足细胞)上形成分生孢子梗，顶端膨大形成顶囊，顶囊有棍棒形、椭圆形、半球形或球形。顶囊表面生辐射状小梗，小梗单层或双层，小梗顶端分生孢子串生。分生孢子具有各种形状、颜色和纹饰。由顶囊、小梗以及分生孢子构成分生孢子头(图 3-12)。曲霉仅有少数种具有有性阶段，产生闭囊壳，内生子囊和子囊孢子。

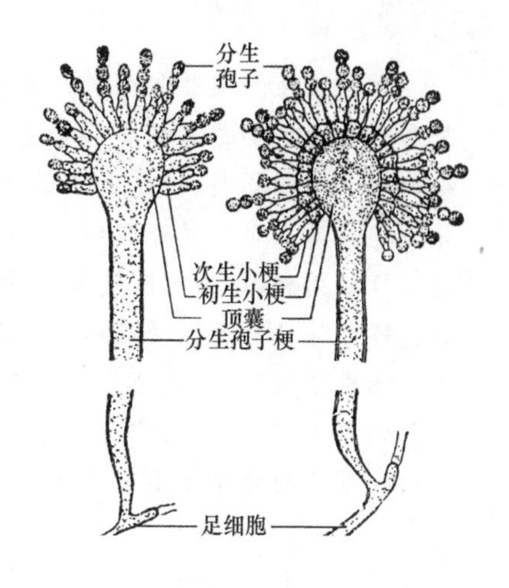

图 3-12 曲霉的形态

曲霉种类较多，其中与生物工程关系密切的主要有黑曲霉和黄曲霉。

黑曲霉在自然界中分布极为广泛，在各种基质上普遍存在，能引起水分较高的粮食霉变，其他材料上亦常见。菌丛黑褐色，顶囊大球形，小梗双层，自顶囊全面着生，分生孢子球形。黑曲霉具有多种活性很高的酶系，如淀粉酶、蛋白酶、果胶酶、纤维素酶和葡萄糖氧化酶等。黑曲霉还能产生多种有机酸如柠檬酸、葡萄糖酸和没食子酸等。工业生产中广泛使用的黑曲霉有邬氏曲霉、甘薯曲霉、宇佐美曲霉等。

黄曲霉菌群中主要是米曲霉和黄曲霉。米曲霉具有较强的蛋白质分解能力，同时也具有糖化活性，很早就被用于酱油和酱类生产上。黄曲霉产生的液化型淀粉酶较黑曲霉强，蛋白质分解能力仅次于米曲霉，并且还能分解 DNA 产生核苷酸。但黄曲霉菌中的某些菌株是使粮食发霉的优势菌，特别是在花生等食品上容易形成，并产生黄曲霉毒素。黄曲霉毒素是一种很强的致癌物质，能引起人、家禽、家畜中毒以至死亡，我国现已停止使用产黄曲霉毒素的菌种。

4.青霉

青霉菌属多细胞，营养菌丝体无色、淡色或具鲜明颜色。菌丝有横隔，分生孢子梗亦有横隔，光滑或粗糙。基部无足细胞，顶端不形成膨大的顶囊，其分生孢子梗经过多次分枝，产生几轮对称或不对称的小梗，形如扫帚，称为帚状体(图 3-13)。分生孢子呈球形、椭圆形或短柱形，光滑或粗糙，大部分生长时呈蓝绿色。有少数种产生闭囊壳，内形成子囊和子囊孢子，亦有少数菌种产生菌核。

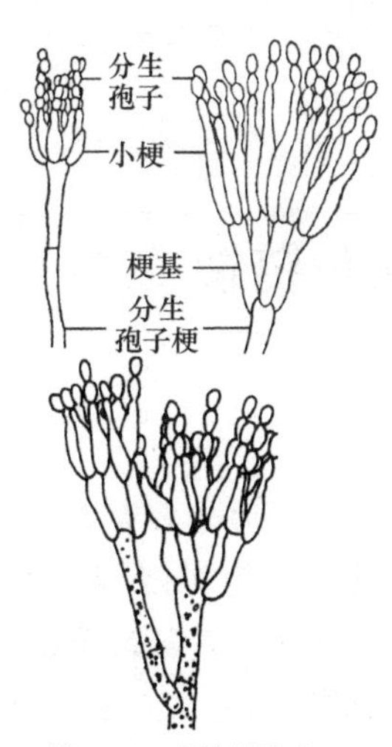

图 3-13 青霉的形态

青霉的孢子耐热性较强，菌体繁殖温度较低，酒石酸、苹果酸、柠檬酸等饮料中常用的酸味剂又是它喜爱的碳源，因而常常引起这些制品的霉变。青霉菌能产生多种酶类及有机酸，在工业生产上主要用于生产青霉素，并用以生产葡萄糖氧化酶或葡萄糖酸、柠檬酸和抗坏血酸。发酵青霉素的菌丝废料含有丰富的蛋白质、矿物质和B族维生素，可做家畜家禽的饲料。该菌还可用作霉腐试验菌。

本章小结

真核微生物主要包括酵母菌、霉菌、藻类、原生动物和微型后生动物等。与食品关系密切的主要是酵母菌和霉菌。酵母菌具有典型的真核细胞构造，与其他真菌的细胞构造基本相同，但是也有其本身的特点。大多数酵母菌为单细胞，形状因种而异。酵母菌在自然界分布很广，主要分布于偏酸性含糖环境中。酵母菌的菌落形态特征与细菌相似，但比细菌大而厚，湿润，表面光滑，多数不透明，黏稠，菌落颜色单调。酵母菌具有无性繁殖和有性繁殖两种繁殖方式，大多数酵母以无性繁殖为主。无性繁殖包括芽殖、裂殖和产生无性孢子，有性繁殖主要是产生子囊孢子。霉菌在自然界分布极为广泛，它们存在于土壤、空气、水体和生物体内外等处，与人类关系极为密切。霉菌的营养体由菌丝构成。菌丝可无限伸长和产生分枝，分枝的菌丝相互交错在一起，形成了菌丝体。霉菌具有很强的繁殖能力，繁殖方式多种多样，除了菌丝片段可以生长成新的菌丝体外，主要是通过无性繁殖或有性繁殖来完成生命的传递。霉菌孢子的形态和产孢子器官的特征是分类的主要依据。

复习思考题

1.简述酵母菌细胞的形态结构和菌落特征。

2.试述酵母菌无性繁殖和有性繁殖的方式。

3.简述霉菌细胞的形态结构和菌落特征。

4.怎样区别毛霉与根霉、青霉与曲霉？

5.真菌有哪些无性和有性孢子？它们的主要特征是什么？

6.你的家乡有哪些特色美食？其中哪些是利用酵母菌发酵生产的？哪些是利用霉菌生产的？

知识链接

真菌分类的原则

真菌的分类和其他生物一样，也异常错综复杂。它们与原核类生物的主要区别是形态构造比较复杂，繁殖方式比较多样。但与高等植物相比，其形态特征要简单得多。因此，也不能完全采用与高等植物相似的比较形态学的方法进行分类。真菌虽然具有明确的核组织与性现象，可以互孕性的有无作为分类标准，但是，真菌中有很大一部分不产生或未发现它们的有性繁殖阶段，所以对部分真菌也就无法采用该标准。

在自然界中，人们只能看到真菌菌丝体的片段和分散的孢子，完整而系统的研究必须建立在人工培养的基础之上。此点和放线菌甚至与细菌相似。因此，要像高等生物那样，建立一个统一的分类标准，也是比较困难的。一般对常见的小型丝状真菌而言，它包括在真菌的各个亚门中，主要包括在接合菌亚门、子囊菌亚门，但数量最多的还是在半知菌亚门中，少量包括在担子菌亚门和鞭毛菌亚门中。它们具有多种复杂的生活周期和形态变化极多的繁殖类型。从它们的构造来看，由简单的单细胞到复杂多样的多细胞菌丝体均存在于自然界中。例如，酵母菌和丝状真菌，它们在系统分类上虽同属真菌，但在形态结构上已有相当大的差异。因此，对它们进行分类、鉴定的标准也相应有所不同。前者已形成了包括形态和生理生化等一整套独特的鉴定方法。事实上，酵母菌早已成了一类需专门研究的真菌。

根据上述情况，真菌（主要是丝状真菌）划分各级分类单位的基本原则是以形态特征为主，以生理生化、细胞化学和生态等特征为辅。若仅依据菌丝体的特征，则这些区别还不足以辨认及命名某个菌种。由于真菌孢子（有性或无性）在不同的种类之间有较大的变化，且在任何一个种中孢子的大小、形态及颜色又更为固定，所以，丝状真菌主要根据其孢子产生的方法和孢子本身的特征以及培养特征来划分各级的分类单位。对于生理生化等性状，在丝状真菌中极少采用，只在少数难于区分的种中使用少量简单的生理生化等性状进行一些动植物病原真菌的鉴定，寄主和症状也可作为参考依据。但寄主和症状的变化较大，要谨防发生差错。此外，真菌的生活习性和地理分布的生态性状，也可作为鉴定某些真菌的参考依据。

第4章

非细胞型微生物

学习目标

1.了解病毒的基本概念和种类。

2.熟悉病毒的生物学特性。

3.熟悉温和噬菌体的溶源性。

4.掌握病毒的增殖过程。

5.能根据噬菌体的性质有效控制噬菌体对发酵工业的危害。

4.1 病　毒

病毒生物学特性

4.1.1 病毒的生物学特性

非细胞生物包括病毒和亚病毒。病毒是一类体积非常微小、结构极其简单、性质十分特殊的生命形式。与其他生物相比，它们具有下列基本特征：

(1)形体极其微小。一般都能通过细菌滤器，故必须在电镜下才能观察。

(2)缺乏独立代谢能力。只能利用宿主活细胞内已有的代谢系统合成自身的核酸和蛋白质组分，再以核酸和蛋白质等“元件”的装配实现其大量增殖。无个体生长，无二均分裂繁殖方式。

(3)没有细胞结构。病毒被称为“分子生物”，其化学成分较简单，主要成分仅有核酸和蛋白质两种，而且只含DNA或RNA一类核酸。目前尚未发现一种病毒兼含两类核酸的。

(4)对一般抗生素不敏感，而对干扰素敏感。

(5)具有双重存在方式。在活细胞内营专性寄生，在活体外能以化学大分子颗粒状态长期存在并保持侵染活性。

病毒既是一种致病因子，也是一种遗传成分。几乎所有的细胞型生物，包括微生物、植物、动物及人类体内都发现有病毒，不过就某类病毒而言，它具有宿主的特异性。人们习惯根据其宿主种类将病毒分为微生物病毒、植物病毒和动物病毒。20世纪70年代以来，人们陆续发现了比病毒更小、结构更简单的亚病毒，亚病毒包括类病毒、卫星病毒、卫星RNA和朊病毒等。

4.1.2　病毒的大小及形态

1.病毒的大小

成熟的具有侵染能力的病毒个体称为病毒粒子。病毒粒子的大小以纳米(nm)来计量。各种病毒的大小相差悬殊，一般分为大、中、小三种。较大的病毒如痘病毒，其大小为300 nm×200 nm×100 nm；中等大的病毒如流感病毒，其直径为90～120 nm；小型的病毒直径仅约为20 nm，如口蹄疫病毒。绝大多数病毒直径都在150 nm以下。病毒的大小可借分级过滤、电泳、超速离心沉降、电镜观察等方法测定。

2.病毒的形态

病毒粒子的形态(图4-1)大致可分为五类：

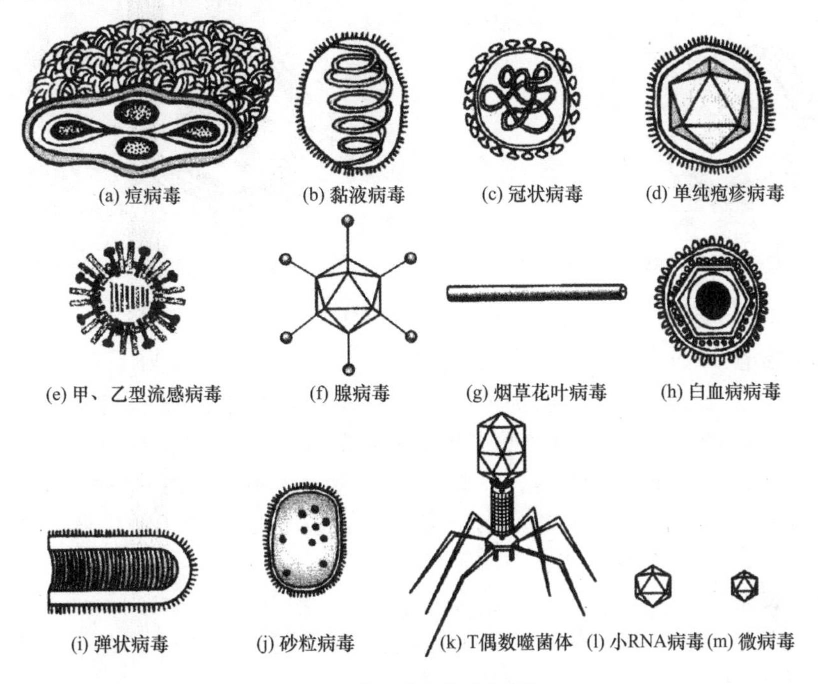

图4-1　常见病毒粒子的形态

(1)球形病毒

人、动物、真菌的病毒多为球形，其直径为20～30 nm，如腺病毒、疱疹病毒、脊髓灰质炎病毒、花椰菜花叶病毒、噬菌体MS2等。

(2)杆状或丝状病毒

这是某些植物病毒的固有特征，如烟草花叶病毒、苜蓿花叶病毒，甜菜黄化病毒等。人和动物的某些病毒也有呈丝状的，如流感病毒、麻疹病毒、家蚕核型多角体病毒等，其丝长短不一，直径为15～22 nm，长度可达70 nm。

(3)蝌蚪状病毒

这是大部分噬菌体的典型特征。大多有一个六角形多面体的"头部"和一条细长的"尾部"，但也有一些噬菌体无尾。

(4)砖形病毒

这是各类痘病毒的特性。病毒粒子呈长方体状，很像砖块，是病毒中较大的一类。

(5)弹状病毒

常见于狂犬病毒、动物水泡性口腔炎病毒和植物弹状病毒等。这类病毒粒子呈圆柱状，一端钝圆，另一端平齐，直径约为 70 nm，长度约为 180 nm，略似棍棒。

病毒的大小及形态特征，可供鉴定病毒时参考。

4.1.3 病毒的结构、化学成分及其功能

病毒粒子的基本结构(图 4-2)主要包括两部分，即核心与衣壳。有些较为复杂的病毒还具有囊膜、刺突等结构。病毒粒子的基本化学成分是核酸和蛋白质，有的病毒还有脂类、糖类等其他成分。

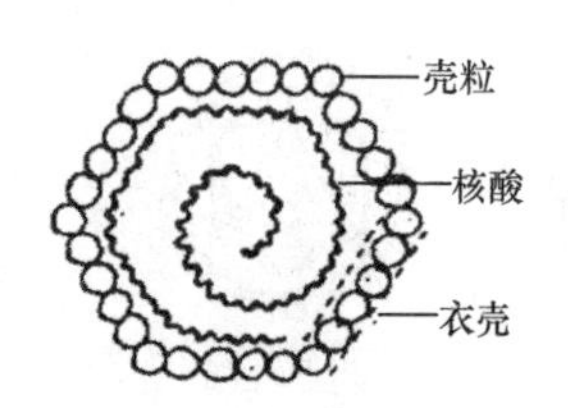

(a)无包膜二十面体对称的核衣壳病毒粒子

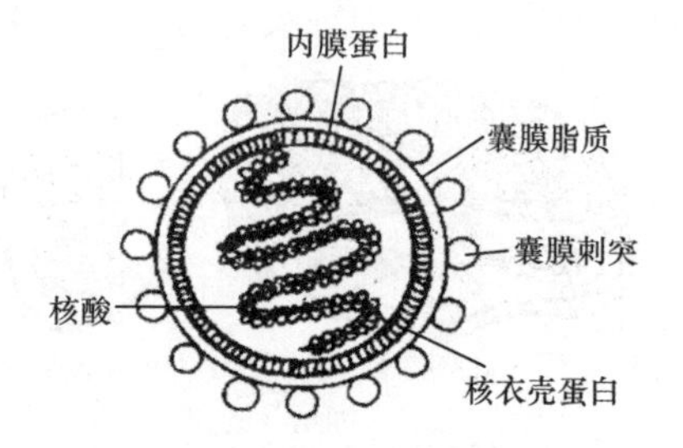

(b)带包膜螺旋对称的核衣壳病毒粒子

图 4-2 病毒粒子的结构断面(模式)

1.病毒的核心

病毒的核心是病毒粒子的内部中心结构。核心内有单链或双链的核酸(DNA 或 RNA)，还有少量功能蛋白质(病毒核酸多聚酶和转录酶)。它们的共同特点是，任何一种病毒粒子核心内只含有一种类型的核酸，DNA 或 RNA，绝不混合含两种核酸。DNA 或 RNA 构成病毒的基因组，包含着该病毒编码的全部遗传信息，能主导病毒的生命活动，控制病毒增殖、遗传、变异、传染致病等作用。

2.病毒的衣壳

病毒的衣壳是包围在病毒核心外面的一层蛋白质结构，由数目众多的蛋白质亚单位(多肽)按一定排列程序组合而成。这些亚单位称为壳粒，彼此对称排列。每一个壳粒，可由一个或几个多肽组成。衣壳的功能除能保护核心内的病毒核酸免受外界环境中不良因素(如 DNA 酶和 RNA 酶)的破坏外，还具有对宿主细胞特别的亲和力，又是该病毒的特异性抗原。

核心和衣壳合称核衣壳，它是任何病毒粒子都具有的基本结构。

3.病毒的囊膜和刺突

有些病毒在衣壳外面附有一种双层膜，称为囊膜或包膜，它的主要成分是蛋白质、多糖和脂类。其成分主要来自宿主细胞，是病毒在感染宿主细胞“出芽”时从细胞膜或核膜处获得的。

另外，有某些病毒，在病毒体外壳二十面体的各个顶角上有触须样纤维突起，顶端膨大，它能凝集某些动物的红细胞和毒害宿主细胞。这些突起与病毒的包膜粒一起称作刺突。

病毒包膜有维系病毒粒子结构，保护病毒核衣壳的作用。特别是病毒的包膜糖蛋白，具有多种生物学活性，是启动病毒感染所必需的。

用电镜观察，发现病毒的结构呈现高度对称性：立体对称、螺旋对称、复合对称及复杂对

称。立体对称与螺旋对称是病毒的两种基本结构类型，复合对称是前两种对称的结合。立体对称、螺旋对称和复合对称分别相当于球形、杆状和蝌蚪状这三种形态的病毒。所有DNA病毒除痘病毒外为立体对称，RNA病毒有立体对称，也有螺旋对称，噬菌体及逆转录病毒多数呈复合对称，痘病毒属于复杂对称类型。

4.1.4　病毒的增殖

病毒的增殖是病毒基因组在宿主细胞内复制与表达的结果，它完全不同于其他微生物的繁殖方式，又称为病毒的复制。由于病毒缺乏完整的酶系统，不能单独进行物质代谢，因此必须在易感的活细胞中寄生，由宿主细胞提供病毒合成的原料、能量和场所。

病毒粒子进入细胞内增殖发育成熟的全过程，大体上分为吸附、侵入与脱壳、生物合成、装配、释放五个阶段。不同病毒的增殖过程在细节上有所差异。T_4 噬菌体的增殖方式如图4-3所示。

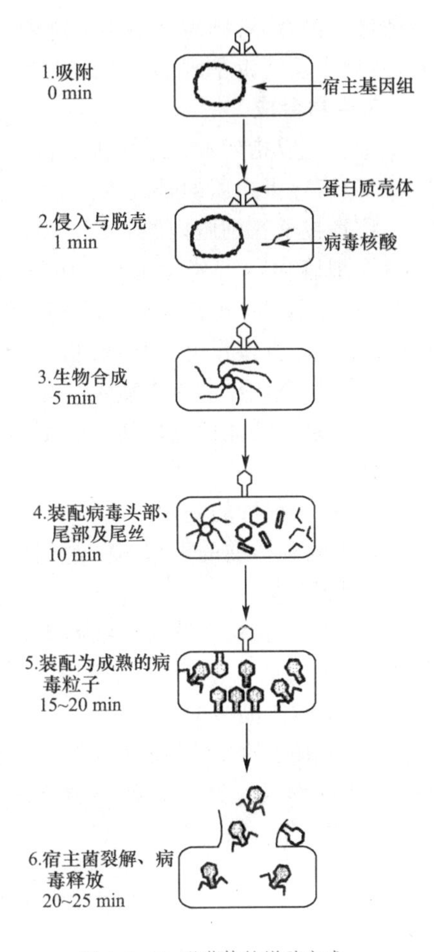

图4-3　T_4 噬菌体的增殖方式

1.吸附

吸附是指病毒以其表面的特殊结构与宿主细胞的病毒受体发生特异性结合的过程，这是发生感染的第一步。

病毒吸附蛋白（VAP）是病毒表面的结合蛋白，它能特异性识别宿主细胞上的病毒受体并与之结合。如流感病毒包膜表面的血凝素，$T_{偶数}$ 噬菌体的尾丝蛋白。病毒受体是宿主细胞的表面成分，能够被病毒吸附蛋白特异性识别并与之结合，介导病毒侵入。如狂犬病毒的受体是细胞表面的乙酰胆碱受体，单纯疱疹病毒的受体是硫酸乙酰肝素。噬菌体以其尾丝尖端的蛋白质吸附于菌体细胞表面的特异性受体上。如 T_3、T_4 和 T_7 噬菌体吸附的特异性受体是脂多糖；T_2 和 T_5 噬菌体的受体为脂蛋白；沙门氏菌的X噬菌体吸附在细菌的鞭毛上。

吸附作用受许多内外因素的影响，如细胞代谢抑制剂、酶类、脂溶剂、抗体以及温度、pH、离子浓度等。

2.侵入与脱壳

侵入是指病毒或其一部分进入宿主细胞的过程。侵入的方式因病毒或宿主细胞种类的不同而异。

有伸缩尾的T偶数噬菌体吸附于宿主细胞后，尾丝收缩使尾管触及细胞壁，尾管端携带的溶菌酶溶解局部细胞壁的肽聚糖。接着通过尾鞘收缩将尾管推出并将头部核酸迅速注入细胞内，其蛋白质衣壳留在菌体外。

动物病毒侵入宿主细胞有三种方式：①膜融合，病毒包膜与宿主细胞膜融合，将病毒的

内部组分释放到细胞质中，如流感病毒；②利用细胞的胞吞作用，多数病毒按此方式侵入；③完整病毒穿过细胞膜的移位方式，如腺病毒。

植物病毒的侵入通常由表面伤口或咬食的昆虫口器感染，并通过胞间连丝、导管和筛管在细胞间乃至整个植株中扩散。

脱壳是病毒侵入后，病毒的包膜或衣壳被除去而释放出病毒核酸的过程。脱壳的部位和方式随病毒种类的不同而异。大多数病毒在侵入时就已在宿主细胞表面完成，如 T 偶数噬菌体；有的病毒则需在宿主细胞内脱壳，如痘病毒需在吞噬泡中溶酶体酶的作用下部分脱壳，然后启动病毒基因部分表达出脱壳酶，在脱壳酶作用下完全脱壳。

3.生物合成

生物合成指病毒在宿主细胞内合成病毒蛋白质，并复制核酸的过程。

(1)病毒蛋白质的合成

病毒粒子在细胞内脱壳后，释放出 DNA 或 RNA。这些 DNA 或 RNA 转入细胞核中或仍留在细胞质内。若是 DNA 病毒，其基因组作为模板转录成具有特定信息的 RNA，即 mRNA。mRNA 转移到细胞的核糖体上进行转译，合成病毒蛋白质。若是 RNA 病毒，其 RNA 正链可直接作为 mRNA 进行蛋白质的合成。

病毒早期转译的蛋白质主要是参与病毒核酸的复制及转录，以及改变或抑制宿主细胞的正常代谢的功能性蛋白质。晚期转译的蛋白质种类较多，其中主要是构成子代病毒粒的结构蛋白质。

(2)病毒核酸的复制

根据病毒核酸的类型不同，复制、转录方式也不同。

4.装配

装配就是在病毒感染的细胞内，将分别合成的病毒核酸和蛋白质组装为成熟病毒粒子的过程。

(1)噬菌体的装配

T_4 噬菌体的装配过程(图 4-4)较复杂，主要步骤有：①DNA 分子的缩合；②通过衣壳包裹 DNA 而形成完整的头部；③尾丝和尾部的其他“部件”独立装配完成；④头部和尾部相结合，最后装上尾丝。

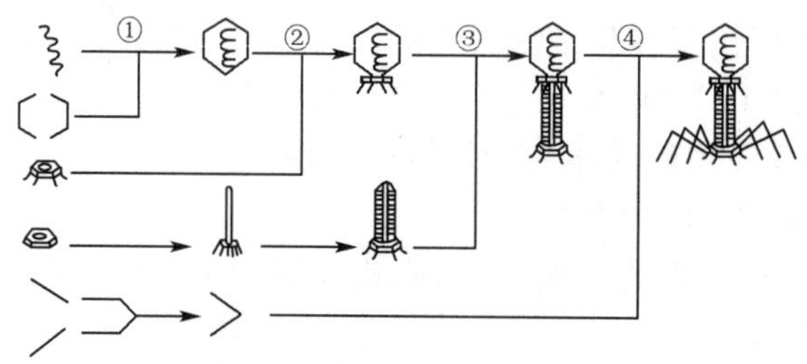

图 4-4　T_4 噬菌体的装配过程

(2) 动物病毒的装配

无包膜的动物病毒组装成核衣壳即为成熟的病毒体，有包膜的动物病毒一般在核内或细胞质内组装成核衣壳，然后以出芽形式释放时再包上宿主细胞核膜或质膜后，成为成熟病毒。

5.释放

释放是指病毒粒子从被感染的细胞内转移到外界的过程，主要有两种方式：破胞释放和芽生释放。

(1)破胞释放

无包膜病毒在细胞内装配完成后,借助自身的降解宿主细胞壁或细胞膜的酶,如噬菌体的溶菌酶和脂肪酶、流感病毒包膜刺突的神经氨酸酶等裂解宿主细胞,子代病毒便一起释放到胞外,宿主细胞死亡。

(2)芽生释放

有包膜的病毒在宿主细胞内合成衣壳蛋白时,还合成包膜蛋白,经添加糖残基修饰成糖蛋白,转移到核膜、细胞膜上,取代宿主细胞的膜蛋白。宿主核膜或细胞膜上有该病毒特异糖蛋白的部位,便是出芽的位置。在细胞质内装配的病毒,出芽时外包上一层质膜成分。若在核内装配的病毒,出芽时包上一层核膜成分。有的先包上一层核膜成分,后又包上一层质膜成分,其包膜由两层构成,两层包膜上均带有病毒编码的特异蛋白、血凝素、神经氨酸酶等,宿主细胞并不死亡。

有些病毒如巨细胞病毒,往往通过胞间连丝或细胞融合方式,从感染细胞直接进入另一正常细胞,很少释放于细胞外。

4.2　噬菌体

4.2.1　噬菌体的概念

噬菌体即原核生物病毒,包括噬细菌体、噬放线菌体和噬蓝细菌体等。噬菌体具有其他病毒的共同特性:体积小,结构简单,有严格的寄生性,必须在活的易感宿主细胞内增殖。噬菌体分布广,种类多,目前已成为研究分子生物学的一种重要实验工具,其危害主要存在于发酵工业中。

微课

噬菌体的类型与结构

4.2.2　噬菌体的形态结构

在电子显微镜下观察噬菌体有三种基本形态:蝌蚪状、微球形和丝状,从结构来看又可分为六种类型,如图 4-5 所示。

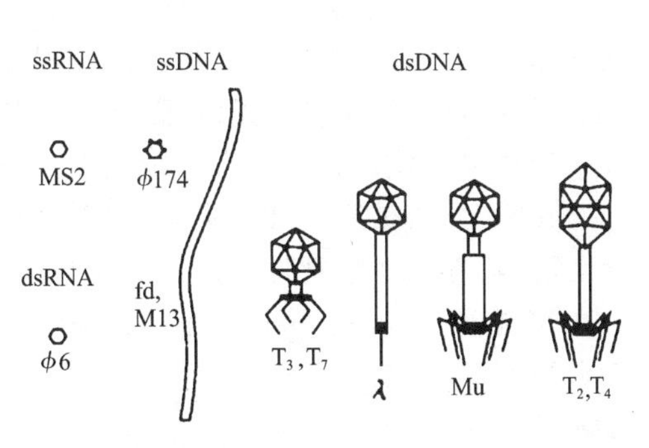

图 4-5　噬菌体的基本形态和大小

图 4-5 中所列的 T 系噬菌体是目前研究得最广泛而又较深入的噬细菌体,这类噬菌体呈蝌蚪状。大肠杆菌 T_4 噬菌体为典型的蝌蚪状噬菌体,由头部和尾部组成。头部为由蛋白质壳体组成的二十面体,内含 DNA。尾部则由不同于头部的蛋白质组成,其外包围有可收缩

的尾鞘，中间为一空髓，即尾髓。有的噬菌体的尾部还有颈环、尾丝、基板和尾刺（图 4-6）。

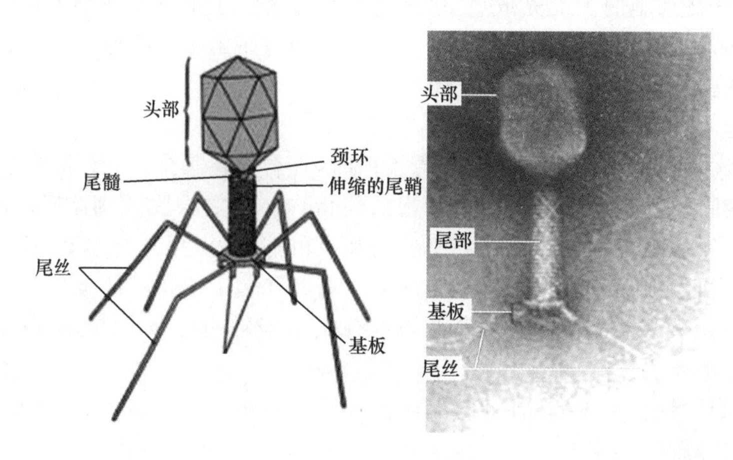

图 4-6　大肠杆菌 T_4 噬菌体的结构

（引自 Prescott et al.，2002）和电镜照片

4.2.3　烈性噬菌体的增殖周期

根据与宿主细胞的关系，噬菌体可分为烈性噬菌体（Virulent Phage）和温和噬菌体（Temperate Phage）。侵入细胞后，进行营养繁殖，导致细胞裂解的噬菌体称烈性噬菌体。而侵入细胞后，与宿主细胞 DNA 同步复制，并随着宿主细胞的生长繁殖而传下去，一般情况下不引起宿主细胞裂解的噬菌体，称温和噬菌体。但在偶尔的情况下，如遇到环境诱变物甚至在无外源诱变物情况下，温和噬菌体也可自发地具有产生成熟噬菌体的能力。

通常把烈性噬菌体的增殖看成噬菌体的正常表现。这种噬菌体在敏感细菌内的复制过程与一般动物病毒相似，其增殖周期可分为五个阶段（图 4-3），但增殖速度远远比动物病毒的快，一个增殖周期一般只需 15～20 min。

4.2.4　温和噬菌体的溶源性

1.溶源性的定义

温和噬菌体侵染宿主细胞后，其 DNA 可以整合到宿主细胞的 DNA 上，并与宿主细胞染色体 DNA 同步复制，但不合成自己的蛋白质壳体，因此宿主细胞不裂解而能继续生长繁殖。大肠杆菌 λ 噬菌体属于温和噬菌体。整合在宿主细胞染色体 DNA 上的温和噬菌体的基因称为原噬菌体（Prophage）。个别噬菌体如大肠杆菌噬菌体 P_1，其温和噬菌体的核酸并不整合在细菌的 DNA 上，而随着在细胞质膜的某一位点上，呈质粒状态存在。人们把含有原噬菌体的细菌细胞称为溶源细胞（Lysogenic Cell），并把温和噬菌体侵入宿主细胞后所产生的这些特性称为溶源性。

2.溶源细胞的诱发裂解

用某些适量理化因子，如紫外线或各种射线，化学药物中的诱变剂、致畸剂、致癌物或抗癌物、丝裂霉素 C 等处理溶源菌，都能诱发溶源细胞大量裂解，释放出噬菌体的粒子。

3.溶源细胞的免疫性

阻遏体蛋白除能阻遏原噬菌体的基因组外，也同样能阻遏进入溶源菌的其他同型噬菌体的基因组,使其不能在该细胞内复制,因此溶源菌对同型噬菌体呈现一种特异的免疫现象。例如,含有λ原噬菌体的溶源细胞,对于λ噬菌体的毒性突变株有免疫性。即毒性突变株对非溶源宿主细胞有毒性,对溶源宿主细胞(含λ噬菌体 *DNA*)却没有毒性。

4.溶源菌的复愈

溶源菌有时丢失了其中的原噬菌体,变成了非溶源细胞,这时既不发生自发裂解,也不发生诱发裂解,称为溶源细胞的复愈或非溶源化,这样的菌株称为复愈菌株(Resfever Strain)。

5.溶源性转换

溶源菌除具有产生噬菌体的潜力和对相关噬菌体的免疫性外,有时还同时伴有某些其他性状的改变,这种其他性状的改变称为溶源性转换。例如白喉棒状杆菌产生白喉毒素是因为原噬菌体带有毒素蛋白的结构基因;肉毒梭菌的毒素、金黄色葡萄球菌某些溶血素、激酶的产生都与溶源性有关;沙门氏菌、痢疾杆菌等抗原结构和血清型也与溶源性有关。我们现在知道,越来越多菌类的各种性状都受到溶源性的影响。这种现象很像肿瘤病毒能使正常细胞转化为肿瘤细胞的转化现象。

4.2.5 噬菌体和发酵工业

1.发酵工业中噬菌体的一些性质

在发酵工业中常应用细菌、真菌等菌种作为发酵菌种,这些菌种常受到细菌噬菌体、真菌病毒的损害,是发酵工业的一大公害。酵母菌如酿酒酵母、红酵母中都有类似噬菌体的病毒,其他真菌也有类似病毒的存在,但不如细菌噬菌体普遍。细菌噬菌体前面已简要介绍了有烈性噬菌体和温和噬菌体之分。噬菌体感染菌体细胞后,并不马上引起细胞裂解,而是以原噬菌体(Prophage)方式整合于宿主 DNA 上。这种原噬菌体不同于营养期的噬菌体,它没有感染性,对宿主一般无不良影响,但它也赋予溶源菌以下特征:

(1)产生噬菌体的潜在能力。

(2)具有抗同原噬菌体感染的“免疫性”。

(3)溶源菌的复愈。

(4)获得新的生理特性。

上述某些特征往往会给发酵生产带来潜在危险,造成经济损失。因为在溶源(温和)菌培养物中,虽有少量游离的噬菌体存在,但并不引起同原菌株细胞裂解,故不易被人觉察。一旦溶源菌发生自我性裂解或诱发裂解,将会危害发酵菌株。因此必须采取有效手段检测出溶源菌。

溶源菌的检测一般用敏感的非溶源菌株作为指示菌。将待测菌样在合适的培养基中培养,并在生长的对数期进行紫外线照射,诱导原噬菌体复制。进一步培养,将培养物过滤,去除活菌体,将滤液与指示菌混合后倒入平皿,观察是否有噬菌斑的出现。也可将滤液加到指示菌的液体培养物中,观察菌液能否变清。

2.发酵工业中噬菌体受污染原因和现象

利用微生物进行发酵常会遇到噬菌体的危害,如抗生素、味精、有机溶剂和酿酒发酵经常会遭到噬菌体的危害。噬菌体受污染的主要原因之一在于发酵菌种本身,几乎所有的菌种都可能是溶源性的,都有产生噬菌体的可能。一种菌可产生两种以上噬菌体的情况很多,最多的可产生八种之多。噬菌体在自然界中分布广泛，主要存在于土壤和污水中，它们的个体比细菌小数倍，可附着于尘土到处飞扬，到处侵染微生物，空气过滤系统失效或发酵中存在大量噬菌体等，也是噬菌体受到污染的原因。如果一个细胞感染一个噬菌体，在10 min至1 h，就能释放10个至数百个子代噬菌体，在短时间内可起溶菌作用，出现不正常发酵，甚至停止发酵，造成严重损失。因此，在发酵环境生产之前先做噬菌体检测。

各种发酵系统在污染噬菌体后，常出现一些明显的异常现象，如碳源和氮源的消耗减慢，发酵周期延长，pH异常变化，泡沫骤增，发酵液色泽和稠度改变，出现异常臭味，菌体裂解和减少，引起光密度降低和产物锐减等。污染严重时，无法继续发酵，应将整个发酵液废弃。

3.防治措施

(1)杜绝各种噬菌体的来源

应定期监测发酵罐、管道及周围环境中噬菌体的数量变化。噬菌体在干燥环境中比较稳定，容易以活性状态漂浮于空气中，但对热、氧化物、化学药品等敏感，如0.5%甲醛，1%新洁尔灭。

(2)控制活菌体的排放

活菌体是噬菌体生长繁殖的首要条件，控制其菌体的排放，在一定程度上能控制噬菌体的数量。对需要排放的发酵液应灭菌后再排放，如发酵液已被污染，应以80 ℃高温处理2～5 min。

(3)使用抗噬菌体菌株和定期轮换生产用菌

选育和使用抗噬菌体的生产菌株是一种经济有效手段。定期轮换菌种也是有效防止噬菌体污染手段之一。如果在大量发酵过程中发现有噬菌体污染，为避免更大经济损失，可以接种另一种菌，继续发酵。或者在发酵早期发现有噬菌体污染，且残糖较高时，先在85 ℃维持10～15 min，再重新接种继续发酵。

4.3 亚病毒

亚病毒(Subviruses)是一类比病毒更为简单，仅具有某种核酸，不具有蛋白质，或仅具有蛋白质而不具有核酸，能够侵染动植物的微小病原体。

1995年，国际病毒委员会第六次报告将亚病毒因子分为卫星病毒、类病毒和朊病毒三类。习惯上将亚病毒分为类病毒(Viroid)、朊病毒(Prion)及拟病毒(Virusoid)。类病毒和拟病毒只感染植物，朊病毒只在脊椎动物存在，可引致人和动物的海绵状脑病。

4.3.1 类病毒

20世纪70年代初期，美国学者Diener及其同事在研究马铃薯纺锤块茎病病原时，观察到该病原具有无病毒颗粒和抗原性，对酚等有机溶剂不敏感，耐热(70～75 ℃)，对高速离心稳定(说明其低分子量)，对RNA酶敏感等特点。所有这些特点表明病原并不是病毒，而是一种游离的小分子RNA。从而提出了一个新的概念——类病毒(Viroid)。在这个概念提出之前，人们一直认为，由蛋白质和核酸两种生物多聚体构成的体系，是原始的生命体系，从未怀疑病毒是复杂生命体系的最低极限。

类病毒是一类能感染某些植物使其致病的单链闭合环状的RNA分子。所有的类病毒

RNA 没有 mRNA 活性，不编码任何多肽，它的复制是借助寄主的 RNA 聚合酶 Ⅱ 的催化，在细胞核中进行 RNA 到 RNA 的直接转录。

类病毒能独立引起感染，在自然界中存在着毒力不同的类病毒的株系。所有的类病毒均能通过机械损伤的途径来传播，经耕作工具接触的机械传播是在自然界中传播这种病害的主要途径。有的类病毒，如马铃薯纺锤块茎类病毒(*Potato Spindle Tuber Viroid*，PSTVd)还可经种子和花粉直接传播。类病毒病与病毒病在症状上没有明显的区别，病毒病大多数的典型症状也可以由类病毒引起。感染类病毒后有较长的潜伏期，并呈持续性感染。

不同的类病毒具有不同的宿主范围。如对 PSTVd 敏感的寄主植物就数以百计，除茄科外，还有紫草科、橘梗科、石竹科、菊科等。柑橘裂皮类病毒 (*Citrus Exocortis Viroid*，CEVd)的寄主范围比 PSTVd 要窄些，但也可侵染蜜柑科、菊科、茄科、葫芦科等 50 余种植物。

类病毒的发现，是 20 世纪下半叶生物学上的重要事件，开阔了病毒学的研究范围。它为进一步研究植物中可能存在的类病毒病开辟了一个新的方向。

4.3.2 朊病毒

美国学者 S. B. Prusiner 因发现了羊瘙痒病致病因子——朊病毒(1982)，而获得了 1997 年的诺贝尔生理学或医学奖。朊病毒亦称蛋白侵染因子 (Proteinaceous Infectious a Gents，Prion)，是一种比病毒小、仅含有疏水的、具有侵染性的蛋白质分子。

纯化的感染因子称为朊病毒蛋白 (Prion Protein，PrP)。致病性朊病毒用 PrPSC 表示，它具有抗蛋白酶 K 水解的能力，可特异地出现在被感染的脑组织中，呈淀粉样形式存在。

许多致命的哺乳动物中枢神经系统机能退化症均与朊病毒有关，如人的库鲁病(Kuru，一种震颤病)、克雅氏症 (Creutzfeldt-Jakob Disease，CJD，一种早期阿尔茨海默病)、致死性家族失眠症 (Fatal Familiar Insomnia，FFI)和动物的羊瘙痒病 (Scrapie)、牛海绵状脑病 (Bovine Spongiform Encephalopathy，即疯牛病 Mad Cow Disease)、猫海绵状脑病 (Feline Spongifoem Encephalopathy，FSE)等。

朊病毒的发现在生物学界引起震惊，因为它与目前公认的“中心法则”即生物遗传信息流的方向是“DNA/RNA →蛋白质”的传统观念相抵触。Pursiner 等人阐明羊瘙痒病的发病机制是基于朊病毒分子构象的改变。这一发现开辟了病因学的一个新领域，可能对其他传染性海绵状脑病的发病原理和病因性质提供一条新的思路，对生物科学的发展具有重大意义。

4.3.3 拟病毒和卫星 RNA

拟病毒在核苷酸的组成、大小和二级结构上均与类病毒相似，而在生物学性质上却与卫星 RNA(satellite RNA)相同，其表现如下：①单独没有侵染性，必须依赖于辅助病毒才能进行侵染和复制，其复制需要辅助病毒编码的 RNA 依赖性 RNA 聚合酶。②其 RNA 不具有编码能力，需要利用辅助病毒的外壳蛋白，并与辅助病毒基因组 RNA 一起包裹在同一病毒粒子内。③卫星 RNA 和拟病毒均可干扰辅助病毒的复制。④卫星 RNA 和拟病毒同辅助病毒基因组 RNA 相同，它们之间没有序列同源性。根据卫星 RNA 和拟病毒的这些共同特性，现在也有许多学者将它们统称为卫星 RNA 或卫星病毒。

本章小结

病毒以病毒颗粒的形式存在，具有一定形态、结构与传染性，在电镜下才能观察到。各种病毒颗粒形态不一，但都具有蛋白质的衣壳及其包裹的核酸，衣壳与核心共同构成核衣壳。有的病毒核衣壳外还有囊膜及刺突。衣壳由壳粒组成，呈二十面体对称或螺旋对称，少数为复合对称。每一种病毒只含有一种核酸，或是 DNA 或是 RNA。病毒的蛋白质有结构蛋白与非结构蛋白之分。

病毒具有复制周期，包括吸附、侵入与脱壳、生物合成、装配与释放等步骤。特异性吸附是病毒表面的分子与细胞的受体结合的结果，血凝作用的本质也是病毒与细胞受体的结合。侵入与脱壳可发生在胞浆膜，内吞小体及核膜，因病毒种类而异。在隐蔽期，病毒会进行活跃的生物合成。此时完成 mRNA 的转录及蛋白质的合成，病毒转录的方式各不相同，有许多值得注意的特点。转录的蛋白质有的尚需后加工，如糖基化、酶裂解等。结构简单的无囊膜二十面体病毒的衣壳可自我装配。大多数无囊膜病毒在细胞裂解后释放出病毒颗粒。有囊膜的病毒则以出芽方式成熟并释放，包括破胞释放及芽生释放两种形式。

复习思考题

1.解释名词：壳体，核壳，壳粒，囊膜，病毒粒子，温和噬菌体，溶源菌，原噬菌体。

2.病毒的主要特征是什么？

3.病毒的核酸有哪几种类型？请举例说明。

4.什么叫噬菌体？它有哪些基本特征？

5.噬菌体有哪些形态类型？请举例说明。

6.噬菌体在发酵工业上有何危害？如何防治？

7.病毒和亚病毒有何区别？

8.冠状病毒有何特点？新冠肺炎疫情发生后，中国政府迅速采取一系列有力措施，牢筑防止疫情蔓延的防线，开展全员核酸检测和疫苗接种，体现了一个大国的担当，同时也涌现出许多抗疫英雄，请谈一谈你身边有哪些感人的抗疫英雄事迹？

知识链接

噬菌体的分离与检查

在工业发酵生产中，引起异常发酵的原因有很多，要确定是不是噬菌体侵染所造成的后果，直接有效的方法是检查异常发酵液中是否有噬菌体存在。同样，为了查明生产车间、发酵设备和四周环境中噬菌体的污染情况，也需要进行采样检查。

1.分离

可根据具体情况，结合实际需要，选择有代表性的采样点，如车间地面、明沟、下水道、储液桶、排气口和道路等处。所取样品可以是发酵液、污水、土壤、排气和空气等。可在一定范围内随机采取若干小样，混合后，作为一个采样点的代表。取样量一般为土样 10～20 g，水样 20 mL。

为了易于分离，可以先进行增殖培养，以增加样品中的噬菌体数量。方法是取 2～3 g 土样或 5 mL 水样放入灭菌三角瓶中，加入对数生长期的敏感指示菌悬液 3～5 mL，并补加 20～25 mL 培养基，在适宜温度下，振荡或静止培养过夜。将上述培养液以 3 000 r/min 离心分离15～20 min，取上清液，用 pH 为 7 的 1%蛋白胨液稀释至 10^{-3}～10^{-2}，作为待检液。

从空气中分离噬菌体时，可用真空泵抽引，将空气抽入培养基，将此培养基作为分离样品；而在噬菌体密度高的位点，只要将长了菌的平皿打开，在空气中暴露 30～60 min 即可。

2.检查

将常用的几种检查方法分述如下：

(1)双层琼脂法

这是一种常用噬菌体检查和定量测定的方法。

此法是先配制好含 2%琼脂的培养基，灭菌后，倒入无菌培养皿内，每皿 10 mL，制成平板，将此培养基作为底层。另取待检样品 0.1 mL 和细菌悬液 0.2 mL，加入已灭菌并冷却至 45 ℃左右的含 0.6%琼脂培养基 4～5 mL，于试管中充分混匀，立即倒在底层培养基上并铺平，作为上层，即成双层培养基。待上层培养基凝固后，将平板倒置于 32 ℃恒温箱内培养，一般经 16～20 h 即可取出观察结果，如有噬菌体存在，会在双层琼脂上层出现透亮无菌的圆形或近似圆形的噬菌斑。

根据每个培养皿中噬菌斑的数目可以计算噬菌体的效价。效价即每毫升被检样品中含有噬菌体的数量，常以单位/毫升来表示，其计算公式为

效价(单位/mL)＝培养皿中噬菌斑平均数×稀释倍数/10

(2)单层琼脂法

此法与双层琼脂法的区别是省略底层，不再用 0.6%琼脂培养基与样品混合，而是仅将 2%琼脂培养基连同菌悬液和待检液，直接在平皿中铺成平板，冷却凝固后经培养、观察，以同样方法计算效价。

该法较双层法简便，因为 0.6%琼脂培养基利于形成清晰的噬菌斑，所以为了准确地观察和定量，常用双层琼脂法。

(3)载片快速法

将噬菌体、菌悬液和含有 0.5%～0.8%琼脂的培养基混合，在无菌载片上凝固，经培养后，在显微镜下或放大镜下观察计数噬菌斑。因此法只需数小时即可获知结果，故可用于早期检查。

(4)液体培养检查法

用 500 mL 三角瓶装 50 mL 培养基，灭菌后，接入 0.5 mL 新鲜菌种和 0.5～1.0 mL 待检液，置于摇床培养 10～12 h，观察液体的浑浊度，若液体澄清，说明有噬菌体感染。

(5)气体样品的检查法

检查空气或排气中的噬菌体，可以采用双层或单层琼脂法。只需将混有菌悬液的上层琼脂培养基预先铺成平板，在被查空气中暴露数分钟或更少时间，经培养后，即可观察。空气里的杂菌容易引起平板污染，故最好将空气先经过细菌过滤器除菌，这样检测效果较好。

第5章 微生物的营养

学习目标

1.了解微生物细胞的化学组成与微生物营养的关系。

2.掌握微生物的营养需求与生产实践的关系。

3.熟悉微生物所需的营养物质及其吸收方式。

4.明确微生物培养基的概念、类型和配制培养基的基本原则。

5.能利用微生物的营养知识和理论,合理地选用或设计符合微生物生理要求的培养基。

6.能依据配制培养基的原则和方法,根据不同微生物的营养需要,配制有利于生产实践的培养基。

5.1 微生物的营养需要

微生物为了生存,必须从周围环境中获取各种营养物质,以满足合成细胞、提供能量和调节代谢的需要。我们把微生物从周围环境中获得和利用营养物质的过程称为营养或营养作用。营养是微生物维持和延续其生命形式的一种生理过程;外界环境中凡是能够满足微生物机体生长、繁殖和进行各种生理活动的物质统称为营养物质或养料。营养物质是微生物生存的物质基础,没有营养物质,就没有生命。微生物吸收何种营养物质与其化学组成有密切的联系。

5.1.1 微生物细胞的化学组成

微生物细胞的化学组成,可以作为确定微生物营养需要的重要依据。微生物细胞的化学组成与高等生物细胞的化学组成大同小异,都含有C、H、O、N、P、S等元素。这六种元素占微生物细胞干重的97%,不同微生物体内所含各种元素的量也不同(表5-1)。这些元素组成细胞内的有机成分和无机成分。从化合物水平上讲,主要是水分、蛋白质、碳水化合物、脂肪、核酸、类脂和无机盐等,它们存在于细胞的各部位。

水是微生物体内含量最高的物质,占细胞鲜重的70%～90%(质量分数),微生物细胞的含水量随种类和生长期而异,一般来说,细菌的含水量为细胞鲜重的75%～85%,酵母菌为70%～80%,霉菌为85%～90%,营养细胞的含水量比细菌芽孢高一倍以上。除去水分就是干物质,主要由有机物和无机物组成。其中有机物主要包括蛋白质、碳水化合物、脂肪、核酸，占干重的90%～97%，主要由碳、氢、氧、氮等元素构成。将微生物干细胞物质在高温炉(550 ℃)下焚烧成灰，即可得到各种矿物质元素的氧化物，通常称为灰分元素、无机盐。无机盐占细胞干重的3%～10%，以磷元素的含量最高，约占无机盐总量的50%，其次为硫、钾、钙、镁、钠、铁等。此外，还有铜、锌、锰、硼、钴、钼、硅等含量很少的微量元素。不同微生物的细胞组成成分在质和量上也不尽相同(表5-2)。

表5-1 微生物细胞干物质中几种主要元素的含量(约占细胞干重的质量分数) %

微生物	元素					
	碳	氮	氢	氧	磷	硫
细菌	～50	～15	～8	～20	～3	～1
酵母菌	～50	～12	～7	～31	—	—
霉菌	～48	～5	～7	～40	—	—

表5-2 微生物细胞物质中灰分元素含量的比例(占灰分的质量分数) %

微生物	灰分元素							
	P_2O_3	SO_2	K_2O	Na_2O	MgO	CaO	SiO_2	FeO
大肠杆菌	33.99	—	12.95	2.61	5.92	13.77	—	3.35
酵母菌	50.09	0.57	38.66	1.82	4.16	1.69	1.60	0.06
霉菌	48.55	0.11	28.16	11.21	3.88	1.95	—	1.65

微生物细胞的化学组成也不是绝对不变的，它往往与菌龄、培养条件、环境及生理特性有关。例如，幼龄或在氮源丰富的培养基上生长的细胞含氮量较高，铁细菌、硫细菌和海洋细菌则含有较高量的硫、铁、钠、氯等元素。

5.1.2 微生物生长的营养物质及其生理功能

微生物需要从外界环境中获得营养物质，组成细胞的各种元素。在微生物的营养中有六大要素物质，它们是水、碳源、氮源、无机盐、生长因子和能源物质。

1.水

水作为微生物营养物质中重要的成分，并不是因为水本身是营养物质，而是因为水在生命活动过程中的重要作用。水的主要作用：①水是微生物细胞的重要组成成分；②水是细胞内生化反应的良好介质，微生物机体内的一系列生理生化反应都离不开水；③水是良好的溶剂，营养物质的吸收与代解产物的排出都是通过水来完成的；④水的比热较高，能有效地吸收代谢过程中所放出的热，使温度不致骤然上升，因而能有效地调节细胞内的温度变化；⑤水作为供氢体，直接参与细胞的呼吸作用和光合作用过程。

水是微生物细胞的主要组成成分，以结合水和游离水形式存在。微生物种类不同，含水量有所差异(表5-2)；同种微生物处于不同发育时期和不同的环境，水分含量的差异也较大。一般来说，幼龄菌含水量较多，细菌的衰老型和休眠体含水量较少。如细菌的芽孢体含水量约为40%，霉菌孢子约为38%，这可能是芽孢对外界不良环境具有较强抵抗力的原因之一。

水分对微生物生命活动如此重要，因此培养微生物时应供给足够水分。一般用自来水、井水、河水等，若有特殊要求可用蒸馏水。当保藏某些食品和物品时，可用干燥法除去水分

以抑制微生物的生命活动。

2.碳源

凡能在微生物生长过程中为微生物提供碳素来源的物质称为碳源。碳源通过机体的一系列复杂的化学变化被用来构成细胞物质和(或)为机体提供完成整个生理活动所需要的能量。因此,碳源通常也是机体生长的能源物质。能作为微生物碳源物质的种类极其广泛,既有简单的无机碳化合物(如 CO_2)或碳酸盐等,也有复杂的有机碳化合物,如糖、醇、酯、有机酸、烃类等,甚至有相对不活跃的碳氢化合物,如石蜡、酚、氰等。另外,蛋白质及其水解产物等也是良好的碳源。

微生物利用这些含碳化合物的能力因种而异。有的只能将 CO_2 作为唯一的碳源吸收利用,有的则能广泛利用各种类型的碳源物质。大多数异养微生物利用有机碳,最佳碳源是葡萄糖、蔗糖、果糖、麦芽糖和淀粉,其中葡萄糖最常用,其次是有机酸、醇类和脂类。在实验室中培养微生物时,常用的碳源主要有葡萄糖、果糖、蔗糖、淀粉、甘油和一些有机酸等,在发酵工业中,饴糖和淀粉是常用碳源。在生产实践中,常用农副产品和工业废弃物作为碳源,如玉米粉、麸皮、马铃薯、酱渣、酒糟、山芋粉、废糖蜜等。

3.氮源

凡是能供给微生物氮素养料,构成微生物细胞物质和代谢产物中氮素成分的营养物质都称为氮源。氮是蛋白质的基本成分,也是核酸等细胞中重要物质的必要元素。氮源主要用来合成细胞中的含氮物质,一般不作为能源,只有少数自养微生物如硝化细菌,可以利用铵盐、硝酸盐同时作为氮源与能源。能够被微生物利用的氮源,既有简单的无机氮,如 NH_3 等,也有复杂的有机氮,如蛋白质及其水解产物胨、肽、氨基酸、尿素、嘌呤、嘧啶等。

微生物培养基中常用的氮源包括铵盐、硝酸盐、尿素、牛肉膏、蛋白胨、多肽、氨基酸和蛋白质等;工业发酵常以黄豆饼粉、花生饼粉、玉米浆、鱼粉、蚕蛹粉、酵母粉等作为有机氮源。玉米浆是速效氮源,利于菌体生长;花生饼粉和黄豆饼粉是迟效氮源,利于代谢产物积累。

4.无机盐

无机盐是微生物生长、代谢必不可少的一类营养物质,它们在机体中的生理功能主要有:①构成微生物细胞的各种组成成分,如磷是核酸组成元素之一;②作为酶的组成部分或酶的激活剂,如铁是过氧化氢酶的组成成分;钙是蛋白酶的激活剂;③调节并维持细胞的渗透压平衡、pH 和控制细胞的氧化还原电位,如钠、钙、钾;④作为某些微生物生长的能源物质等,如硫、铁等元素可为自养微生物提供能源。

微生物对无机盐的需求量很小,一般由磷酸盐、硫酸盐、氯化物,以及含有钠、钾、钙、镁、铁等金属元素的化合物提供。凡生长所需浓度在 10^{-4}~10^{-3} mol/L 的元素为大量元素,凡生长所需浓度在 10^{-8}~10^{-6} mol/L 的元素为微量元素。在微生物培养中,大多可从有机物中获得,一般只需要加入一定量的氯化钠和磷酸氢二钾,其他无机盐不需要另行添加。过量无机盐反而会起抑制或毒害微生物的作用。

5.生长因子

生长因子是指微生物生命活动过程中不可缺少的,本身又不能自行合成,必须依靠外界供给的微量有机物,包括维生素、氨基酸、嘌呤、嘧啶及其衍生物等。其功能是构成细胞成分,如嘌呤、嘧啶构成核酸;调节代谢,维持生命的正常活动,如许多维生素是各种酶的辅基。

微生物种类很多,所需要的生长因子各不相同,如乳酸杆菌需要吡哆酸,肠膜明串珠菌需要氨基酸。

在自然界中，并不是所有微生物都需要生长因子，如自养微生物就能够自行合成。有的微生物不但不需要，反而在细胞内能够积累某些维生素。按微生物与生长因子间的关系可将微生物分为三种类型：一是生长因子自养型微生物，能自身合成各种生长因子，不需要外界供给，真菌、放线菌和部分细菌属于这种类型；二是生长因子异养型微生物，它们自身缺乏合成一种或多种生长因子的能力，必须靠外源提供才能生长；三是生长因子过量合成微生物，它们在代谢活动中向细胞外分泌大量的维生素等生长因子，可用于维生素生产，如阿舒假囊酵母的维生素 B_2 产量每升发酵液可达 2.5 g。

在科研及生产中，常用牛肉膏、酵母膏、玉米浆、麦芽汁或其他动植物浸出液作为生长因子的来源。事实上，许多作为碳源和氮源的天然原料本身就含有丰富的生长因子。如麦芽汁、牛肉膏、麸皮、米糠、马铃薯汁等。一般在此类培养基中无须再添加生长因子。

6.能源物质

能源物质是提供微生物生命活动能量的物质，微生物的一切生命活动都离不开能源。微生物对能源的利用范围也较广泛，主要有化学能和日光能。化学能分别来自有机物的分解和无机物的氧化。不同的微生物利用不同的能源，异养微生物利用的能源主要来自有机碳化物的分解，碳源就是能源；而自养微生物可以利用日光或无机物氧化(如 NH_4^+、NO_2^-、S、H_2S、Fe^{2+} 等)作为能量的来源。

5.1.3 微生物的营养类型

微生物具有复杂的营养类型，这主要是因为微生物种类繁多，对营养物质的要求不一样，对能源的所需也不同。通常根据微生物生长需要碳源的不同，可以将微生物分为自养型和异养型。自养型微生物是以 CO_2 为唯一或主要碳源的微生物，这类微生物不需要有机养料，可生活在完全无机环境中。它们要将无机碳源同化为细胞内有机物质，必须有能量的推动。根据获取能源的不同，可将其分为光能自养型(光能无机营养型)和化能自养型(化能无机营养型)。异养微生物是以有机碳为碳源的微生物，它们不能在完全无机的环境中生活，按其所需能源不同，可分为光能异养型(光能有机营养型)和化能异养型(化能有机营养型)(表 5-3、表 5-4)。

表 5-3　　微生物的营养类型Ⅰ

划分依据	营养类型	特　点
碳源	自养型	以 CO_2 为唯一或主要碳源
	异养型	以有机物为碳源
能源	光能营养型	以光能为能源
	化能营养型	以物质氧化释放的化学能为能源
电子供体	无机营养型	以还原性无机物为电子供体
	有机营养型	以有机物为电子供体

表 5-4　微生物的营养类型Ⅱ

营养类型	能 源	主要碳源	氢或电子供体	举　例
光能自养型	光能	CO_2	H_2、H_2S、S 或 H_2O	蓝细菌、藻类、紫硫细菌、绿硫细菌、光合细菌等
光能异养型	光能	CO_2 或简单有机物	有机物	红螺菌属中的细菌，即紫色无硫细菌
化能自养型	化学能（物氧化）	CO_2 或 CO_3^{2-}	还原态无机物（H_2、H_2S、Fe^{2+}、NH_3 或 NO_2^-）	硝化细菌、碳化细菌、铁细菌、氢细菌、醋酸杆菌等
化能异养型	化学能（有机物氧化）	有机物	有机物	绝大多数细菌、全部放线菌和真菌及原生动物

1.光能自养（光能无机营养）型微生物

以光能为能源，以 CO_2 为碳源的微生物称为光能自养型微生物。该类型的微生物体内都含有一种或几种光合色素（如叶绿素、菌绿素-细菌叶绿素、类胡萝卜素和藻胆素），能利用日光能进行光合作用，以水或还原态的无机物为供氢体，将 CO_2 合成细胞有机物质。藻类、蓝细菌和光合细菌属于这种类型。光能自养型微生物的光合作用分为产氧光合作用和不产氧光合作用两种。

（1）产氧光合作用

单细胞藻类、蓝细菌细胞内含有叶绿素，具有与高等植物相同的光合作用。在还原 CO_2 时，以 H_2O 为供氢体，放出氧气，其光合作用在有氧条件下进行。

$$CO_2 + H_2O \xrightarrow[\text{叶绿素}]{\text{光能}} [CH_2O] + O_2\uparrow$$

（2）不产氧光合作用

污泥中的绿硫细菌、紫硫细菌细胞内无叶绿素，含有与叶绿素结构相似的菌绿素，在厌氧条件下进行光合作用，以 H_2S、S 等为供氢体，将 CO_2 还原为有机物，不放出氧气，而产生元素硫。产生的元素硫或积累在细胞内或排泌到细胞外，主要生活在富含 CO_2、H_2 和硫化物的淤泥及次表层水域中。

$$CO_2 + 2H_2S \xrightarrow[\text{叶绿素}]{\text{光能}} [CH_2O] + H_2O + 2S$$

2.化能自养（化能无机营养）型微生物

这类微生物是利用氧化无机物（NH_4^+、NO_2^-、H_2S、S、$FeCO_3$）过程中放出的化学能为能源，以 CO_2 或碳酸盐为唯一或主要碳源合成自身需要的有机含碳化合物的微生物，可生活在完全无机的环境中，若生长环境中有机物过多将对其有抑制作用。由于受无机物氧化产生能量不足的制约，这类微生物一般生长迟缓。对无机物的氧化必须在有氧条件下进行，所以这类细菌均为好氧菌，多分布在土壤及水域环境中，在自然界物质转化过程中起重要作用。这类微生物主要有硝化细菌、碳化细菌和铁细菌等。

化能自养型微生物对无机物的氧化有很强的专一性，一种化能自养型微生物只能氧化一定无机物，如铁细菌只氧化亚铁盐，硫细菌只氧化硫化氢。以亚硝酸细菌为例，其氧化反应如下：

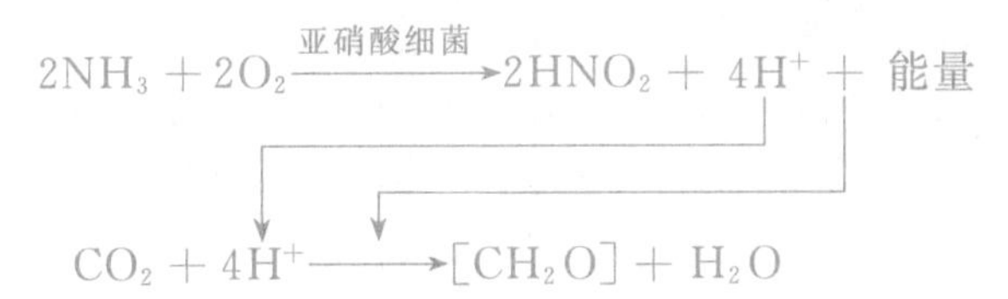

硫化细菌和硫细菌能在含硫环境中进行化能自养生活，将 H_2S 或硫氧化为硫酸。

$$2H_2S + O_2 \xrightarrow{硫化细菌和硫细菌} 2H_2O + 2S + 能量$$

$$2S + 3O_2 + 2H_2O \longrightarrow 2H_2SO_4 + 能量$$

$$CO_2 + H_2O \longrightarrow [CH_2O] + O_2 \uparrow$$

3.光能异养（光能有机营养）型微生物

这类微生物以光能为能源，以简单有机物（甲酸、乙酸、丁酸、异丙醇、丙酮酸和乳酸等）为碳源和供氢体，将 CO_2 还原成有机碳化合物。例如红螺菌属中的一些细菌，能利用异丙醇作为供氢体，使 CO_2 还原成细胞物质，同时积累丙酮。此类微生物数量较少，生长时需要外源的生长因子。

$$CO_2 + 2CH_3CHOHCH_3 \xrightarrow[菌绿素]{光能} [CH_2O] + 2CH_3COCH_3 + H_2O$$

4.化能异养（化能有机营养）型微生物

这类微生物的能源和碳源均来自有机物。能源来自有机物的氧化分解，碳源直接取自有机碳化合物。该类型的微生物种类最多，包括绝大多数细菌、全部放线菌和真菌及原生动物。

根据化能异养型微生物利用有机物的特性，又将其分为腐生型与寄生型。以无生命的有机物质为养料，靠分解生物残体而生活的微生物，称为腐生菌。生活于寄主体内或体表，从活寄主细胞中吸取营养而生活的微生物为寄生菌。寄生型微生物又可分为专性寄生和兼性寄生两种。专性寄生型微生物只能在活的寄主生物体内营寄生生活；兼性寄生型微生物既能营腐生生活，也能营寄生生活。例如一些肠道杆菌既能寄生在人和动物体内，也能腐生于土壤中。寄生型微生物多数是动物、植物的病原菌，有些能寄生某些病菌及害虫，在生产中常用于农、林病虫害的防治。

微生物的四种营养类型的划分是相对的，很多情况下取决于生长环境，许多微生物是兼性营养型的。如红螺菌在有光和厌氧条件下利用的是光能，为光能营养型，而在黑暗和有氧条件下利用的是有机物氧化放出的化学能，为化能营养型，所以是兼性光能营养型，在光能和化学能之间很难划清。在自养与异养之间也很难划明，如氢细菌为化能自养型微生物，但环境中有现成有机物时，它又直接利用有机物进行异养生活。微生物营养类型的可变性有利于提高微生物对环境条件变化的适应能力。正因微生物有复杂的营养类型，才能作用于自然界几乎所有的无机物和有机物。无论哪种营养类型的微生物，必须将营养物质摄入体内才能加工利用。

5.1.4　微生物对营养物质的吸收

微生物体积微小，结构简单，没有专门摄取营养物质的器官，它们所需要的营养物质的吸收和代谢产物的排出，均依靠微生物细胞膜的功能来完成，绝大多数微生物都属于渗透吸收型微生物。对于大分子的营养物质（如蛋白质、多糖和脂肪等）需经过微生物分泌的胞外酶水解成小分子的可溶性物质后，才能被吸收。根据微生物周围存在营养物质的种类和浓度，按照细胞膜上有无载体参与、运送过程中是否消耗能量及营养物质是否发生变化等，将微生物吸收营养物质的方式分为四种，即被动扩散、促进扩散、主动运输、基团移位，如图 5-1 所示，其中主动运输最为重要。

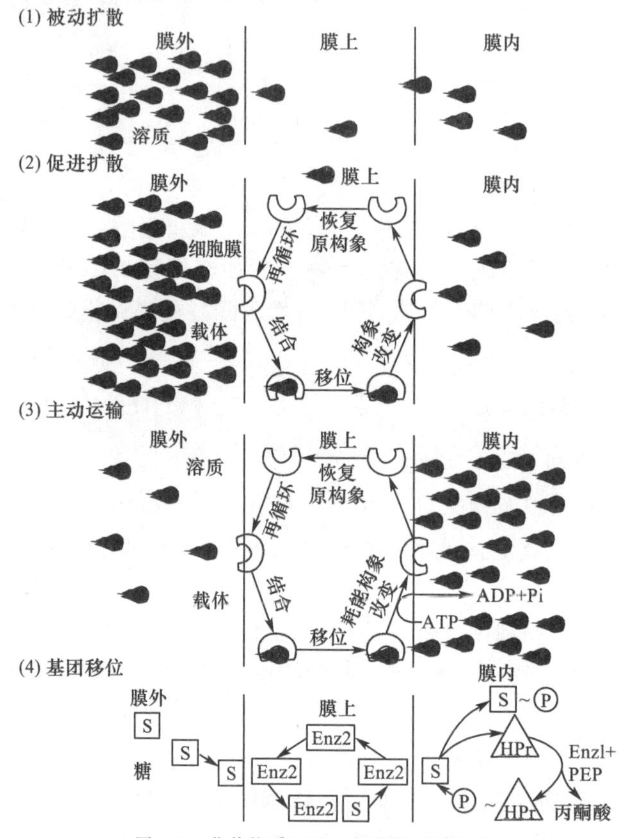

图 5-1　营养物质运送入细胞的四种方式

1.被动扩散

被动扩散也称简单扩散，当细胞外营养物的浓度高于细胞内时，利用浓度差，从高浓度处向低浓度处进行扩散，当达到细胞内外平衡时，便不再扩散。扩散是非特异性，其速度取决于营养物质的浓度差、分子大小、溶解性、极性、pH、离子强度和温度等因素。此种吸收方式不需要细菌膜上载体蛋白的参与，不能逆浓度梯度运输养料，运输速度低，能够运送的养料种类也十分有限。只有少数低分子量的简单物质，如水、二氧化碳、乙醇和尿素、甘油等以这种形式运输。由于细胞被动接受透入的物质，不消耗能量，速度慢，因此很难满足微生物生活的需要。

2.促进扩散

促进扩散也称协助扩散，这种扩散方式也是依靠浓度差进行的。养料通过与细胞质膜上的特异性载体蛋白（也称渗透酶）结合，从高浓度进入低浓度环境（图 5-2、图 5-3）。促进扩散以胞内外溶液浓度差为动力，不消耗能量，不能进行逆浓度梯度运输，运输速率随胞内外该溶质浓度差的降低而减小，直至达到动态平衡。促进扩散不同于被动扩散的地方在于其需要载体蛋白的参与。载体蛋白是位于细胞膜上的特殊蛋白质，在细胞膜外侧能与一定溶质分子进行可逆性的结合，在细胞内侧可释放该溶质，自身在这个过程中不发生化学变化。

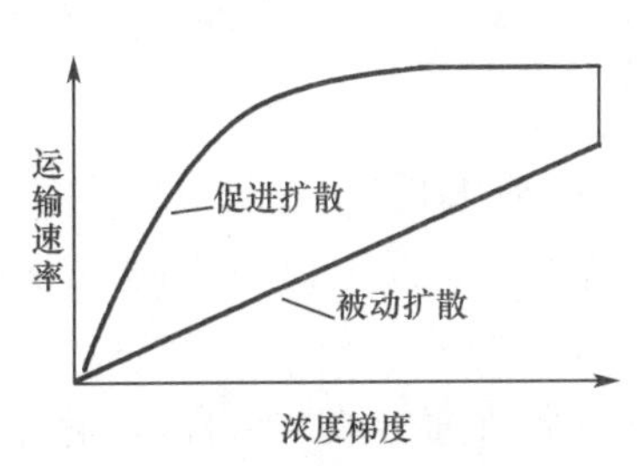

图 5-2 被动扩散与促进扩散中养料的浓度

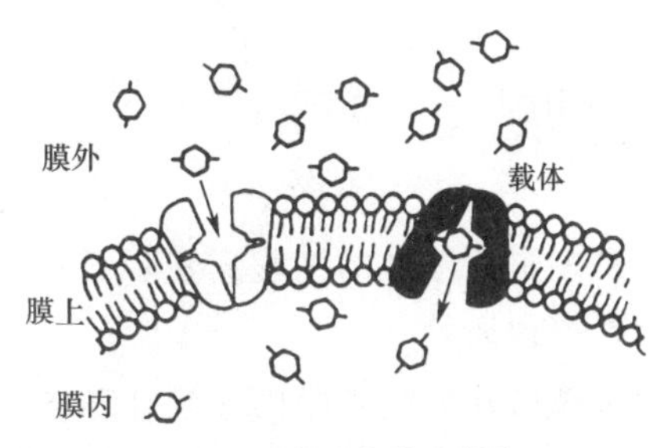

图 5-3 促进扩散示意图

承担载体角色的渗透酶属诱导酶，只有当环境中存在某种营养物质时才诱导合成相应的渗透酶。与营养物质的结合有专一性，一定的渗透酶只能与一定的养料离子或结构相近的分子结合，能提高养料的运输速度。通过促进扩散进入细胞的营养物质主要是氨基酸、单糖、维生素、无机盐等。促进扩散是真核细胞微生物的普遍运输机制。

3.主动运输

在一般情况下，微生物体外某些营养物质浓度低于体内浓度，单纯靠扩散作用无法满足微生物的营养需要。主动运输是细胞消耗能量，通过膜上载体蛋白逆浓度梯度吸收营养物质的过程。其特点是：具有养料和载体蛋白对应的专一性；在运输过程中需要消耗能量；能逆浓度梯度运输，使细胞积累某些营养能改变养料运输反应的平衡点。

在主动运输中，载体蛋白与被运输养料的亲和性在细胞内外必须发生改变，即在细胞的外表面，载体蛋白与被运输物的亲和性高，而在内表面，载体蛋白与被运输物的亲和性低。在这一运输机制中，位于细胞膜上的载体蛋白通过改变构象，使其与被运输养料的亲和性发生改变。如大肠杆菌就是以这种形式运送乳糖的，即 β-半乳糖苷渗透酶在能量作用下，与乳糖结合，运至膜内，能量降低，乳糖与渗透酶亲和力降低，使乳糖得以释放，结果细胞内乳糖浓度高于细胞外。

主动运输是广泛存在于微生物中的一种主要的物质运输方式，可使微生物在稀薄的营养环境中吸收营养得以正常生存，以这种形式运送的营养物质有无机离子、有机离子、一些糖类（乳糖、蜜二糖、葡萄糖）等。

4.基团移位

基团移位是一种营养物质在运输过程中需要特异性载体蛋白参与，又需要消耗能量，并使营养物质在运输前后发生化学结构变化的一种运输方式。与主动运输的区别是在运输过程中改变了被运输溶质的性质，溶质进入细胞膜内会发生化学变化。因而可使该溶质分子在细胞内增加，养料可不受阻碍地向细胞内源源不断的运送，实质上也是一种逆浓度梯度的运输过程。

基团移位运送方式主要存在于厌氧型和兼性厌氧型细菌中，主要用于运送葡萄糖、果糖、甘露糖、核苷酸、丁酸和腺嘌呤等物质。以磷酸转移酶系统（PTS）运输葡萄糖为例，糖分子进入细胞后以磷酸糖的形式存在于细胞内，磷酸糖是不能透过细胞膜的。这样，磷酸糖不断积累，糖不断进入，表现为糖的逆浓度梯度运输。

磷酸转移酶系统(PTS)是十分复杂的，包括酶1、酶2和热稳定蛋白(HPr)。它们基本上由两个独立的反应组成：

①热稳定载体蛋白(HPr)的激活　细胞内高能化合物磷酸烯醇式丙酮酸(PEP)的磷酸基团把HPr激活。

$$\text{PEP} + \text{HPr} \xrightleftharpoons{\text{酶 1}} \text{丙酮酸} + \text{磷酸-HPr}$$

酶1是一种可溶性的细胞质蛋白，HPr是一种结合在细胞膜上，具有高能磷酸载体作用的可溶性蛋白质。

②糖被磷酸化后运入膜内　膜外环境中的糖先同外膜表面的酶2结合，被运送到内膜表面时，被磷酸-HPr上的磷酸激活，再通过酶2的作用把糖-磷酸释放到细胞内。

$$\text{磷酸-HPr} + \text{糖} \xrightarrow{\text{酶 2}} \text{糖-磷酸} + \text{HPr}$$

酶2是结合于细胞膜上的蛋白质，对底物有特异性选择作用，所以细胞膜上可诱导产生一系列与底物分子相结合的酶2。

上述四种营养物质吸收方式的比较见表5-5。

表5-5　四种营养物质吸收方式的比较

项　目	被动扩散	促进扩散	主动运输	基团移位
特异性载体蛋白	无	有	有	有
运输速度	慢	快	快	快
溶质运送方向	由浓到稀	由浓到稀	由稀到浓	由稀到浓
平衡时内外浓度	内外相等	内外相等	内部浓度高得多	内部浓度高得多
运送分子	无特异性	特异性	特异性	特异性
能量消耗	不需要	不需要	需要	需要
运送前后溶质分子	不变	不变	不变	改变

需要指出的是，不同微生物运送营养物质的方式不同。即使对同一种物质，不同微生物的摄取方式也不一样。例如，半乳糖在大肠杆菌中靠促进扩散运送，而在金黄色球菌中则通过基因移位来运送。

5.2　微生物的培养基

为了研究各种微生物，需要使其在人工培养条件下生长。培养基是根据微生物生长繁殖需要，用人工方法配制而成的、适于微生物生长繁殖或产生代谢产物的营养基质。培养基必须具备微生物生长所需要的营养物质和环境条件，并经过彻底灭菌，保持无菌状态，否则就会杂菌丛生，并破坏其固有的成分和性质。设计和制作合适的培养基，是从事微生物研究和发酵生产所必需的重要基础工作。由于微生物种类、营养类型以及我们工作目的的多样性，培养基的配方和种类很多，但是培养基的制备过程还是有章可循的。

5.2.1 配制培养基的基本原则

配制培养基的基本原则

良好的培养基能充分发挥菌种的生物合成能力，达到最佳生产效果。相反，若培养基成分、配比、pH 等不合适，就会严重影响菌种的生长繁殖及发酵效果。不同微生物对营养的要求虽具有一定共性，但也存在许多差别。只有根据微生物的营养理论知识，结合研究对象的特殊营养要求、代谢特点、培养基的配制原则、科学配制方法等，才能设计和配制出适宜的培养基。

1.明确配制培养基的目的

在设计新培养基前，首先要明确欲培养何种微生物。例如，是对特定微生物菌种进行鉴别，还是对微生物菌种的生物学特性进行研究；是进行一般性研究还是进行精密的生理、生化或遗传学研究；是用作实验室研究还是大批量生产用；是要收获微生物的菌体（培养菌种），还是利用微生物生产发酵食品或是积累目的代谢产物；是生产含氮量低的发酵产物（如乙醇、乳酸、丙酮、丁醇、柠檬酸等）还是生产含氮量高的产物（如氨基酸、酶制剂等）。如果是为了得到微生物菌体，可增加培养基中氮的含量，有利于菌体蛋白质的合成；如果是为了得到代谢产物，则应考虑产生菌的生理及遗传特性及代谢产物的化学组成，如代谢产物是不含氮的有机酸或醇类时，培养基中的碳源比例要高，若代谢产物是氮量较高的氨基酸类时，氮源的比例就应高些。若某种培养基将用于实验室研究，则一般不必过多地计较其成本，若配制生产上的发酵培养基，应减少用量成本，尽量选用资源丰富而又廉价的原料。明确培养的目的是培养基配制的首要问题。

2.符合微生物菌种的营养特点

由于微生物营养类型复杂，不同微生物对营养物质的需求不尽相同，因此，首先要根据不同微生物的营养需求，配制针对性强的培养基。例如，自养型微生物能将简单无机物合成有机物，其培养基可完全由简单的无机物组成；异养型微生物因不能将 CO_2 作为唯一碳源，其培养基应至少含有一种有机物质。自生固氮微生物的培养基不需添加氮源，否则会丧失固氮能力。对于某些需要添加生长因子才能生长的微生物，还需要在培养基内添加它们所需要的生长因子。

就微生物主要类型而言，有细菌、放线菌、酵母菌、霉菌及病毒之分，培养它们所需的培养基各不相同。因此，要求根据不同微生物的营养需要配制不同的培养基。在实验室中常用牛肉膏蛋白胨（或简称普通肉汤培养基）培养细菌，用高氏Ⅰ号合成培养基培养放线菌，培养酵母菌一般用麦芽汁培养基，培养霉菌则一般用察氏合成培养基。

3.调节营养物质的浓度和配比

培养基营养物质的浓度及营养物质间的浓度比例要适宜。营养物质浓度过低，不能满足微生物正常生长所需，浓度过高则有抑制或杀菌作用。例如，高浓度的糖类物质、无机盐、重金属离子等不仅不能维持和促进微生物的生长，反而起到抑菌或杀菌作用。此外，各种营养物质的比例是影响微生物生长繁殖、代谢产物形成和积累的重要因素。在各营养成分比例中，最重要的是碳源及氮源的比例，即碳氮比（C/N，指碳元素与氮元素物质的量的比值）。碳源不足容易引起菌体衰老和自溶。氮源不足则菌体生长过慢。但 C/N 太小，微生物会因氮源过多，生长太旺盛而不利于代谢产物的积累。如在利用微生物发酵生产谷氨酸的过程中，培养基碳氮比为 4∶1 时，菌体大量繁殖，谷氨酸积累少；当培养基碳氮比为 3∶1 时，菌体繁殖受到抑制，谷氨酸产量则大量增加。一般细菌的碳氮比为 25∶1，而真菌的碳氮比可以达到 10∶1，对每种微生物的最适配比需要通过实验来确定。

4.控制培养基适宜的 pH

培养基的 pH 必须控制在一定的范围内，以满足不同类型微生物的生长繁殖或产生代谢产物。各类微生物生长繁殖或产生代谢产物的最适 pH 条件各不相同。如细菌生长的最适 pH 为 7.0～7.5；放线菌生长的最适 pH 为 7.5～8.5，酵母菌生长的最适 pH 为 3.6～6.0，而霉菌生长的最适 pH 为 4.0～5.8。但是对于某些极端环境中的微生物来说，往往可以大大突破所属类群微生物 pH 范围的上限和下限。例如氧化硫硫杆菌这种嗜酸菌的生长 pH 范围为 0.9～4.5；一些专性嗜碱菌的生长 pH 在 11 甚至 12 以上。所以必须调节培养基的 pH 以保证微生物能良好地生长、繁殖或积累代谢产物。

培养基的 pH 可以通过加入碱性或酸性化合物 NaOH 和 HCl 来调节。值得一提的是，在微生物的生长繁殖和代谢过程中，营养物质的分解和代谢产物的形成，可能会产生使培养基 pH 改变的代谢产物。例如微生物在含糖培养基上生长时会产生酸性物质即有机酸、CO_2，使培养基的 pH 下降；微生物分解蛋白质与氨基酸会产生碱性物质即 NH_3，导致培养基的 pH 上升。这种由于微生物代谢作用而引起的环境中 pH 的变化是不利于微生物进一步生长的。为此，要在培养基中加入能够保持 pH 相对稳定的物质，通常可加入缓冲液或微酸性碳酸盐。

5.调节氧化还原电位

不同类型微生物的生长对培养基的氧化还原电位(E_n)有不同的要求。一般好氧性微生物在 E_n 值为+0.1 V 以上时可正常生长，以+0.3～+0.4 V 为宜；兼性厌氧菌在+0.1 V 以上进行好氧呼吸产能，在+0.1 V 以下则进行发酵产能；而厌氧菌只在+0.1 V 以下才能生长。E_n 值与氧分压、pH 有关，也受某些微生物代谢产物的影响。在 pH 相对稳定的条件下，可通过增加通气量(如振荡培养、搅拌)提高培养基的氧分压，或加入氧化剂，从而增大 E_n 值；在培养基中加入适量的还原剂可以降低氧化还原电位。例如，在培养基中加入铁屑，氧化还原电位可下降到−0.4 V。常用的还原剂有巯基乙酸、抗坏血酸、硫化钠、半胱氨酸、铁屑、谷胱甘肽、瘦牛肉粒、巯基醋酸钠等。

6.调节渗透压

绝大多数微生物适宜在等渗溶液中生长。高渗溶液会使细胞发生质壁分离，而低渗溶液则会使细胞吸水膨胀，形成很高的膨压，对细胞壁脆弱或各种缺壁细胞(如原生质体、支原体等)则是致命的。一般培养基的渗透压都是适合微生物生长的，但为了特殊需要，有时需增大某一营养物质或矿质盐的用量。当培养嗜盐微生物(如嗜盐细菌)和嗜渗透微生物(如高渗酵母)时就要提高培养基的渗透压。培养嗜盐微生物常加适量 NaCl；培养海洋微生物时 NaCl 的质量分数可达到 3.5%；培养嗜渗透微生物时蔗糖浓度可接近饱和。一般情况下，革兰氏阳性菌的渗透压为 20×10^5 Pa，革兰氏阴性菌的渗透压则为 5×10^5～10×10^5 Pa。

7.控制营养物质来源的成本

在配制培养基时，应当考虑培养基的用途。用于微生物学实验，为了便于观察实验现象，培养基原料选择易加工，使用方便的原料，如碳源选择用试剂纯葡萄糖、蔗糖、淀粉等，氮源选择蛋白胨、牛肉膏、酵母膏；若培养基用于食品发酵生产，应尽量选择价格低廉、资源丰富、配制方便的材料作为营养物质来源。在保证微生物生长与积累代谢产物需要的前提下，经济节约原则大致有“以粗代精”“以野代家”“以废代好”“以简代繁”“以烃代粮”“以纤代糖”“以国产代进口”等。如利用麸皮(小麦制粉后余下的小麦皮)为碳源,豆粕(大豆压油后的副产品)为氮源生产酱油;工业上利用废水、废渣为原料生产甲烷。在我国农村,已推广利用人畜粪便及禾草为原料发酵生产甲烷作为燃料。大量的农副产品或制品,如米糠、玉米浆、野草、作物秸秆、酵母浸膏、酒糟、豆饼、花生饼等都是常用的发酵工业原料。

8.选择适宜的灭菌处理方法

要获得微生物纯培养,必须避免杂菌污染,因此需对所用器材及工作场所进行消毒与灭菌。对培养基而言,更是要进行严格的灭菌。对培养基一般采取高压蒸汽灭菌,一般培养基在 1.05 kg/cm^2、121.3 ℃条件下维持 15～30 min 可达到灭菌目的。在高压蒸汽灭菌过程中,长时间高温会使某些不耐热物质遭到破坏,如使糖类物质形成氨基糖、焦糖,因此含糖培养基常在 0.56 kg/cm^2,112.6 ℃、15～30 min 条件下进行灭菌。某些对糖类要求较高的培养基,可先将糖进行过滤除菌或间歇灭菌,再与其他已灭菌的成分混合。长时间高温还会引起磷酸盐、碳酸盐与某些阳离子(特别是钙、镁、铁离子)结合形成难溶性复合物而产生沉淀,因此,在配制用于观察和定量测定微生物生长状况的合成培养基时,常需在培养基中加入少量螯合剂,避免培养基中产生沉淀,常用的螯合剂为乙二胺四乙酸(EDTA)。

上述培养基的配制原则仅作为培养基设计时的参考。实际上,由于各种微生物的营养要求和生理特性千差万别,在实验室或生产中设计新培养基时,必须靠大量实践和反复试验比较,才能设计出最科学的培养基。

5.2.2 培养基的类型

微生物种类不同,需要的营养物质不同,所需培养基也就不同;即使同一微生物,因培养目的或研究目的不同,对培养基的要求也不一样,所以形成了不同类型的培养基。一般根据营养物质的来源、培养基的物理状态及使用目的等,将培养基分为下列几种类型:

1.按培养基成分来源分类

(1)天然培养基

天然培养基又称复杂培养基,是采用各种动物、植物或微生物细胞或其提取物、粗消化产物等材料制作的成分含量不完全清楚的营养基质。该培养基有取材广泛、营养丰富、经济简便、微生物生长迅速、适合各种异养微生物生长等优点。缺点是其成分不完全清楚,也不稳定,用于精细实验时重复性差。适用于实验室的一般粗放性实验和工业大规模的微生物发酵生产。如培养真菌的麦芽汁、豆芽汁培养基。天然培养基的原料主要有牛肉膏、蛋白胨、酵母浸膏(表 5-6)、麦芽汁、胡萝卜汁、马铃薯、玉米粉、麸皮、花生饼粉、牛奶和血清等营养价值高的天然物质。

表 5-6 牛肉膏、蛋白胨及酵母浸膏的来源及主要成分

营养物质	来 源	主要成分
牛肉膏	瘦牛肉组织浸出汁浓缩而成的膏状物质	富含水溶性糖类、有机氮化合物、维生素、盐等
蛋白胨	将肉、酪素或明胶用酸或蛋白酶水解后干燥而成的粉末状物质	富含有机氮、若干维生素和糖类
酵母浸膏	由酵母细胞的水溶性提取物浓缩而成的膏状物质,也可制成粉末状物质	富含 B 族维生素,也含有有机氮化合物和糖类

(2)合成培养基

合成培养基又称限定性培养基，是由化学成分和含量完全清楚的物质配成的培养基，因而它所含营养成分的化学性质和数量是已知的。如培养放线菌的高氏Ⅰ号培养基和培养真菌的察氏培养基。其优点是化学成分精确、固定、容易控制、实验的可重复性强。缺点是价格较贵、配制麻烦，与天然培养基相比成本较高，使一般微生物生长缓慢或某些要求严格的异养型微生物不能生长。因此，合成培养基一般用于实验室进行微生物营养、代谢、生理生化、遗传育种、菌种鉴定等要求较高的研究工作。

(3)半合成培养基

半合成培养基既有天然有机物，又有已知成分和化学药品的培养基。通常是在天然培养基的基础上加入适当无机盐，或在合成培养基的基础上添加某些有机物。如培养细菌的牛肉膏蛋白胨培养基，培养真菌的马铃薯葡萄糖培养基均属于此类培养基。该培养基更能充分满足微生物对营养物质的要求，适于多数微生物的培养。

2.按培养基的物理状态分类

(1)液体培养基

液体培养基是将各营养物质溶解于定量水中而制成的营养液。培养基中未加任何凝固剂，微生物在液体培养基中可充分接触养料，有利于生长繁殖及代谢产物的积累。在用液体培养基培养微生物时，需要通过振荡或搅拌来增加培养基的通气量，同时使营养物质分布均匀。常用于大规模的工业生产以及在实验室内进行微生物生理代谢的基础理论和应用方面的研究。

(2)固体培养基

外观呈固体状态的培养基称为固体培养基。常用的是凝固培养基和天然固体培养基。

向液体培养基中加入适量凝固剂而制成的固体培养基为凝固培养基。理想的凝固剂应具备以下条件：①不被所培养的微生物分解利用；②在微生物生长的温度范围内保持固体状态；③凝固点温度不能太低，否则不利于微生物的生长；④对所培养的微生物无毒害作用；⑤在灭菌过程中不会被破坏；⑥透明度好，黏着力强；⑦配制方便且价格低廉。常用的凝固剂有琼脂(又名洋菜)、明胶和硅胶。表5-7列出了琼脂和明胶的主要特征。

表5-7　琼脂和明胶的主要特征比较

内容	琼脂	明胶
常用浓度/%	1.5～2.0	5～12
熔点/℃	96	25
凝固点/℃	40	20
pH	微酸	酸性
灰分/%	16	14～15
氧化钙/%	1.15	0
氧化镁/%	0.77	0
氮/%	0.4	18.3
微生物利用能力	绝大多数微生物不能利用	许多微生物能利用

对绝大多数微生物而言，琼脂是最理想的凝固剂，加入1.5%～2.0%就可使培养基凝

固。琼脂是由藻类(海产石花菜)中提取的一种高度分支的复杂多糖;明胶是由胶原蛋白制备得到的产物,是最早用来作为凝固剂的物质,但其凝固点太低,而且某些细菌和许多真菌产生的非特异性胞外蛋白酶以及梭菌产生的特异性胶原酶都能液化明胶,目前已较少作为凝固剂使用;硅胶是由无机的硅酸钠(Na_2SiO_3)及硅酸钾(K_2SiO_3)被盐酸及硫酸中和时凝聚而成的胶体,它不含有机物,适合配制分离与培养自养型微生物的培养基。用琼脂做凝固剂,若培养基 pH 在 4.0 以下时,则不能凝固。

在实验室中,常将凝固培养基装入试管或培养皿中,制成培养微生物的斜面培养基或平板培养基。固体培养基为微生物提供一个营养表面,单个微生物细胞在这个营养表面进行生长繁殖时,可以形成单个菌落。此培养基常用于微生物的分离、菌种保藏、活菌计数、菌种鉴定等工作。

除在液体培养基中加入凝固剂制备的固体培养基外,一些由天然固体营养物质直接制成的培养基称为天然固体培养基。例如用麸皮、米糠、木屑、玉米粒、麦粒、马铃薯片、胡萝卜条、木屑等原料制成的培养基,生产酒的酒曲,生产食用菌的棉籽壳培养基,均属天然固体培养基,该培养基也是生产上常用的培养。

(3)半固体培养基

在液体培养基中加入 0.2%～0.7%的琼脂,培养基可呈柔软的糨糊状。此培养基在容器倒放时不流下,在剧烈振荡后能破散。半固体培养基常用于细菌运动性观察、细菌对糖类的发酵能力测定、噬菌体效价测定、厌氧菌的培养等研究。

3.按培养基的用途分类

(1)实验室用培养基

①基础培养基　基础培养基是根据某种或某类群微生物的共同营养需要而配制的培养基。尽管不同微生物的营养需求各不相同,但大多数微生物所需的基本营养物质是相同的。由于基础培养基含有一般微生物生长繁殖所需要的基本营养物质,因此它可作为专用培养基的基础成分,使用前只要加入某一具体微生物生长需要的少数特殊物质,即成为该种微生物的培养基。如培养细菌的牛肉膏蛋白胨培养基、培养放线菌的高氏Ⅰ号培养基、培养真菌的马铃薯葡萄糖培养基等,都是基础培养基。

②选择培养基　选择培养基是用来将某种或某类微生物从混杂的微生物群体中分离出来的培养基。根据某种微生物的特殊营养要求或其对某化学、物理因素的抗性而设计的培养基。在培养基内加入某种化学物质以抑制不需要的微生物生长,而促进某种微生物的生长。可以在培养基中加入某种抑菌剂或杀菌剂来造成选择性,常用的抑菌剂多为染色剂、抗生素。例如,在培养基中加入青霉素或结晶紫的选择培养基,能抑制大多数革兰氏阳性细菌的生长,以便于分离出革兰氏阴性菌。在分离真菌的培养基中加入链霉素、青霉素、氯霉素可以抑制细菌和放线菌的生长,从而将酵母菌和霉菌分离出来。在培养基中加入 10%的酚试剂,可以抑制细菌和霉菌生长,而将放线菌分离出来。利用纤维素作为唯一碳源的选择培养基,可以从混杂的微生物群体中分离出纤维素降解菌。

③加富培养基　也称增殖培养基。这是在基础培养基中特别加入某些特殊的营养物质,以促使一些对营养要求苛刻的微生物快速生长的营养丰富的培养基。这些特殊的营养物质包括血液、酵母浸膏、动植物组织液等。它是根据某一种类微生物的特殊营养要求而设计的,该种微生物在这种培养基中较其他微生物生长速度更快,并逐渐富集而占优势,逐渐

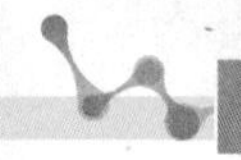

淘汰其他微生物，从而容易达到分离该种微生物的目的，所以，加富培养基常用于菌种筛选前的增殖培养工作。用于加富的营养物质是一些特殊的碳源和氮源，如在氧化硫硫杆菌培养基中加入硫黄粉，只有氧化硫硫杆菌能利用；加入纤维素粉，是纤维素分解细菌的唯一碳源；加入液状石蜡，有利于分离出以液状石蜡为碳源的微生物；用较浓的糖液利于分离酵母菌等。

加富培养基与选择培养基都是促使目标微生物形成生长优势，以达到从混杂菌群中分离出来的目的。从某种意义上讲，加富培养基类似于选择培养基，两者主要区别是：加富培养基是利用某种特殊营养来增加目标微生物的数量，使其形成生长优势，从而分离该种微生物；选择培养基则是抑制不需要的微生物生长，使所需要的微生物增殖，从而达到分离出所需要微生物的目的。

此外，不同微生物对环境条件的要求也不相同，如高温与低温、偏酸与偏碱、好氧与厌氧、耐高渗与不耐高渗等。在利用加富、选择培养基分离和培养某种微生物时，必须同时考虑培养基成分和培养环境两个因素，才能达到预期目的。

④鉴别培养基　这是在基础培养基加入能与某种微生物的代谢产物产生显色反应的指示剂或化学物质，将肉眼观察不到的产量性状转化成可见的“形态”变化，如变色圈、透明圈、液化圈、水解圈（图 5-3），从而能用肉眼快速鉴别微生物的培养基。微生物在生长过程中，产生某种代谢产物，可与加入培养基中的特定试剂或药品反应，产生明显的特征性变化。根据这种特征性变化，可将该种微生物与其他微生物区分开，达到快速鉴别的目的。该培养基主要用于微生物的分类鉴定和分离筛选（表 5-8）。

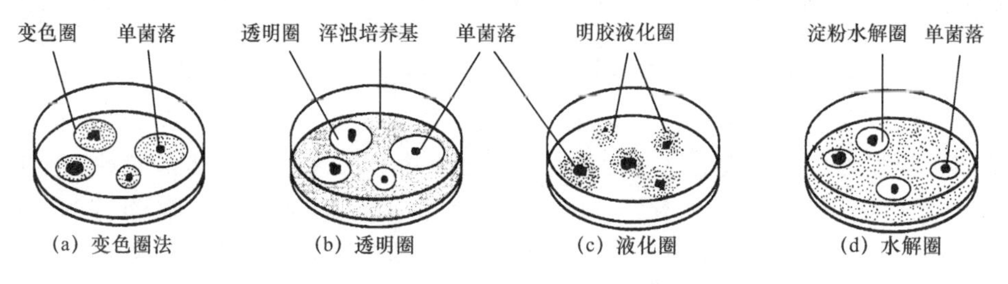

图 5-3　菌落在鉴别培养基上的部分反应现象

表 5-8　　一些常见的鉴别培养基

培养基名称	加入化学物质	微生物代谢产物	培养基特征性变化	主要用途
酪素培养基	酪素	胞外蛋白酶	蛋白水解圈	鉴别产蛋白酶菌株
明胶培养基	明胶	胞外蛋白酶	明胶液化圈	鉴别产蛋白酶菌株
油脂培养基	食用油、吐温、中性红指示剂	胞外脂肪酶	由淡红色变成深红色	鉴别产脂肪酶菌株
淀粉培养基	可溶性淀粉	胞外淀粉酶	淀粉水解圈	鉴别产淀粉酶株
H_2S 试验培养基	醋酸铅	H_2S	产生黑色沉淀	鉴别产 H_2S 菌株
糖发酵培养基	溴甲酚紫	乳酸、醋酸、丙酸等	由紫色变成黄色	鉴别肠道细菌
远藤氏培养基	碱性复红、亚硫酸钠	酸、乙醛	带金属光泽深红色菌落	鉴别水中大肠菌群
伊红亚甲蓝培养基	伊红、亚甲蓝	酸	带金属光泽深紫色菌落	鉴别水中大肠菌群

最常用的鉴别培养基是鉴别大肠杆菌中某些细菌的伊红亚甲蓝（EMB）培养基。EMB 培养基中的伊红和亚甲蓝属于苯胺类染料，具有三方面的作用。首先它们起着抑制某些细

菌(G^+细菌和一些难培养的G^-细菌)生长的作用。其次是鉴别染色,伊红是一种红色酸性染料,亚甲蓝是一种蓝色碱性染料。大肠杆菌能强烈分解乳糖而产生大量的有机酸,结果与两种染料结合形成深紫色菌落,由于伊红还发出绿色的荧光,因此在反射光下可以看到深紫色菌落表面有绿色金属光泽。而动物肠道内的沙门氏菌和志贺氏菌不能发酵乳糖,因而形成无色菌落,这样可将无害的大肠杆菌与致病的沙门氏菌和志贺氏菌区别开来。EMB 培养基也可用于区分大肠杆菌和产气肠杆菌。在这个培养基上,大肠杆菌的菌落特征是菌落小,有绿色金属光泽,而产气肠杆菌菌落大、湿润、呈灰棕色。在低 pH 条件下,伊红和亚甲蓝结合形成沉淀,起着产酸指示剂的作用。EMB 培养基在饮用水、牛乳的细菌学检验及遗传研究上有着重要的用途。

(2)生产用培养基

在生产实践中,常用培养基有三种,即孢子培养基、种子培养基和发酵培养基。

①孢子培养基　孢子培养基是指供菌种繁殖孢子的一种常用固体培养基,该培养基能够使菌体迅速生长,并产生较多的优质孢子,不易引起菌种变异。该培养基要求营养不能太丰富,尤其是有机氮源,否则不易产生孢子;无机盐浓度适当,否则会影响形成孢子的数量和颜色;培养基的 pH 和湿度也应当注意。生产中常用的孢子培养基有麸皮培养基、小米培养基、大米培养基和玉米碎屑培养基等。

②种子培养基　种子培养基是指使微生物大量生长繁殖,产生足够菌体的培养基。该培养基要求营养丰富而完全,氮源和维生素含量较高,含水量适宜,如果是固体基质,则要求基质疏松易于通风供氧和排出呼吸作用产生的余热。通常情况下,种子培养基中都有营养丰富的天然有机氮源,因为有些氨基酸能够刺激孢子发芽,而无机氮有利于微生物的利用并促进菌体迅速生长。

③发酵培养基　发酵培养基是指专门用于菌种生长、繁殖和发酵产生目的代谢产物即发酵产品的培养基。该培养基既要使种子接种后能够迅速生长,达到一定的菌体量,又要使菌体能够发酵产生大量的目的代谢产物。因此,该培养基具有营养成分总量较高、碳源比例较大等特点。

4.根据所培养微生物的类群与营养类型区分

培养基亦可分为放线菌、酵母菌、霉菌培养基和自养微生物、异养微生物培养基。培养不同营养类型的微生物也各有不同的培养基。

培养基是微生物菌种生长繁殖和发酵的重要物质基础,也是其赖以生存的外界环境。在进行科学实验和从事食品生产中,我们会遇到许多的实际问题,比如有些培养基既是液体培养基,又是选择培养基,也可能还是天然培养基。因此,掌握不同类型的培养基特点,并将之灵活地应用于具体的实际工作之中,才是我们学习的真实目的。

选择恰当适宜的培养基是完成培养基配制的前期准备工作,之后还要进行培养基的配制。

5.2.3　培养基的制备

尽管培养基名目繁多、种类各异,但在实际制备过程中,除少数几种特殊培养基外,其一般制备技术有大致相同的操作程序。配制过程可分为以下四个阶段:

1.配制前的准备

在配制培养基时，首先进行如下准备工作：(1)查阅相关资料，检查配方是否适当。(2)检查所需材料是否可用，如是否过期。(3)检查配制用水是否符合要求，必要时进行原料分析，确保所有材料的安全性。(4)检查所用设备或装置是否符合培养基配制的要求。

2.配制方法的选择

适宜的配制方法对培养基的配制起着重要的作用，而实验室用培养基的配制方法与生产用培养基的配制方法又具有较大的不同。

(1)实验室用培养基的配制方法

在实验室里常用是的琼脂固体培养基，有斜面和平板培养基两种形式。将熬制好的培养基趁热装入试管，灭菌后摆斜面，凝固后即成斜面培养基。此类培养基常用于菌种培养、菌种保藏等工作。将灭菌后的琼脂培养基倾注于无菌培养皿中，凝固后即成平板培养基。此类培养基常用于菌种分离、菌落计数、菌落形态观察及菌种鉴定等。制作程序见第 10 章中的实验实训 8。

(2)生产用培养基的配制方法

在生产实践中，通常采用天然原料配制培养基，其配制方法就是原料的预处理生产工艺。下面以谷物原料为例介绍培养基配制的具体过程。

①除杂　除杂是指去除掺入原料中的沙石、粉尘和铁屑等杂物的操作，一般采用筛选的方法。通过筛选即可去除较大直径的沙石和杂草等，也可以去除较小直径的颗粒性杂质。铁屑则应采用磁力除铁器去除。有时还需要对原料进行漂洗，去除附在原料表面的各种杂质。从培养基的配制角度来看，除杂可以去除一些对微生物生长繁殖或发酵不利的有害物质。

②原料粉碎　原料粉碎通常应用一定规格的粉碎机械，采用干法粉碎或湿法粉碎的方法进行。通过原料粉碎破坏原料组织结构，增加原料表面积，提高原料热处理效果，有利于释放原料中的营养物质和提高原料利用率，降低生产成本。原料粉碎程度控制在粉碎后的原料颗粒直径在 0.2～0.4 mm。当然在食品生产过程中，也有无须粉碎的原料处理工艺。

③热处理　由于食品发酵生产通常采用异养型微生物作为生产菌种，因此培养基一般应用天然有机氮源(如大豆、豆粕、米糠和豆饼等)和有机碳源(如玉米、大米、高粱和马铃薯等)，并适量添加无机盐和水等。热处理是指利用热蒸汽加热，对原料进行蒸料(对于固体基质)或蒸煮(对于液体基质)处理，使原料中的大分子蛋白质变性，易于蛋白酶水解为胨、肽及氨基酸，如酱油生产原料采用高压蒸料的方法，使原料中的淀粉糊化，便于淀粉酶水解(糖化)成单糖，啤酒麦汁制备采用蒸煮(或称煮沸)方法，经过热处理后的原料，淀粉和蛋白质都十分有利于酶的水解，为将其进一步水解为小分子营养物质奠定了基础，同时也为营养物质充分被微生物菌种吸收提供了条件。热处理通常采用直接或间接蒸汽加热的方法，加热温度通常控制在 100～140 ℃。

在进行热处理过程中，还可以同时进行 pH 的调整及添加无机盐或其他营养素。热处理的过程也是培养基灭菌处理过程，使微生物菌种可在纯种条件下培养或发酵。

3.配制操作

无论配制哪一类培养基都必须严格依据操作规范进行准确的配制操作。配制操作是配制方法的具体化，只有准确地进行配制操作，才能减少人为因素对培养基配制质量的影响，并实现配制培养基的目的。

4.配制结果的验证

一般情况下，无论多么适宜的方法和多么精确的操作都不可避免地带有一定的误差，使得配制结果与培养基理想配方之间存在一定的差异，这种差异是客观存在的，但我们必须了解它，并通过努力使配制过程受控，从而达到逐步缩小这种差异的目的。

配制结果的验证就是通过对配制后的培养基进行理化分析，将测试结果与培养基配方相比较，了解两者的差异，从而为进一步改进配制过程奠定基础。

在生产实践中，生产技术人员都要对生产用培养基进行质量检验，即所谓配制结果的验证。如酒精原料蒸煮后要进行糊化率检验；啤酒麦汁制备完毕后，也要进行麦汁组成的检验等。

5.注意事项

(1)建立完善的配制记录。制备培养基时，将培养基的制备日期、种类、名称、配方、原料、灭菌的压力和时间、最终 pH 和制备者等进行详细记录，以防发生混乱。

(2)培养基分装时必须严格无菌操作。灭好菌备用的培养基再分装以及制平板、斜面等时，必须严格无菌操作。

(3)高压灭菌时，灭菌锅升压前必须排尽锅内冷空气，才能达到最终灭菌要求。灭菌完成后不宜一次将气排除，应缓慢多次放气或自然冷却降温后再打开灭菌锅。

(4)合理存放培养基。培养基最好现配现用，制作好的培养基若当时不用，就存放于冷暗处，最好放于普通冰箱内，放置时间不应超过 1 周，以免降低其营养价值或发生化学变化。

(5)生产用培养基需要考虑所用原料的经济性、操作的简便性、产品的安全性等因素。

本章小结

微生物在生长繁殖过程中需要六类营养要素，即水、碳源、氮源、无机盐、生长因子和能源。微生物的营养类型根据微生物代谢所需能源、碳源和电子供体的不同，分为四大类，其中种类最多的是化能异养型微生物，其余三类是光能自养型微生物、光能异养型微生物、化能自养型微生物。微生物主要靠细胞膜的渗透作用吸收营养物质，其吸收营养物质的方式包括被动扩散、促进扩散、主动运输和基团移位。配制实验室培养基的配制要经过四个阶段，即配制前的准备、配制方法的选择、配制操作和配制结果的验证。

复习思考题

1.什么是营养？什么是营养物质？它们之间有怎样的关系？

2.试述微生物营养中六大要素物质及其生理功能。

3.微生物在利用碳源和氮源方面有哪些特点？微生物常用的碳源和氮源有哪些？

4.什么叫自养型微生物？自养型微生物与异养型微生物的能源物质是否相同？举例说明。

5.什么是生长因子？它主要包括哪几类化合物？是否任何微生物都需要生长因子？如

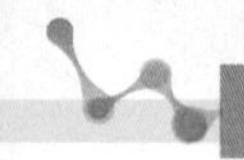

何才能满足微生物对生长因子的需求？

6.微生物有几大营养类型？划分它们的依据是什么？试各举一例。

7.物质进入微生物细胞的方式主要有几种？试比较它们的异同。

8.何谓培养基？配制培养基的基本原则是什么？有哪些类型和应用？

9.实验室和发酵工业中常用的天然提取物（蛋白胨、牛肉浸膏、酵母膏、玉米浆和糖蜜等）主要能为微生物生长提供哪些营养要素？

10.常用于制备固体培养基的凝固剂是什么？它有哪些优良特性？

11.什么是选择培养基和鉴别培养基？它们在微生物学工作中有何重要性？试以EMP培养基为例，分析其鉴别作用的原理。

12.为什么要调节培养基的pH？常用来调节培养基pH的物质有哪些？

13.配制培养基的过程如何？在配制过程中应注意哪些问题？

14.在工业发酵生产中如何选择培养基原料？如何做到就地取材、废物利用、节约粮食？

知识链接

食品发酵工业中培养基的选择方法

不同的微生物对培养基的需求是不同的，因此，不同微生物培养过程对原料的要求也是不一样的。应根据具体情况，从微生物营养要求的特点和生产工艺的要求出发，选择合适的培养基，使之既能满足微生物生长的需要，又能获得高产的产品，同时也要符合增产节约、因地制宜的原则。

1.根据微生物的特点选择培养基

用于大规模培养的微生物主要有细菌、酵母菌、霉菌和放线菌四大类。它们对营养物质的要求不尽相同，有共性也有各自的特性。在实际应用时，要依据微生物的不同特性来考虑培养基的组成，对典型的培养基配方需做必要调整。

2.根据用途选择培养基

液体和固体培养基各有用途，也各有优点和缺点。在液体培养基中，营养物质以溶质状态溶解于水中，这样微生物就能更充分接触和利用营养物质，更有利于微生物的生长和代谢产物的积累。工业上，利用液体培养基进行的深层发酵具有发酵效益高，操作方便，便于机械化、自动化，降低劳动强度，占地面积小，产量高等优点。所以发酵工业中大多采用液体培养基培养种子及进行发酵，并根据微生物对氧的需求，分别做静止或通风培养。而固体培养基则常用于微生物菌种的保藏、分离、菌落特征鉴定、活细胞数测定等方面。此外，工业上也常用一些固体原料（如小米、大米、麸皮、马铃薯等）直接制作成斜面或茄子瓶来培养霉菌、放线菌。

3.根据生产实践和科学实验的不同要求选择培养基

生产过程中由于菌种的保藏、种子的扩大培养及发酵生产等各个阶段的目的和要求不同，因此所选择的培养基成分配比也应该有所区别。一般来说，种子培养基主要供微生物菌体生长和大量增殖。为了在较短的时间内获得数量较多的强壮种子细胞，种子培养基要求营养丰富、完全，氮源、维生素的比例较高，所用的原料也应易于被微生物菌体吸收利用。常用葡萄糖、硫酸铵、尿素、玉米浆、酵母膏、麦芽汁、米曲汁等作为原料配制培养基。而发酵培养基除需要维持微生物菌体的正常生长外，主要是用来合成预定的发酵产物。所以，发酵培养基碳源物质的含量往往要高于种子培养基。当然，如果产物是含氮物质，应相应增加氮源的供应量。除此之外，发酵培养基还应考虑便于发酵操作以及不影响产物提取分离和产品的质量等要求。

4.从经济效益方面考虑选择生产原料

从科学的角度出发，培养基的经济性通常不被重视，而对于生产过程来讲，由于配制发酵培养基的原料大多是粮食、油脂、蛋白质等，且工业发酵消耗原料量大。因此，在工业发酵中选择培养基原料时，除了必须考虑容易被微生物利用并满足生产工艺的要求外，还应考虑到经济效益，必须以价廉、来源丰富、运输方便、就地取材以及没有毒性等原则。此外应尽量少用或不用主粮，努力节约用粮，或以其他原料代粮。糖类是主要的碳源，碳源的代用方向主要是寻找植物淀粉、纤维水解物，以废糖蜜代替淀粉、糊精和葡萄糖，以工业葡萄糖代替食用葡萄糖。同时，使用稀薄的培养基，适当减小碳氮配比。有机氮源的节约和代替主要为减少或代替黄豆饼粉、花生饼粉、食用蛋白胨和酵母粉等含有丰富蛋白质的原料。代用的原料可以是棉籽饼粉、玉米浆、蚕蛹粉、杂鱼粉、黄浆水或麸汁、饲料酵母、石油酵母、骨胶、菌体、酒糟以及各种食品工业下脚料等。这些代用品大多蛋白质含量丰富，货源充足，价格低廉，便于就地取材，方便运输。

第6章 微生物的生长与培养

学习目标

1.了解影响微生物生长繁殖的因素及微生物生长繁殖的方式和规律。

2.熟悉微生物的培养方法及菌种的衰退、复壮和保藏。

3.掌握常用的分离、纯化微生物的方法及测定微生物数目的方法。

4.将影响微生物生长繁殖的因素,应用于生产实践中,促进有益菌的繁殖,抑制或杀死有害微生物。

5.根据菌种的需要,完成菌的纯化及测量等实际操作,处理菌种的筛选、保藏、复壮等实际问题。

6.依据微生物生长繁殖理论进行菌种的扩大培养和解决与食品发酵控制技术有关的实际问题。

6.1 微生物的培养

微生物在自然界中都不是以单独、纯粹的形式存在的,在任何适合微生物生长的物体上都不可能仅有一种微生物,即使一粒土或一滴水中也往往生存着许多种类的微生物。如果要研究和利用某一微生物,或者要大量地培养和利用某种微生物,首先必须把它从混杂的群体中分离出来,以得到只含有一种微生物的培养方式进行培养,才能得到较纯的微生物。纯种微生物是由单个细胞或同种细胞群经过培养繁殖所得到的后代,其培养过程称之为纯培养。纯种微生物可作为保藏菌种,用于各种微生物的研究和应用。我们通常所说的微生物的培养就是采用纯培养进行的,若其他微生物进入了纯培养便称之为污染。纯种微生物一旦受到侵染,就需要重新分离和纯化,无论是分离培养还是重新纯化培养都离不开接种技术,而且在接种过程中必须使用无菌操作技术。

6.1.1 无菌技术

在自然界中,微生物是肉眼看不见的微小生物,而且分布很广,无处不在,因此,在研究与应用微生物时,必须防止被其他微生物污染。将微生物分离、转接及培养时防止被其他微生物污染的技术称为无菌技术。它包括以下内容:

1.对使用的器具及培养基的灭菌

凡在微生物进行研究及生产过程中所使用的器具、设备(如试管、吸管、三角瓶、平皿、发酵罐)以及培养微生物用的培养基必须进行严格的灭菌,使其不含任何微生物。其中,常用的方法是高压蒸汽灭菌及高温干热灭菌。灭菌后要做无菌检查。检查方法为取 1～2 支试管培养基放入 37 ℃培养箱中,培养 1～2 d,若有杂菌生长,应重新灭菌。

2.创造无菌环境

操作及培养微生物,必须在无菌条件下进行。具体操作如下:

①利用无菌箱、超净工作台或无菌室进行操作,在使用前可用甲醛熏蒸空间及用紫外线灭菌(紫外线灯照射 30 min 至 1 h)或用 5%苯酚或 5%来苏喷雾消毒,使空气及物品表面的微生物被杀死。

②操作人员必须穿工作服,戴口罩、帽子及换鞋,用 75%乙醇消毒双手和台面。

③操作过程中,所用的物品均应在使用前严格进行灭菌,在使用过程中不得与未经灭菌的物品接触,如不慎碰撞应立即更换无菌物品。

④无菌试管或烧瓶,于开塞后及塞回之前,瓶(管)口应过火焰 1～2 次,以杀死可能附着于管口或瓶口的细菌。开塞后的管口及瓶口应尽量靠近火焰,在火焰中上部的无菌区(10 cm 之内)进行,试管及烧瓶应尽量平放,切忌口部向上和长时间暴露于空气中。

⑤接种、倾注琼脂平板等均需在无菌室、超净工作台或接种罩内进行操作,以防杂菌污染。

⑥在使用无菌吸管时,不能用口吹出管内的余液,以免口腔内杂菌污染。应用橡皮吸球轻轻吹吸,吸管上端应塞有棉花。接种环(针)于每次使用前后,应在火焰上彻底烧灼灭菌。

⑦在好氧培养中,所用试管及三角瓶的口端加上棉塞、硅胶塞或多层纱布,这样既能使空气进入,又能把外界的微生物及尘埃隔离在外。对于好氧的发酵生产,则通入经过滤的无菌空气。

⑧微生物实验室的所有感染性废弃物未经消毒灭菌不能拿出实验室。

⑨微生物工作者应注意个人防护,检验时必须穿工作服、戴口罩和帽子,严禁在操作时讲话和咳嗽,根据需要戴防护镜和橡胶手套,离去时更衣、洗手。

⑩实验台面在工作完毕或被感染材料污染时应立即用消毒液处理。不许在工作区内吃东西、吸烟等。

6.1.2　微生物的纯培养

在自然界中各种微生物混杂地生活在一起,要研究某种微生物的特性,其先决条件必须把混杂的微生物类群分离开来,以得到只含有一种微生物的纯培养。

纯培养技术包括两个基本步骤:①从自然环境中分离培养对象;②在以培养对象为唯一生物种类的隔离环境中培养、增殖,获得这一生物种类的细胞群体。

1.微生物的分离方法

在自然界中筛选出有用的微生物,生产中挑出优良菌种,对被污染的菌种进行纯化均要进行微生物的分离。因此,掌握微生物的分离技术是科研与生产中不可缺少的重要手段。下面介绍几种微生物的分离方法。

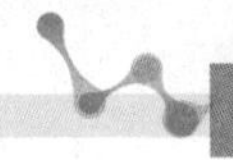

(1)稀释倒平板分离法

稀释倒平板分离法是最常用的纯种分离方法。先将待分离的菌体做一系列的稀释(如1∶10、1∶100、1∶1 000……),然后分别取一定稀释度的菌液少许与已灭菌熔化并冷却至50 ℃的琼脂培养基混合,摇匀后倾入已灭菌的平皿中,待琼脂凝固后保温培养一定时间即可见到平板上长出一些单个分散的菌落,单个菌落可能是由一个细胞繁殖而成的,如图6-1所示。再挑取所需单菌落进行培养,以获得纯菌种。

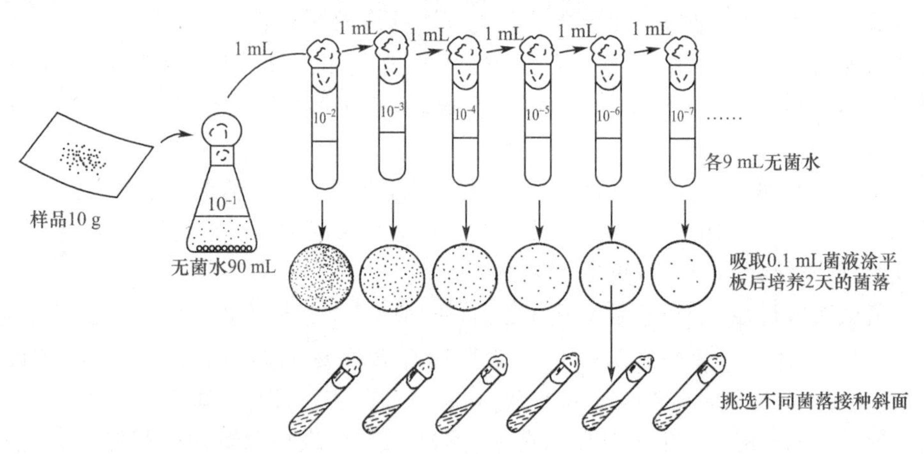

图6-1　稀释倒平板分离法

(2)平板画线分离法

将已灭菌的琼脂培养基倒入无菌的平皿中,冷却凝固后用接种针蘸取少量的被分离菌,在无菌培养基表面进行平行画线、扇形画线、连续画线或交叉画线(图6-2),画线时随接种针的移动,针上的菌体逐渐减少,到画线后期微生物能一一分散,在适宜条件下培养可获得菌落。在画线开始的部位菌落较密集,往往形成菌苔,而在画线的末尾部位,常可见到单个孤立的菌落(图6-3),此单菌落可能由一个细胞繁殖而来,故能达到分离的目的。

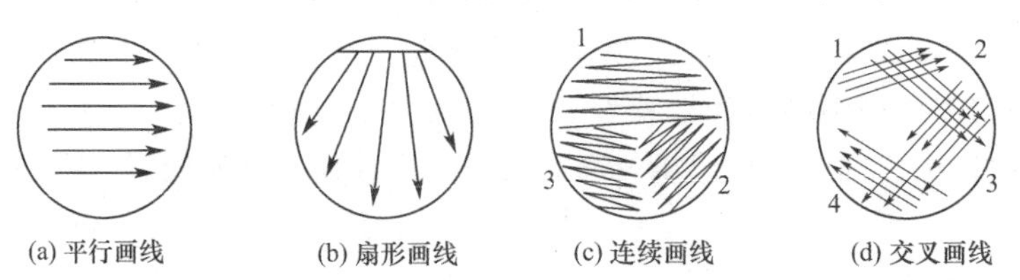

图6-2　平板画线分离法

1—第一次画线区;2—第二次画线区;3—第三次画线区;4—第四次画线区

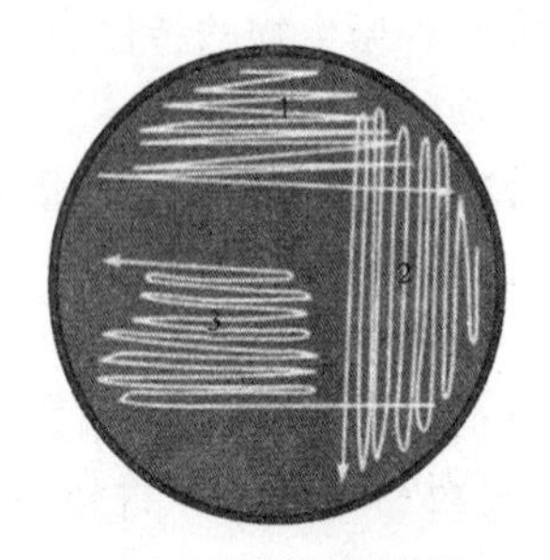

(a) 平板画线接种轨迹

(b) 平板画线接种培养后

图6-3　平板画线接种操作

(3)涂布平板分离法

上述第二种分离方法操作中对于某些热敏感菌来说，可能会在50 ℃的琼脂培养基中死亡，为避免材料中的热敏感菌被烫死，还可用涂布平板分离法。稀释方法同稀释倒平板分离法，不同之处是先将培养基倒入平皿，制成平板，再将少许某一稀释度的样品悬液加在平板表面，用无菌玻璃涂棒涂布均匀，培养后挑取单菌落(图 6-4)。

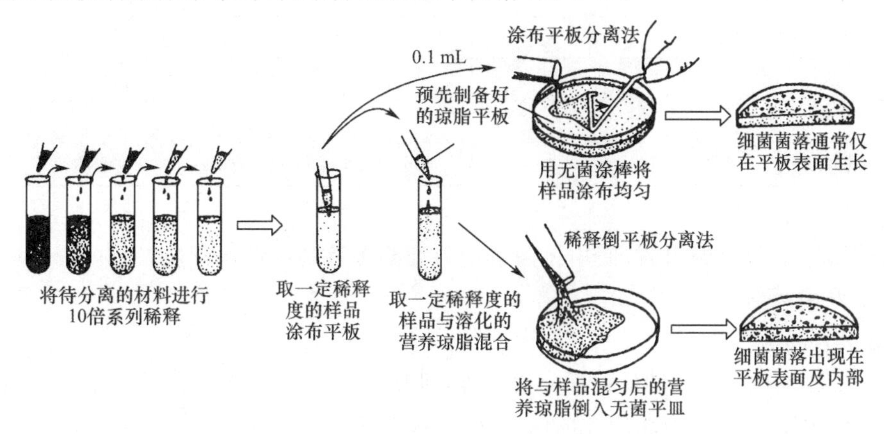

图 6-4　稀释后用平板分离细菌单菌落

稀释倒平板分离法中某些严格好氧菌被固定在平板中间或底部，由于缺氧而影响生长。对严格好氧微生物来说应采用涂布平板分离法。

(4)单细胞(单孢子)挑取法

这种方法是从待分离的材料中挑取一个细胞来培养。从混杂群体中直接分离单个细胞或单个个体进行培养以获得纯培养。其方法是将显微挑取器装置在显微镜上，把一滴细菌悬液置于载玻片上，用安装在显微挑取器的极细的毛细吸管，在显微镜下对准某一个细胞后挑取，再接种于培养基上培养。而简单的单细胞挑取法则不需要显微挑取器，可直接用毛细管吸取较稀的孢子悬浮液滴在培养器皿内壁上，在普通光学显微镜的低倍物镜下逐个检查(图 6-5)。将只含有一个萌发孢子的微滴放在小块营养琼脂片上，使其发育成微菌落。再将微菌落在无菌培养基转移几次，以除去较小微生物的影响。此法要求具有一定的装置，操作技术亦有一定难度，多限于高度专业化的科研中采用。

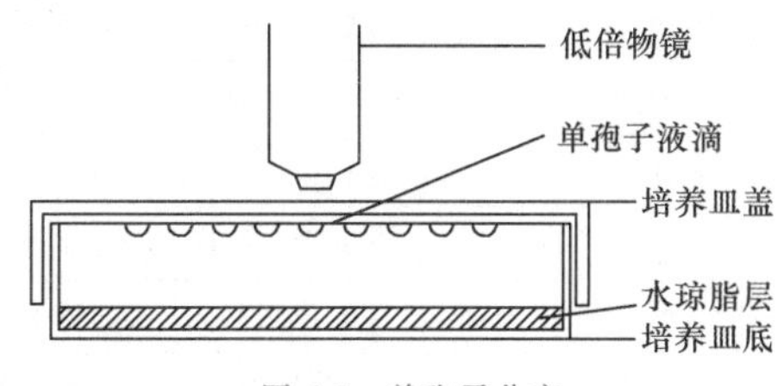

图 6-5　单孢子分离

(5)选择培养基分离法

利用各种微生物对不同的化学试剂、染料、抗生素有不同抵抗能力的特性，配制只适合某种微生物而限制其他微生物生长的选择培养基，用来培养纯种微生物菌种。也可将待分离的样品进行预处理，以减少其他微生物的干扰。如分离芽孢细菌时，可将样品进行一定时间的高温处理，这样分离到的菌落多是芽孢细菌的；有些病原微生物可将它们接种至宿主上，感染后的宿主染病组织中可能含有该种微生物，这样较易得到纯培养。

以上五种微生物纯培养分离方法的比较见表6-1。

表6-1　　微生物纯培养分离方法的比较

分离方法	应用范围
稀释倒平板分离法	既可定性，又可定量，用途广泛
平板画线分离法	方法简便，多用于分离细菌
涂布平板分离法	方法简便，多用于分离好氧微生物
单细胞挑取法	局限于高度专业化的科学研究
选择培养基分离法	适用于分离某些生理类型较特殊的微生物

（6）菌丝尖端切割

本法适用于长菌丝的霉菌，使用无菌解剖刀切割菌落边缘的菌丝尖端，并移种到合适的培养基上培养出新菌落。

（7）组织分离法

此法是把较幼嫩子实体的任何部分活细胞，接种到需要的培养基上，在适宜的条件下，能恢复菌丝生长阶段，变成没有组织化的菌丝体，来获得纯种菌。多用于分离食用菌。

2.接种

接种是将微生物接到适合它生长繁殖的人工培养基上或活的生物体的过程，即用接种环或接种针分离微生物，或将纯种微生物在无菌操作条件下由一个培养器皿移植到盛有已灭菌并适宜该菌生长繁殖所需要的培养基的另一器皿中。用接种环或接种针分离微生物，或将纯种微生物在无菌操作条件下由一个培养器皿移植到盛有已灭菌并适宜该菌生长繁殖所需要的培养基的另一器皿中。由于打开器皿就可能引起器皿内部被环境中的其他微生物污染，因此微生物所有实验的所有操作均应在无菌条件下进行。根据不同的实验目的及培养方式，可以采用不同的接种工具和接种方法。常用的接种工具有接种针、接种环、接种钩、接种铲、无菌玻璃涂棒、无菌移液管、无菌滴管或移液枪等，常见的接种方式有以下几种（表6-2），接种过程如图6-6所示。

表6-2　　微生物的接种方式

菌种	培养基	接种工具	接种方法
细菌	固体斜面	接种环	自试管底部向上端轻轻画一直线或之字形曲线
	半固体	接种针	穿刺接种，中心垂直刺入，再退回
	液体	接种环	液面以下，接触管壁
放线菌	斜面	接种环	自试管底部向上端轻轻画一直线或之字形曲线
酵母菌	斜面	接种环	自试管底部向上端轻轻画一直线或之字形曲线
霉菌	斜面、平板	接种钩	点植（用刀状接种针成三角形将微生物接种在平板表面）

（1）斜面接种

斜面接种是从已长好微生物的菌种试管中挑取少许菌种接种至另一空白斜面培养基上（图6-7）或从平板培养物上挑取某一单独菌落，移种至斜面培养基上的方法。此法主要用于移接纯菌，使其增殖后用于鉴定和保存菌种。其优点是培养接触面积大且水分不易蒸发，可长期放置保存。

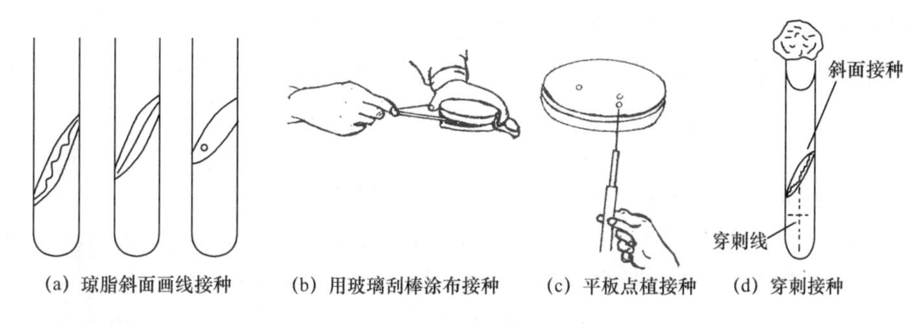

(a) 琼脂斜面画线接种　(b) 用玻璃刮棒涂布接种　(c) 平板点植接种　(d) 穿刺接种

图 6-6　微生物的接种方法

(2)液体接种

液体接种是将斜面菌种或液体菌种接种到液体培养基(如试管或锥形瓶)中的方法。有由斜面培养基接种至液体培养基(用于观察细菌的生长特性及其生化反应现象)和由液体培养基接种至液体培养基(利用无菌吸管将定量液体培养物或表面加有液状石蜡的厌氧培养物移植到另一支试管或三角瓶的新液体培养基中)两种方式。

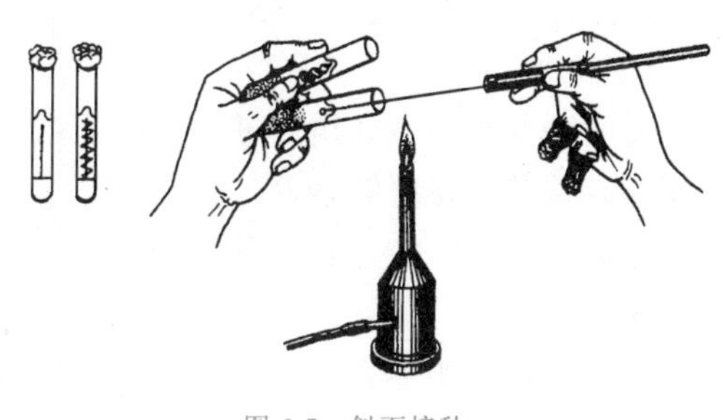
图 6-7　斜面接种

(3)穿刺接种

穿刺接种是常用来接种厌氧菌、检查细菌的运动能力或保藏菌种的一种接种方法。即用接种针挑取菌落或菌液少许,由培养基表面中央直刺至底部,然后沿穿刺线拔出接种针。具有运动能力的细菌,经穿刺接种培养后,能沿着穿刺线向外运动生长,故形成菌的生长线粗且边缘不整齐,不能运动的细菌仅能沿穿刺线生长,故形成菌的生长线细而整齐。

(4)平板接种

平板接种即用接种环将菌种接至平板培养基上,或用无菌移液管、滴管将一定体积的菌液移至平板培养基上,然后培养。平板接种的目的是观察菌落形态,分离纯化菌种,活菌计数以及在平板上进行各种实验。常见方式有斜面接平板、液体接平板和平板接斜面。

此外,根据试验的不同要求,可以有不同的接种方法。如做抗菌谱实验时,可用接种环取菌在平板上与抗生素作垂直线;做噬菌体裂解实验时可在平板上将菌液与噬菌体悬液混合涂布于同一区域等。

6.1.3　微生物的培养方法

为了研究微生物的生长,首先要对微生物进行培养。从不同的角度,有多种划分方法。根据培养过程中对氧气的需要与否可分为好氧培养、微好氧培养、厌氧培养。

1.好氧培养

(1)固体培养

实验室中一般将菌种接种在含有凝固剂(如琼脂)的固体培养基的表面,使之暴露在空气中生长,因所用的器皿不同而分为试管斜面、培养皿平板及茄子瓶斜面等培养方法。试管斜面培养是将固体培养基装入试管,装量高度一般为 5 cm 左右,塞上棉塞,经灭菌后,趁热,

倾斜一定角度,使成斜面,将定量微生物接种于斜面上,在一定条件下培养,广泛用于微生物分离、纯化、保藏、计数等;培养皿平板培养是将灭菌并熔化的固体培养基倾入培养皿,装量一般为15～20 mL,用倾注或涂抹或画线等方法接种微生物,一定条件下培养。广泛用于微生物分离、纯化、保藏、计数等。工业基础生产中则用麸皮或米糠等为主要原料,加水搅拌成含水量适度的半固体物料作为培养基,接种微生物进行培养发酵,在豆酱、醋、酱油等酿造食品工业中广泛应用。因所用设备和通气方法的不同可分为浅盘法、转桶法和厚层通气法。食用菌生产中通常将棉籽壳等原料与适量的水混合成半固体物料,装入塑料袋中或在隔架上铺成一定厚度的培养料,接种菌种进行培养。开始时利用培养料空隙中的氧气,后期掀去塑料薄膜让菌丝直接从空气中获氧。

(2)液体培养

将菌种接种到液体培养基内,在适宜的条件下进行微生物培养的方法,包括静止培养、摇瓶振荡培养和发酵罐培养。

①静止培养。它是指接种后的液体静止于培养箱中。多用于菌种培养、微生物的生理生化实验。

②摇瓶振荡培养。它是在锥形瓶中装入一定量的液体培养基,瓶口用8层纱布包扎,经灭菌后,接种定量微生物,一定条件下,在摇床振荡培养,以提高氧的吸收和利用,促进微生物的生长繁殖,获得更多的菌体和代谢产物。此法广泛用于种子培养、扩大发酵。

③发酵罐培养。它是进一步的放大培养,为微生物提供丰富而均匀的养料、良好通气搅拌,适宜的温度和酸碱度,使微生物均匀生长,大量产生微生物细胞或代谢产物,并能防止杂菌污染。一般实验室中较大量的通气扩大培养,可采用小型台式发酵罐,模拟发酵条件研究。工业上主要采用深层液体通气法,向培养液中强制供应空气,并设法将气泡微小化,使其尽可能滞留于培养液中以促进氧的溶解,最常见的通用型搅拌发酵罐(图6-8),罐容积在5～30 L,生产用大型发酵罐的容积在50～500 L。

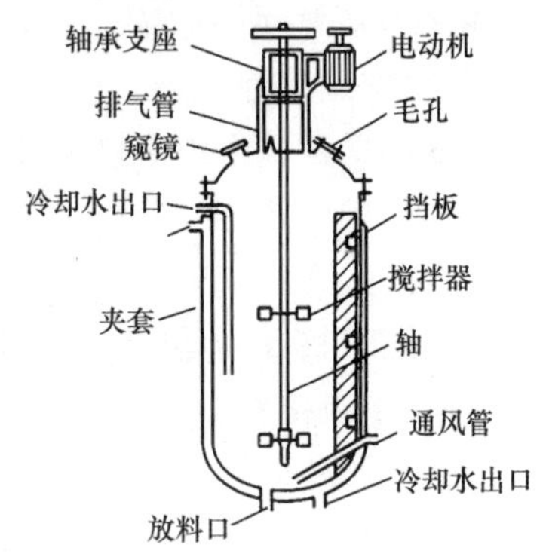

图6-8 搅拌发酵罐的构造

2.微好氧培养

微好氧菌在大气中及绝对无氧环境中均不能生长,在含有5%～6%的氧气,5%～10%的二氧化碳和85%左右的氮气的气体环境中才可生长,在此环境中,将此种微生物接种到培养基上,37 ℃进行培养即微好氧培养法。

3.厌氧培养

微生物的厌氧培养不需要供给氧气,对于厌氧微生物来讲,氧气对它们有害,因此要采用各种方法去氧或将它们放在氧化还原电位低的条件下进行培养。实验室中不管是液体厌氧培养还是固体厌氧培养都需要特殊的培养装置,还需要在培养基中加入还原剂和氧化还原指示剂。厌氧培养法有下列几种:

(1)焦性没食子酸法

焦性没食子酸在碱性溶液中能形成焦性没食子橙,可吸收空气中的氧气,造成缺氧环境,借以培养厌氧菌。

①厌氧培养皿法。取方形玻璃板一块或平皿盖一个，再取焦性没食子酸 1 克，夹包于两层脱脂棉花或纱布内，放置在玻璃板或平皿盖中央，加 10%氢氧化钠 1 mL 于纱布上，迅速将已接种菌种的琼脂平板覆盖其上（纱布不应与培养基表面接触），立即以熔化石蜡封固平皿四周（图 6-9），置于 37 ℃温箱培养 2～4 天，将平皿稍用力转动，即可取下，观察结果。

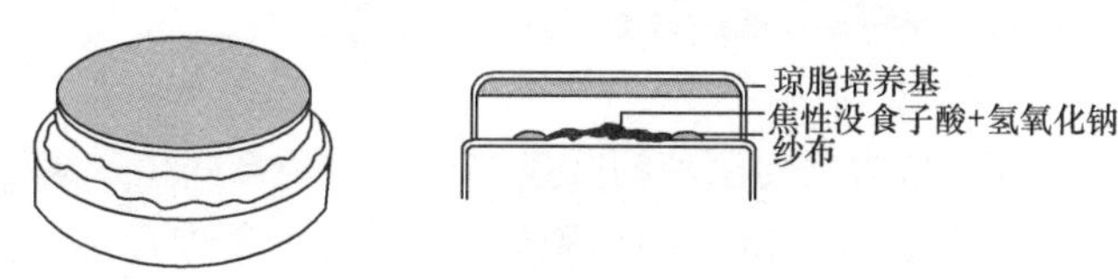

图 6-9　平板焦性没食子厌氧培养法

②厌氧试管法。取一较大的试管，在管内放一玻璃支架和 0.5 g 焦性没食子酸，将已接种菌种的培养基管放在支架上，再加入 20%氢氧化钠 0.5 mL，立即以橡皮塞将管口塞紧，并以熔化石蜡密封管口（图 6-10），置于 37 ℃温箱培养 2～4 天，观察结果。

（2）厌氧罐法

用特制的厌氧罐（图 6-11），将培养物放入厌氧罐内，先通以氢气，然后通电，经铂或钯的触媒作用，使氢与氧燃烧生成水，氧气即被消耗，造成缺氧环境。

厌氧培养法尚可采用最简单的方法如倾注培养法或亚表面接种法（用接种针接种于平板琼脂深层），经培养后观察深部菌落生长情况。

工业上主要采用液体静置培养方法，即将液体培养基盛于发酵罐中，在接种菌种后不通空气静置保温培养，常用于酒精、啤酒、丙酮、丁醇及乳酸等发酵生产。该法发酵速度快，发酵完全，发酵周期短，原料利用率高，而且适于大规模机械化、连续化、自动化生产。

（3）二氧化碳培养法

二氧化碳培养法是将某些细菌置于二氧化碳环境中进行培养的方法。产生二氧化碳的方法有多种，常用的有烛缸法和化学法。

①烛缸法　将已接种细菌的平板，置于容量 2 000 mL 的磨口标本缸或干燥器内。缸盖及缸口涂以凡士林，放入小段点燃蜡烛于缸内（图 6-12）（勿靠近缸壁，以免烤热缸壁而炸裂），盖密缸盖。缸内燃烛于 30 s～1 min 因氧减少而自行熄灭，此时容器内含二氧化碳 5%～10%。最后连同容器一并置于 37 ℃温箱中培养。

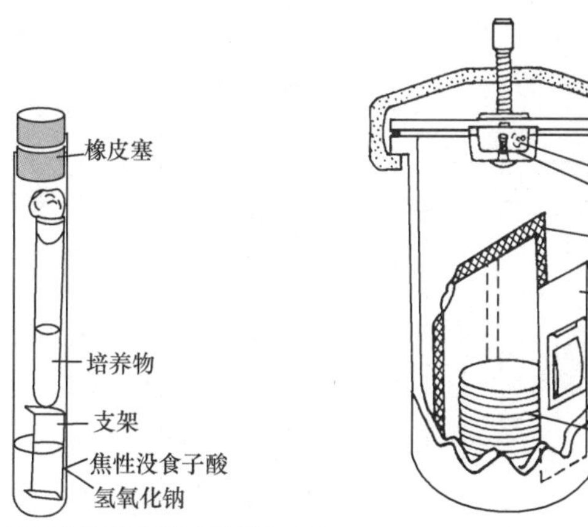

图 6-10　试管焦性没食子酸厌氧培养法

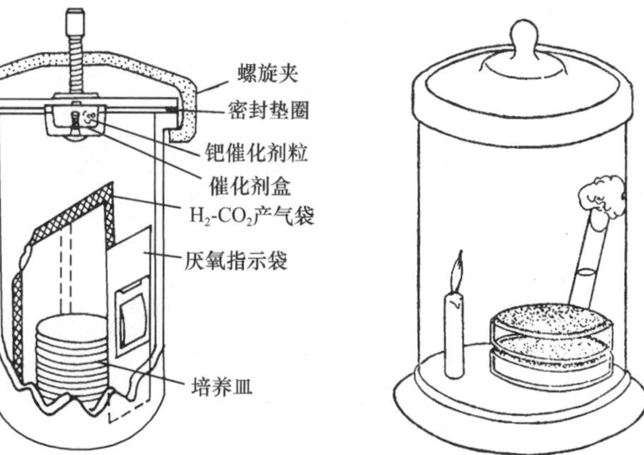

图 6-11　厌氧罐

图 6-12　二氧化碳培养法（烛缸法）

②化学法（重碳酸钠-盐酸法）　按每升容积加入重碳酸钠 0.4 g 与浓盐酸 0.35 mL 比

例,分别将两药品置于容器(如平皿)内,连同容器置于标本缸或干燥器内。盖紧缸盖后倾斜容器,使盐酸与重碳酸钠接触而生成二氧化碳。

6.2 微生物纯培养生长的测定方法

在微生物实验及生产中,微生物菌种的数量多少直接关系到生产规模和产品质量,及时了解微生物的生长情况,准确进行微生物细胞数量的测量,是进行生产过程控制的必要手段。微生物体积很小,个体生长很难测定,一般是通过测定单位时间里群体的数量或生长量的变化来评价的。

6.2.1 单细胞微生物数量的测定

1.总菌数的测定

该法的测定结果是样品中活菌数与死菌数的总和。

(1)血球计数板测定法

血球计数板测定法,是将一定容积的适当稀释度的菌液置于血球计数板(图 6-13)与盖玻片之间的计数室内,在显微镜下直接计数的方法。

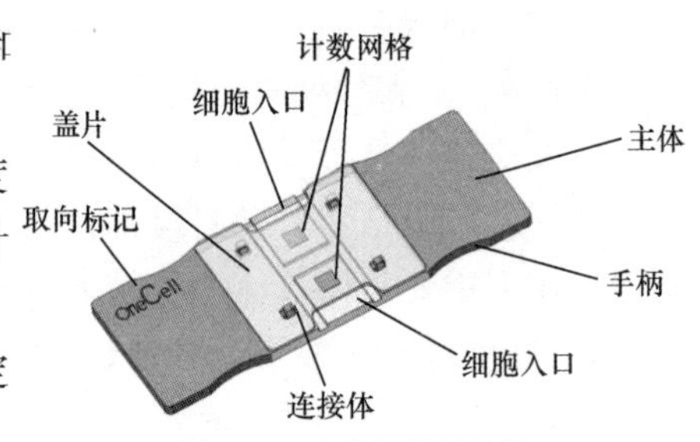

图 6-13　血球计数板结构

该方法简便、快捷,但无法区别死菌与活菌,测定结果偏高。

(2)比浊法

这是测定菌悬液中细胞数量的快速方法。其原理是当光线通过微生物菌悬液时,由于菌体的散射和吸收使透光量减小,因此细胞浓度与浑浊度成正比,与透光度成反比,细胞越多,浊度越大,透光量越小。测定菌悬液的光密度(或透光度)或浊度可以反映细胞的浓度。将未知细胞数的悬液与已知细胞数的菌悬液相比,求出未知菌悬液所含的细胞数,原理如图 6-14 所示。浊度计、分光光度计是测定菌悬液细胞浓度的常用仪器。此法简便快捷,但不适宜颜色太深,混杂有其他物质的菌悬液,一般用此法测定细胞浓度时,先用计数法做对应数,取得经验数据,并制作菌数对 OD 值(光密度)的标准曲线,以方便获得菌数值。

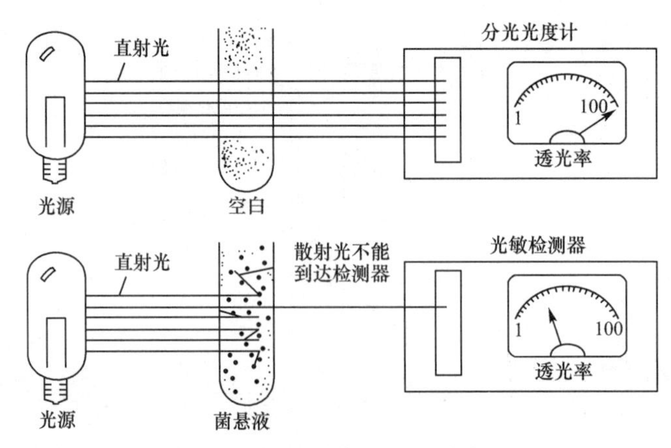

图 6-14　比浊法测定菌悬液细胞浓度原理

2.活菌数的测定

(1)平板菌落计数法

平板菌落计数法是指通过测定样品在培养基上形成的菌落数来间接确定其活菌数的方法。其依据是:在稀释情况下,一个菌落是由一个活细胞繁殖形成的。

①涂布平板法 用灭菌的涂布器将一定体积(不大于 0.1 mL)适当稀释过的含菌液涂布在琼脂培养基的表面,然后保温培养直到菌落出现,记录菌落的数目并换算成每毫升试样中的活细胞数量。计算公式为

$$\text{平板菌落平均数菌数(个/mL)}=\frac{\text{平板菌落平均数}}{\text{平板菌液注入量}}\times\text{稀释倍数}$$

②倒平板法 将已知体积(0.1～1 mL)的适当稀释过的含菌液加到灭菌平皿内,然后倒入熔化后冷却到 45 ℃的琼脂培养基,水平位置旋动混匀,待凝固后保温培养到菌落出现,然后与涂布平板法同样计数。

活菌计数法常常需要先将样品进行一系列的稀释,因为样品中若活菌细胞数目太多,加到平板中培养会造成菌落重叠在一起或由多个菌形成一个菌落的现象,影响计数。活菌计数方法的优点是能够测出样品中的活菌数,且灵敏度高,因而被广泛应用于生物、医药制品的检定及食品、水质的卫生检定。此法也有一定误差,并非所有微生物都可以在实验条件下或实验期间内形成菌落。此外,在操作过程中,可能会造成一些菌的损坏或外界菌的传入,该法也存在操作比较麻烦、需时长、技术要求高、影响因素多等缺点。

(2)稀释培养法

这是一种统计方法。其原理是菌液经多次稀释后,菌数可随之减少直至没有,可从最后有菌生长的几个稀释度的 3～5 次重复中求最大概率数,所以又叫 MPN(最大可能数量)法。

将单细胞菌悬液做 10 倍系列稀释,一直稀释到取少量该稀释液(1 mL)接种到新鲜培养基上以后不出现生长繁殖为止(可先根据样品凭借经验估计最高稀释度)。将不同稀释度的系列稀释管于适宜温度下培养,在稀释度合适的前提下,在一些稀释度较低,含菌浓度相对较高的试管内均出现菌生长,而在一些稀释度较高的试管中均不出现生长。按稀释度从低到高的顺序,把最后三个稀释度相对较高、试管中出现菌生长的稀释度称为临界级数。根据临界级数 3～5 个重复试管中出现生长的管数,查最大概率数(MPN)表求得最大概率数,再乘以出现生长的临界级数的最低稀释度,即可测得样品活菌浓度(图 6-15)。

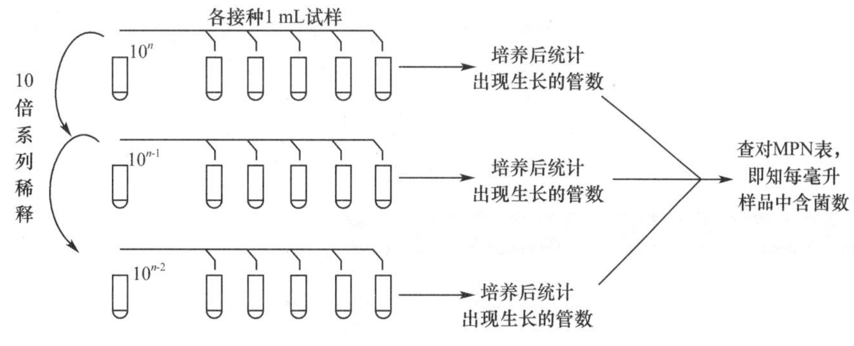

图 6-15 液体稀释最大概率法

例如,某一细菌在稀释计数法中的生长情况见表 6-3。

表 6-3　　某一细菌在稀释计数法中的生长情况

稀释度	10^{-3}	10^{-4}	10^{-5}	10^{-6}	10^{-7}	10^{-8}
重复数	5	5	5	5	5	5
出现生长的管数	5	5	5	4	1	0

根据上述结果，其临界级数为 10^{-5}、10^{-6}、10^{-7}，数量指标为“541”，查 5 次重复测数统计表(表 6-4)得近似值为 17.0，然后乘以出现生长的临界级数的最低稀释度(10^{-5})，那么原液中的活菌数＝17.0×100000＝1.7×10^{6}。

表 6-4　　5 次重复测数统计表

数量指标			近似值	数量指标			近似值
10^{n}	10^{n-1}	10^{n-2}		10^{n}	10^{n-1}	10^{n-2}	
0	1	0	0.18	5	0	0	2.3
1	0	0	0.20	5	0	1	3.1
1	1	0	0.40	5	1	0	3.3
0	0	0	0.45	5	1	1	4.6
0	0	1	0.68	5	2	0	4.9
0	1	0	0.68	5	2	1	7.0
0	2	0	0.93	5	2	2	9.5
3	0	0	0.78	5	3	0	7.9
3	0	1	1.1	5	3	1	11.0
3	1	0	1.1	5	3	2	14.0
3	2	0	1.4	5	4	0	13.0
4	0	0	1.3	5	4	1	17.0
4	0	1	1.7	5	4	2	22.0
4	1	0	1.7	5	4	3	28.0
4	1	1	2.1	5	5	0	24.0
4	2	0	2.2	5	5	1	35.0
4	2	1	2.6	5	5	2	54.0
4	3	0	2.7	5	5	3	92.0
4	3	1	3.3	5	5	4	160.0

稀释培养法是国内外食品卫生中检验大肠杆菌群普遍采用的一种方法。

6.2.2　微生物生长量和生理指标的测定方法

微生物生长的测定也可以不测定细胞的数量，而代之以测定细胞的生长量以及与生长量相平行的生理指标。

1.测定细胞物质的质量

细胞物质的质量测定法更适合于菌丝体状的微生物。

(1)称重法

将微生物培养液离心,收集细胞沉淀物,洗净称重,即为湿重。将离心得到的细胞沉淀物置于100～105 ℃的烘箱中干燥或用40 ℃或80 ℃真空干燥,去除水分,再称重,即为干重。一般干重为湿重的20%～25%,大约1 mg干菌相当于4～5 mg湿菌。此法适用于菌体浓度较高的样品,而且不含有菌体以外的干物质。如大肠杆菌一个细胞重为10^{-13}～10^{-12} g,在液体培养物中,细胞的浓度可达2×10^{8}个/mL,100 mL培养物可得10^{-9} mg干重的细胞。由于不同种微生物的含水量不同,所称取的微生物湿重并不能客观地反映菌体真实数目,故测干重比湿重准确。

(2)蛋白质量测定法

细胞蛋白质量是比较稳定的,蛋白质含量可反映微生物的生长量。可以通过测定菌体含氮量求出蛋白质的含量,并大致算出细胞物质的质量。从一定量培养物中分离出菌体,洗涤后用凯氏微量定氮法测定出总氮含量,其值乘以6.25,就是测得的粗蛋白的含量(蛋白质量=总氮量×6.25)。一般细菌的含氮量为其干重的12.5%,酵母菌为7.5%,霉菌为6.5%。此法适用于菌数较高的样品,而且操作较烦琐。

(3)DNA含量测定法

DNA在各种细胞中,在各时期含量较为稳定,它也不会因营养物的加入而发生变化。可采用适当的荧光指示剂与菌体DNA作用,用荧光比色或分光光度法测得DNA的含量。常用的方法是DNA与3,5-二氨基苯甲酸的盐酸溶液能显示特殊的荧光反应,一定容积的菌悬液,通过荧光反应强度,求得DNA量,每个细菌平均含DNA 8.4×10^{-5} ng,进而计算出细菌的数量。该方法较烦琐,费用高,但在某些情况下有其独特作用,如测定固定化载体的细胞。

测定微生物生长量的方法很多,其中的称重法、测浊度、测含氮量、平板菌落计数和血球计数板计数法是常用的。无论哪一种测定法,都有其优缺点和使用范围,应合理选用。

2.测定代谢活性

在一定条件下,测定微生物细胞的代谢强度,如代谢作用所消耗的含碳或含氮化合物、氧或形成的二氧化碳、有机酸等物质的含量,可作为微生物生长状况的指标。

(1)呼吸强度的测定

利用一种特制的仪器——瓦氏呼吸仪,可测出一定量微生物细胞呼吸时氧的消耗量或二氧化碳的产生量,作为微生物生长量变化的一种指标。

(2)酸度的测定

糖类发酵产生酸的量,也与菌量的多少成一定比例。如乳酸的产量,即可作为乳酸细菌生长量的指标。

(3)糖量的测定

在含糖培养基中,微生物生长发育以糖为能源。培养基中的残糖量,也可作为微生物生长繁殖的指标。

(4)发酵液黏度的测定

在发酵过程中,发酵液的黏度随着菌体的生长及代谢产物的形成而显著增加,因而可测定发酵液的黏度来估算菌体生长状况。当发酵过程中感染杂菌或菌体裂解时,会影响测定结果。

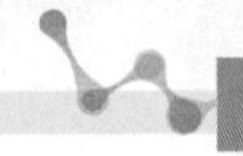

通过微生物生长的测定可以客观地评价培养条件、营养物质等对微生物生长的影响，或评价不同的抗菌物质对微生物产生抑制(或杀死)作用的效果，或客观地反映微生物生长的规律。

6.3 微生物的生长繁殖及其规律

6.3.1 微生物的生长

微生物细胞从环境吸取营养物质，经代谢作用合成新的细胞成分，细胞各组分有规律地增长，使个体细胞质量增加和体积增大，这就是生长。单细胞微生物，个体细胞增大到一定程度就会分裂，形成两个大小相似的子细胞，子细胞又重复上述过程，这种使细胞数目增加的过程是繁殖。生长是繁殖的基础，繁殖是生长的结果。

霉菌和放线菌等丝状微生物的生长主要表现在菌丝的伸长和分支，其细胞数目的增加并不伴随着个体数目的增多，其生长通常以菌丝长度、体积及质量的增加来衡量。只有通过形成无性孢子、有性孢子或菌丝断裂使其个体数目增加才叫繁殖。从生长到繁殖的过程是由量变到质变的发展过程，这一质变过程称为发育。微生物形态的变化，表现出了不同的发育阶段。

微生物各细胞组分按恰当的比例增长时，达到一定程度后就会发生繁殖，从而引起个体数目的增加，这时原有的个体就发展成一个群体，随着群体中各个个体的进一步生长，就引起了群体的生长。由于微生物个体微小，个体质量和体积的变化不易观察，所以常以群体作为研究对象，以微生物细胞数量或微生物群体细胞物质质量的增加作为生长的指标，因而研究微生物的生长，需要从微生物的个体生长和群体生长两个方面着手。

个体生长 ⟶ 个体繁殖 ⟶ 群体生长

群体生长 = 个体生长 + 个体繁殖

6.3.2 微生物的个体生长和同步生长

1.微生物的个体生长

细菌在分裂的一个生长周期内，细胞质量和所有细胞组成均倍增，分裂所得的两个子细胞与母细胞完全相同。因此除了单一倍增外，一般不可能指出细菌的“菌龄”。所谓细菌的菌龄，不是指个别细菌细胞的菌龄，而是指细菌培养物在培养条件下所度过的时间。

酵母的母细胞与子细胞实际上可以识别，因为母细胞产生每个子细胞都会留下一个芽痕，因此酵母细胞的群体有一个连续变化的菌龄分布。

霉菌的生长特性是菌丝伸长和分枝，从菌丝体的顶端通过细胞间的隔膜进行生长。一旦一个细胞形成，它就保留其完整性，并有一个相对于邻近细胞的菌龄。菌丝体既可以是长的和散开的，也可以是短的和高度分枝的，或者是两者的混合形式，这取决于培养的环境条件。当其在表面生长时，菌丝体盘结交叉，形成浓密的菌落。而在深层培养中，菌丝体能以分散的菌丝形式存在，或者形成直径为 0.1～10 mm 的菌丝团。菌落和菌丝团对霉菌生长极其重要，因为它们本身反过来也影响各个菌落和菌丝团细胞局部的物理化学环境。

细胞生长的标志在外观上是细胞由小长大，在细胞内部则是细胞物质的增加、细胞结构和细胞器的组建。

2.微生物的同步生长

微生物个体生长是微生物群体生长的基础。但群体中每个个体可能分别处于生长的不同阶段，因而它们的生长、生理与代谢活性等特性不一致，出现生长与分离不同步的现象。而研究微生物某一阶段的生理性状或生化活性，则要求微生物群体必须处于相同的发育阶段，使培养中的微生物同时进行分裂，使其生长发育在同一阶段的培养方法为同步培养法。而同步生长就是指在培养物中所有微生物细胞都处于同一生长阶段，并能同时分裂的生长方式。

获得微生物同步生长的方法通常有两类：诱导法和选择法。

(1)诱导法

这是一种采用物理、化学因子使微生物细胞生长进行到某个阶段而停下来，使先到达该阶段的微生物细胞不能进入下一生长阶段，待全部群体细胞都到达该生长阶段后，再除去该因子，使全部群体细胞同时进入下一个生长阶段，以达到诱导微生物同步生长目的的方法。通常是通过控制环境条件(如温度、光线、营养条件等)来诱导微生物同步生长的，最常用的是温度控制。例如，先将细菌放在低于最适生长温度条件下保持一段时间，使其缓慢代谢，但不分裂，然后将培养温度升至最适温度，就易使菌体同时分裂。此法是在非正常条件下迫使菌体同步分裂的，会干扰菌体的正常代谢。

(2)选择法

这是一种用机械法选出大小相同的菌体后加以培养，而得到同步生长的方法。常用的有膜过滤分离法和梯度离心法(图 6-16)，此法不影响菌体的代谢。

膜过滤分离法是将不同步的细胞培养物通过孔径不同的微孔滤器，从而将大小不同的细胞分开，分别将滤液中的细胞取出进行培养，可获得同步细胞。

梯度离心法是将不同步的细胞培养物悬浮在不被这种细菌利用的糖或葡聚糖的不同梯度溶液里，通过密度梯度离心将不同细胞分布成不同的细胞带，每一细胞带的细胞大致处于同一生长期，分别将它们取出进行培养，就可以获得同步细胞。

无论采用哪种方法，每次处理后的微生物最多只能维持 1～2 代的同步生长，在以后的培养过程中会很快丧失其同步性。

6.3.3　微生物生长繁殖的方式和规律

1.微生物的生长繁殖方式

微生物在适宜条件下，不断吸收营养物质进行新陈代谢，当细胞增长到一定程度时，开始进行繁殖。微生物的种类不同，其繁殖方式也各不相同。

细菌主要是无性繁殖(又称裂殖)。分裂时，菌体伸长，核质分裂，菌体中部的细胞膜从外向内做环状推进，逐渐闭合，形成一个垂直于长轴的细胞质隔膜，把菌体分开，细胞壁向内生长，把横隔膜分成两层，形成细胞壁，子细胞分离形成两个菌体，即每个母细胞体积增大，最后分裂成两个相同的子细胞，众多无性的子细胞形成一个无性繁殖系。球菌依据分裂方向和分裂后排列状态分为双球菌、链球菌、四联球菌、八叠球菌和葡萄球菌等。有的杆菌沿着纵轴方向分裂，没有分裂完全时，形成分枝结构，称为分枝杆菌，如结核分枝杆菌等。

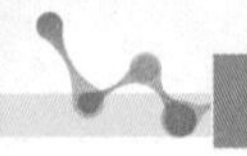

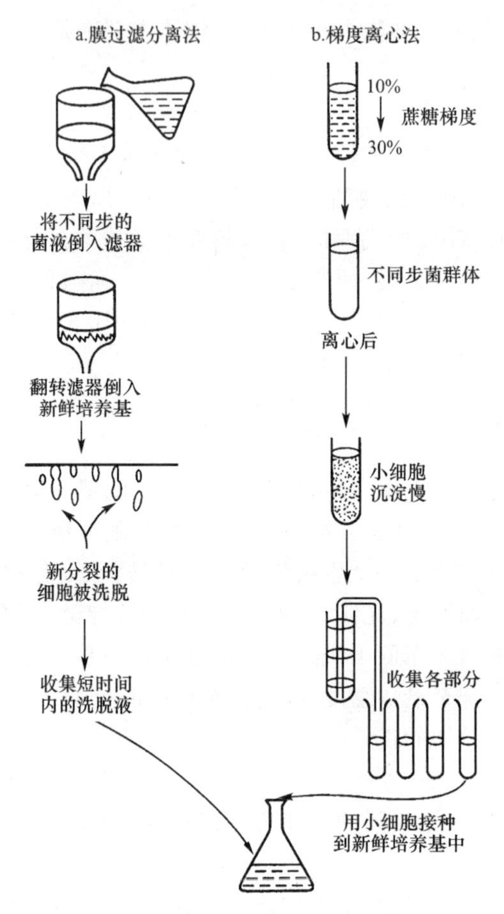

图 6-16　选择法获得同步培养的过程

放线菌主要通过形成无性孢子方式繁殖。霉菌的繁殖方式比较复杂，可以通过菌丝断裂、形成无性孢子和有性孢子繁殖。酵母菌可通过无性繁殖和有性繁殖，除了裂殖酵母外，多数酵母是出芽繁殖，母细胞在繁殖周期内体积几乎没有变化，无数代出芽繁殖，也形成菌落。病毒的繁殖方式是复制，其他种类微生物的繁殖方式多与细菌相同。

2.微生物的生长繁殖规律

纯培养微生物的群体生长有规律性变化，掌握群体生长规律对生产实践具有重要意义。单细胞微生物的生长以菌数的增加为指标，菌丝体状的微生物，通常以菌丝体积和质量的增加来衡量其生长。

(1)单细胞微生物的群体生长规律

在一定条件下，微生物的生长有一定的规律。把少数纯种单细胞微生物(细菌或酵母菌)接种到适合这种微生物生长的定量液体培养基中，在适宜的条件下，它们的群体就会有规律地生长起来，定时取样测定细胞数目，以培养时间为横坐标，以菌数对数为纵坐标，就可以绘制出一条有规律的曲线(图 6-17)，称为微生物的生长曲线。曲线各点的斜率称为生长速率。生长曲线代表了单细胞微生物在新环境中生长、分裂直至衰老、死亡全过程的动态变化规律。根据生长速率的不同，人为地将生长曲线分为延滞期、对数期、稳定期、衰老期四个时期。

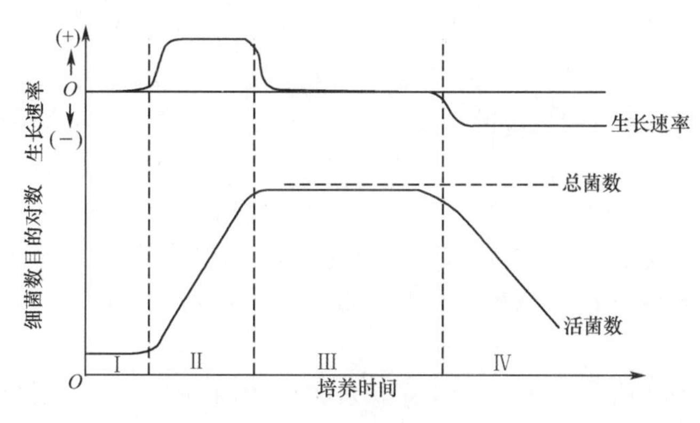

图 6-17　单细胞微生物的生长曲线

Ⅰ—延滞期；Ⅱ—对数期；Ⅲ—稳定期；Ⅳ—衰老期

①延滞期　又称适应期、调整期，是指少量菌种被移接到新培养基中，一般不立即繁殖，需要一段时间来适应新环境的时期。在开始培养的一段时间内，有些微生物不适应新环境，代谢趋缓甚至死亡，细胞数目不会增加，甚至可能减少，生长速率几乎为零；菌体体积增长较快，有些微生物产生适应酶，细胞物质开始增加，促进细胞生长，个体增大。如巨大芽孢杆菌在刚接种时，细胞长为 3.4 μm，培养 3.5 h，其长为 9.1 μm；至 5.5 h 时，达到 19.8 μm；细胞代谢活力强，细胞内 RNA 含量高，合成代谢活跃，核糖体、酶类和 ATP 合成加快，易产生诱导酶，蛋白质含量增加，适应新环境，为快速生长繁殖做准备，对不良环境较敏感，易被杀死或引起变异。延滞期在实践中利于进行消毒灭菌或诱变育种工作。

延滞期的长短与菌种特性、菌龄、接种量和培养条件有关。a.菌龄：用处于对数期的微生物作为“种子”接种，延滞期最短。若将处于对数期的细菌接种到新鲜的、成分相同的培养基中，甚至不出现明显的延滞期，微生物以基本相同的速率继续生长。以延滞期或衰亡期的微生物作为“种子”时，延滞期最长。这两个时期的细菌，一方面耗尽了细胞自身的一些成分，需要时间合成新物质，另一方面，一些代谢物的过多积累，可能会引起细胞中毒，需要时间修复。如果以稳定期的种子接种，则延滞期居中。b.接种量：接种量的大小对延滞期的长短有明显的影响。一般来讲，接种量大，延滞期短；接种量小，延滞期长。在工业发酵时，一般采用 1∶10（接种物∶培养基）的大比例接种量。c.培养基成分：培养基成分影响延滞期长短。一般把微生物接种到营养丰富的天然培养基中比接种到营养单调的组合培养基中延滞期短；接种到“熟悉”培养基中比接种到“陌生”培养基中延滞期短。所以，在发酵生产中，使发酵培养基的成分与种子培养基的成分尽量接近，并提供适宜的培养条件，就能缩短延滞期。缩短延滞期就会缩短生产周期，提高生产效率。

在此期的后阶段，菌体细胞逐步进入生理活跃期，少数菌体开始分裂，曲线稍有上升。

②对数期　又称指数期，指在生长曲线中，延滞期后细胞数以几何级数增长的时期。菌体经过延滞期的调整后，以最快速度进行繁殖，每次繁殖间隔的时间缩到最短，菌体数目以几何级数迅速增加，曲线几乎直线上升，此期的菌体较小、整齐、健壮、染色均匀；代谢活跃；生长速率高；对营养的消耗最快。

影响对数期微生物代时（细胞每分裂一次所需的时间称为代时，又称世代时间或增代时间）长短的主要因素有：a.菌种。不同菌种其代时差别极大。如在常温下，大肠杆菌代时为 12.5～17.0 min；嗜酸乳杆菌代时为 66～87 min；活跃硝化杆菌代时为 1 200 min。

b.营养成分。同一种微生物在营养丰富的培养基上生长时，代时较短，反之则长。如：同在37 ℃条件下，大肠杆菌在牛奶中的代时为12.5 min；在肉汤培养基中为17.0 min。c.营养物质浓度。营养物质的浓度既可影响微生物的生长速率，又可影响它的生长总量。一般来说，当营养物质浓度很低时，影响微生物的生长速率；当营养物质浓度不断提高时，生长速率将不受影响，而仅影响到菌体产量；进一步提高营养物质浓度，则不再影响生长速率和菌体产量。d.培养温度。温度对微生物的生长速率有明显的影响。如大肠杆菌在不同温度下的代时差别很大：在10 ℃时，代时为860 min；在20 ℃时，代时为90 min；在30 ℃时，代时为29 min；在40 ℃时，代时为17.5 min。

对数期细菌不但代谢活力强，生长速率快，而且群体中细胞的化学组分、个体形态、生理特性等都比较一致。所以，对数期细胞是代谢、生理等研究的良好实验材料，是增殖噬菌体的最适宿主，也是发酵工业中最佳的“种子”。发酵工业上尽量延长该期，以达到较高的菌体密度。食品工业上尽量使有害微生物不要进入此期。

③稳定期　又称恒定期或最高生长期，是指对数期以后，细胞繁殖增加的数目和死亡的数目基本相当，生物群体达到动态平衡的一段时间。经过对数期后，菌体活力开始减退，少数菌体开始死亡，新增生的菌数与死亡菌数近乎相等，生长速率等于零，曲线停止上升，菌数达到最高水平；微生物开始积累储存物质，如糖原、异染粒、脂肪等；有些微生物形成荚膜，多数芽孢细菌在此时形成芽孢；有的微生物开始合成抗生素等对人类有用的各种次生代谢产物。

稳定期形成的主要原因有：培养液中营养物质被大量消耗，造成营养物质供不应求；微生物对营养物质需求量的不同及各种代谢物质的产生，导致营养物质的比例失调，如C/N比例不适宜等；有害代谢产物逐渐积累，如酸、醇、毒素等；pH、氧化还原势等条件改变，阻碍了菌体正常生长。

此期的菌体形态大小典型；生化反应相对稳定；细胞内开始积累代谢产物，是产生微生物产品的时期；菌体对不良环境的抵抗力较强。稳定期是收获菌体或某些代谢产物，如单细胞蛋白(SCP)、乳酸等物质的最佳期；是对维生素、碱基、氨基酸等物质进行生物监测的最佳测定时期；若以菌体为发酵产品，应在此期开始收获；若以代谢产物为发酵品，可采取延长此期的措施，当产量达最高水平时再收获。

④衰亡期　指在稳定期后，由于生长条件继续恶化，微生物的个体死亡速率超过新生速率，整个群体呈现负生长状态，曲线表现为明显下降的时期。这一阶段细胞分裂由缓慢而停止，细胞死亡率增加；菌数的对数随培养时间增长而减小，生长曲线显著下降；细胞形态多样，如出现畸形、膨大等不规则的形态；对革兰氏染色反应不准确；有的微生物因蛋白水解酶活力的增强而自溶，使培养液的浊度下降；芽孢杆菌开始释放芽孢，若以芽孢、孢子或伴孢晶体毒素为发酵产品，应在此期收获；有的微生物进一步合成或释放对人类有益的抗生素等次生代谢产物。

衰亡期形成的主要原因是营养物质进一步缺乏，而代谢产物，尤其是有毒物质大量的积累，越来越不利于细菌的继续生长，使细胞生长受到限制，引起细胞内的分解代谢远远超过合成代谢，从而导致菌体的大量死亡。

单细胞微生物的生长曲线，反映了一种微生物在某种生活环境中的生长、繁殖和死亡的规律。研究生长曲线，既可为研究微生物营养和环境条件提供理论依据，又可用来调整微生物的生长发育，为人类生产服务。掌握生长曲线，不仅对发酵生产有指导作用，对微生物的检查和控制也有重要的意义。

(2)丝状微生物的群体生长规律

生产抗生素的许多菌种是放线菌、霉菌，这些微生物是丝状微生物，是以菌丝顶端伸长或分枝进行生长的，很难从细胞数目的增加来表示菌丝体的生长，而且它们的繁殖方式也不同于单细胞微生物。它们在液体培养基中大多以松散的絮状沉淀或堆积密集的菌丝球的形式在发酵液中出现，分布也很均匀。

丝状微生物的群体生长规律与单细胞的生长曲线不同，没有明显的对数期，特别在工业发酵过程中一般经过三个阶段：生长停滞期，即孢子萌发或菌丝长出芽体；迅速生长期，菌丝长出分枝，形成菌丝体，菌丝质量迅速增加；衰亡期，菌丝质量下降，出现空泡及自溶现象。但从菌丝重量的增加以及生长导致培养液浑浊度的变化来看，它们的群体生长同样也有规律性的变化。与单细胞微生物群体生长规律基本相似。

6.3.4　生长曲线对生产实践的指导意义

1.缩短延滞期

微生物经接种后则进入延滞期。酵母菌和细菌繁殖较快，一般只需几小时。霉菌繁殖较慢，需要十几小时。放线菌的延滞期更长些。延滞期的存在使发酵周期延长，因此为提高设备的利用率及降低生产成本需要缩短延滞期。采取的措施包括：通过摇瓶培养，满足微生物生长所需的氧气量。应用健壮的对数期生长的菌种进行接种；加大接种量，通常接种量为10%，视具体情况可加15%～20%；在菌种培养基中加入某些发酵培养基的成分，使发酵培养基与种子培养基的成分和温度尽量接近(接种前后培养基成分不要相差太大)，使微生物细胞更快适应新环境。例如用糖蜜做发酵原料时，可在末级摇瓶培养基中加入一半或少量的糖蜜做培养料。

2.把握对数期

在需要获得菌体的发酵生产中(如酵母菌、单细胞蛋白发酵)，需连续流加或补加发酵原料，菌体生长速率随营养浓度增加而上升，从而获得大量的菌体。

3.延长稳定期

微生物发酵形成产物的过程与细胞生长过程不总是一致的。对于需获取初级代谢产物，如氨基酸、核苷酸、乙醇等的发酵，这些产物的形成往往与微生物细胞的形成过程同步，因此稳定期的末期为最佳收获期。所以必须连续流加碳源和氮源，并以相关速度移走积累起来的代谢产物，从而提高产量，如图6-18(a)所示。对于另一些需获得次生代谢产物，如抗生素、细胞毒素、生物碱等的发酵来说，这些产物的形成与微生物细胞生长过程不同步，如图6-18(b)所示，往往在稳定期的后期或在衰亡期。该类型发酵同样需添加营养物并把握好收获时间。

4.监控衰亡期

微生物在衰亡期活力明显下降，产生代谢产物的能力降低，同时逐渐积累的代谢毒物可能会与代谢产物起某种反应或影响产物的分离、提纯，或使其分解。因而必须掌握时间，在适当的时候结束发酵。

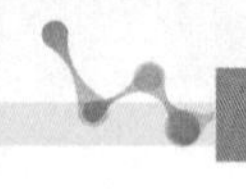

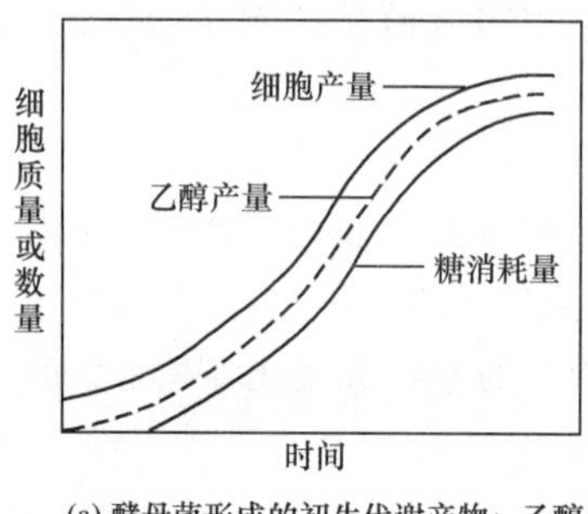

(a) 酵母菌形成的初生代谢产物：乙醇

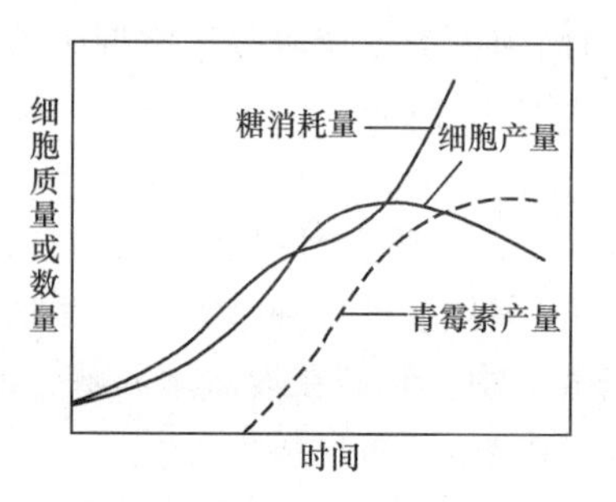

(b) 产黄青霉菌形成的次生代谢产物：青霉素

图 6-18 代谢产物和微生物细胞形成过程的关系

6.4 环境条件对微生物的影响

微生物的种类繁多，分布极广。微生物的生存与外界环境有着密切的关系。当环境条件适宜时，微生物生长繁殖；环境条件不适宜时，微生物的代谢改变，其生长繁殖受到抑制甚至死亡。在工农业生产和人类生活中，微生物的生长繁殖有其有益的方面，同时也可能产生危害。在发酵工业中，杂菌的污染会造成生产水平下降，杂菌产生的某些物质、分解产物使目标产物难以提取；若污染了噬菌体，甚至会造成发酵菌体细胞溶解。在生活中，食物中污染的病原菌对人类的健康有着极大的威胁。因此人类必须对环境中的有害微生物施加影响，控制其生长繁殖。一般可通过消毒、灭菌、防腐等手段达到杀灭、抑制有害微生物的目的。

6.4.1 基本概念

1.灭菌

灭菌，即利用强烈的物理或化学因子，使存于物体中的所有活微生物，包括最耐热的细菌芽孢，永久性地丧失其生活力，使物体达到无菌的程度。这是一种彻底的措施，经过灭菌的物品称“无菌物品”。如培养基、手术器械、注射用具等都要求绝对无菌。灭菌实质上还可分为杀菌和溶菌两种，前者指菌体虽死，但形体尚存；后者指菌体被杀死后，其细胞发生自溶、裂解等消失的现象（图 6-19）。

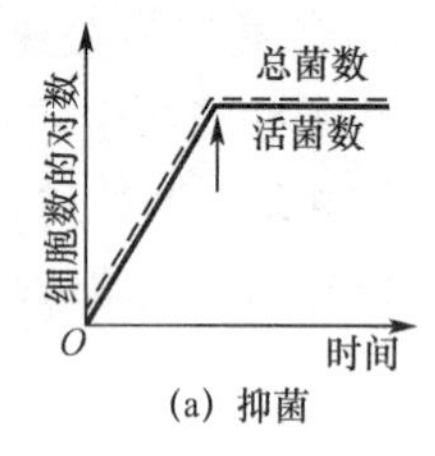

(a) 抑菌

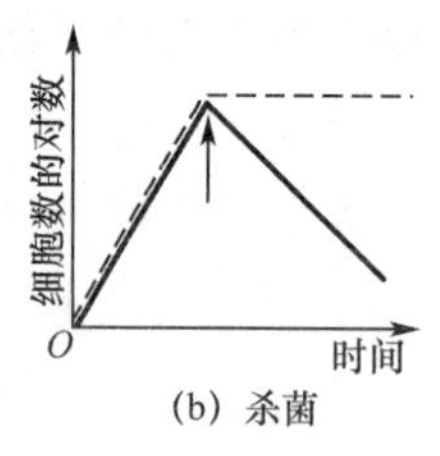

(b) 杀菌

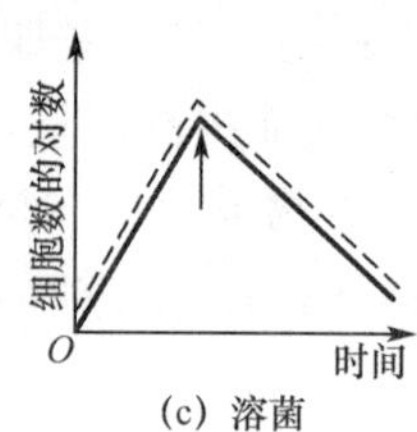

(c) 溶菌

图 6-19 抑菌、杀菌和溶菌的比较

当处于指数生长期限时，在箭头处加入可抑制生长的某因素

2.消毒

消毒是指用各种方法杀死一定范围内的病原微生物，达到无传染性的目的，对非病原性

微生物及芽孢并不要求全部杀死。消毒采用的是较温和的理化因素,仅杀死物体表面或内部一部分对人体或动植物有害的病原菌,而对被消毒的对象基本无害,达到防止传染病传播的目的。例如,一些常用的对皮肤、水果、饮用水进行药剂消毒的方法,对啤酒、牛奶、果汁、酱油、醋等进行消毒处理的巴氏消毒。

3.防腐

防腐指利用某些理化因子,使物体内外的微生物暂时处于不生长、不繁殖但又未死亡的状态。这是一种抑菌作用,是防止食品腐败和其他物质霉腐的有效措施。用于防腐的化学药品称为防腐剂。防腐的方法很多,原理各异。

①低温。利用4 ℃以下的各种低温(0 ℃、−20 ℃、−70 ℃、−196 ℃等)保藏食物、生化制品、生物制品、菌种等。

②缺氧。可采用抽真空、充氮或二氧化碳、加除氧剂等方法,来防止食品和粮食等的霉腐、变质,以达到保鲜的目的。

③干燥。采用晒干、烘干或红外线干燥等方法,对粮食、食品等进行干燥保藏。此外,在密闭条件下,用生石灰、无水氯化钙、五氧化二磷、氢氧化钾、硅胶等做吸湿剂,也可很好地达到食品、药品和器材等长期防腐的目的。

④高渗。通过盐腌和糖渍等高渗措施来保存食物,在民间早已流传。

⑤高酸度。利用乳酸菌的厌氧发酵可使蔬菜防腐,如泡菜。

⑥高醇度。用白酒或黄酒保存食品,如醉虾、醉枣等。

⑦加防腐剂。在有些食品,如调味品、饮料、果汁中可加入适量的防腐剂来达到防霉腐的目的,如用苯甲酸来使酱油防腐;用尼泊金做墨汁防腐剂;用山梨酸、脱氢醋酸做化妆品防腐剂等。

4.化疗

化疗指利用某些具有选择毒性的化学药物或抗生素,对生物体深部感染进行治疗,可以有效消除宿主体内的病原体,但对宿主无毒或较少毒害。

灭菌、消毒、防腐、化疗的比较见表6-5。

表6-5　杀菌、消毒、防腐、化疗的比较

比较项目	灭 菌	消 毒	防 腐	化 疗
处理因素	强理化因素	理化因素	理化因素	化学治疗剂
处理对象	任何物体内外	生物体表、酒、乳等	有机质物体内外	宿主体内
微生物类型	一切微生物	有关病原菌	一切微生物	有关病原菌
对微生物作用	彻底杀灭	杀死或抑制	抑制或杀死	抑制或杀死
实例	加压蒸汽灭菌,辐射灭菌,化学杀菌剂	70%酒精消毒,巴氏消毒法	冷藏、干燥、糖渍、盐腌、缺氧、化学防腐剂	抗生素、磺胺药

5.除菌

用冲洗、过滤、离心、静电吸附等机械手段,除去微生物的方法。

6.商业灭菌

食品经过杀菌处理后,在所检食品中无活的微生物检出,或仅能检出极少数的非病原微生物,但它们在食品保藏过程中不能生长繁殖。

7.无菌

无菌即指物体中不存在活的微生物。采取防止一切微生物进入某一范围的方法称为无菌法、无菌技术或无菌操作。这在外科手术、微生物学实验及食品加工的操作中尤为重要。

8.抑菌作用

某些物质或因素具有抑制微生物生长繁殖的作用。

9.杀菌作用

某些物质或因素具有杀死微生物的作用。

10.抗菌作用

某些药物具有抑制或杀死微生物的作用。

6.4.2 微生物生长的环境影响与控制

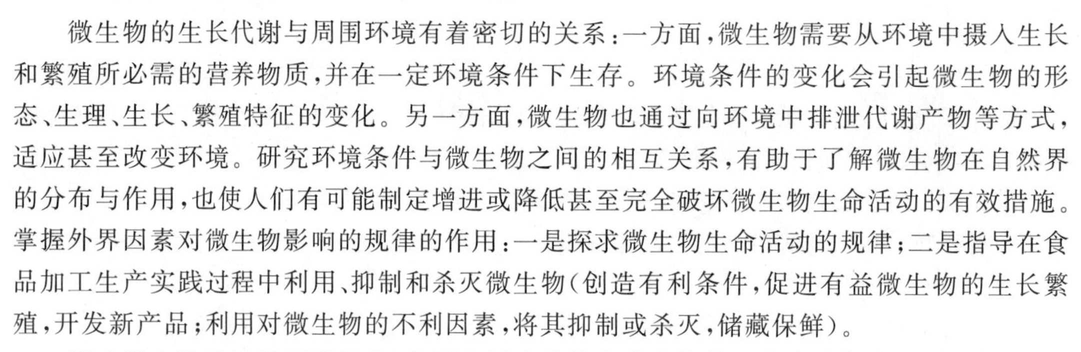

微生物的生长代谢与周围环境有着密切的关系:一方面,微生物需要从环境中摄入生长和繁殖所必需的营养物质,并在一定环境条件下生存。环境条件的变化会引起微生物的形态、生理、生长、繁殖特征的变化。另一方面,微生物也通过向环境中排泄代谢产物等方式,适应甚至改变环境。研究环境条件与微生物之间的相互关系,有助于了解微生物在自然界的分布与作用,也使人们有可能制定增进或降低甚至完全破坏微生物生命活动的有效措施。掌握外界因素对微生物影响的规律的作用:一是探求微生物生命活动的规律;二是指导在食品加工生产实践过程中利用、抑制和杀灭微生物(创造有利条件,促进有益微生物的生长繁殖,开发新产品;利用对微生物的不利因素,将其抑制或杀灭,储藏保鲜)。

影响微生物生长的因素很多,主要包括生物的和非生物的。本章我们主要讨论物理、化学因素对微生物的影响。

1.物理因素对微生物的影响

影响微生物的物理因素主要有温度、干燥、渗透压、辐射、过滤除菌、超声波和微波等。

(1)温度

微生物的生命活动是由一系列极其复杂的物理、化学反应组成的,而这些反应只有在一定温度范围内才能正常进行。因此,温度是影响微生物生长的最重要的环境因素,不同的温度对不同种类微生物的生命活动呈现不同的作用。

①生长温度

温度主要通过影响微生物细胞膜的流动性和生物大分子的活性来影响微生物的生命活动。随着温度升高,细胞内酶促反应速度加快,代谢和生长也相应加快。同时,温度增高易导致胞内各种生物活性物质变性,细胞功能下降,甚至导致细胞死亡。所以各种微生物都有三种基本温度:最低生长温度、最适生长温度、最高生长温度。

最低生长温度是指微生物能进行生长繁殖的最低温度界限。处于这个温度条件下的微生物生长很缓慢,若低于这个温度则完全停止生长。不同微生物的最低生长温度不一样,这与它们的原生质的物理状态和化学组成有关系,也可随环境条件而改变。

最适生长温度是指微生物生长繁殖速度最快的温度。不同微生物的最适生长温度不一样。

最高生长温度是指微生物生长繁殖的最高温度界限。在此温度下,微生物细胞易于衰老和死亡,高于此温度,微生物不可能生长。微生物所能适应的最高生长温度与其细胞内酶的性质有关。

不同微生物生长的温度上限不同，真核生物生长的温度上限为 60 ℃，其中动植物的温度上限更低。如果超过了最高生长温度则会导致微生物死亡。这种致死微生物的温度界限，称为致死温度。致死温度与处理时间有关。在一定温度下处理的时间越长，死亡率越高。不同微生物的致死温度见表 6-6。

表 6-6　　一些细菌的致死温度

菌 名	致死温度/℃	致死时间/min	菌 名	致死温度/℃	致死时间/min
大豆叶斑病假单胞菌	48～49	10	普通变形菌	55	60
胡萝卜软腐欧文氏菌	48～51	10	黏质沙雷氏杆菌	55	60
维氏硝化杆菌	50	5	肺炎链球菌	56	5～7
白喉棒状杆菌	50	10	伤寒沙门氏杆菌	58	30

多数细菌的营养细胞和病毒，在 50～60 ℃条件下 10 min 可致死；嗜热脂芽孢杆菌的抗热性很强，121 ℃经 12 min 才能致死；少数动物病毒也具有较强的抗热性，如脊髓灰质炎病毒在 75 ℃条件下 30 min 才致死；噬菌体比其宿主细胞耐热，一般在 65～80 ℃失活；放线菌和霉菌的孢子比营养细胞耐热，80 ℃条件下 10 min 才被杀死；细菌的芽孢抗热性最强，通常 100 ℃以上处理相当长时间才能致死(表 6-7)。

表 6-7　　各种细菌芽孢的抗热性

细菌种类	湿热灭菌温度/℃	杀菌所需时间/min	细菌种类	湿热灭菌温度/℃	杀菌所需时间/min
蜡状芽孢杆菌	100	6	肉毒梭状芽孢杆菌	120～121	10
枯草芽孢杆菌	100	6～17	嗜热脂肪芽孢杆菌	120～121	11
炭疽芽孢杆菌	105	5～10			

总体说来，微生物的生长温度范围很广，可在 10～95 ℃条件下生长，但是特定的某些微生物只能在一定温度范围内生长。根据最适生长温度的不同可将微生物分为三类：嗜冷微生物、嗜温微生物、嗜热微生物(表 6-8)。温度对三类微生物生长速度的影响如图 6-20 所示。这三类微生物有一个共同的生长温度范围，即 25～30 ℃。在此温度下，食品最容易因微生物活动而变质，超出这个温度范围，各种微生物的活动将受到影响。

表 6-8　　微生物的生长温度类型

微生物类型		生长温度范围/℃			分布区域
		最低	最适	最高	
嗜冷微生物	专性嗜冷型	－12	5～15	15～20	地球两极
	兼性嗜冷型	－5～0	10～20	25～30	海洋、冷泉、冷藏食品
嗜温微生物	室温型	10～20	20～35	40～45	腐生环境
	体温型	10～20	35～40	40～45	寄生在人和动物体内
嗜热微生物		25～45	50～60	70～95	温泉、堆肥、土壤

a.嗜冷微生物　嗜冷微生物或称低温微生物，是指最适生长温度在 15 ℃或以下，最高生长温度低于 20 ℃，最低生长温度在 0 ℃或更低的微生物。它们大多分布于地球的两极地区或海洋深处，还有的分布在冷泉。引起冷藏食品腐败的往往是这类微生物。嗜冷微生物可分

为专性嗜冷型微生物和兼性嗜冷型微生物。专性嗜冷菌生长在长年低温的环境中，当温度上升至室温时，即使短暂的时间，都会使它们死亡。大多生长在冷水或土壤中，生长在冷藏食品上的微生物都是兼性嗜冷菌。

b.嗜温微生物　自然界绝大多数微生物属于嗜温微生物。这类微生物的最适生长温度为 20～40 ℃，最低生长温度为 10～20 ℃，最高生长温度为 40～45 ℃。它们又可分为室温型和体温型。室温型微生物适于在 20～35 ℃条件下生长，如土壤微生物、植物病原微生物。体温型微生物多为人或温血动物病原菌。它们的最适生长温度与其宿主体温相近，为 35～40 ℃，人体寄生菌的最适生长温度为 37 ℃左右。

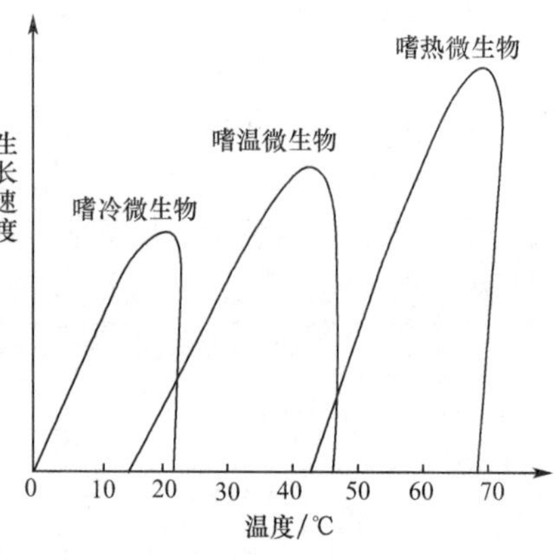

图 6-20　温度对典型嗜冷微生物、嗜温微生物和嗜热微生物的影响

c.嗜热微生物　这类微生物的最适生长温度为 50～60 ℃，有些最适生长温度可达 75 ℃，能在 70～95 ℃的最高生长温度条件下生长，而在环境温度为 25～45 ℃时，一般不能很好的生长。嗜热微生物多存在于堆肥或温泉中，分布于温泉中的细菌，有的可在接近 100 ℃的高温中生长。工艺中常用的德氏乳酸杆菌属于此类，其最适生长温度为 45～50 ℃；嗜热脂肪芽孢杆菌在 65～75 ℃时，生长速率最大，30 ℃时生长速率最小。

微生物的抗热性与很多因素有关。一般说来，老龄的比幼龄的更耐热，原核生物耐热能力比真核生物强，构造简单的比构造复杂的强。在富含蛋白质的培养基上生长的细菌有较强的抗热能力。

②高温对微生物的影响

微生物细胞的蛋白质、核酸等大分子对高温比较敏感。当环境温度超过微生物的最高生长温度时，将会引起微生物死亡，所以，加热是最有效的控制微生物的物理因素。不同微生物的最高生长温度不同，不同生长阶段的微生物抗热性也不同，因此可根据不同对象，通过控制热处理的温度和时间达到灭菌或消毒的目的。常见的高温灭菌（消毒）法（图 6-21）主要有干热和湿热两大类。

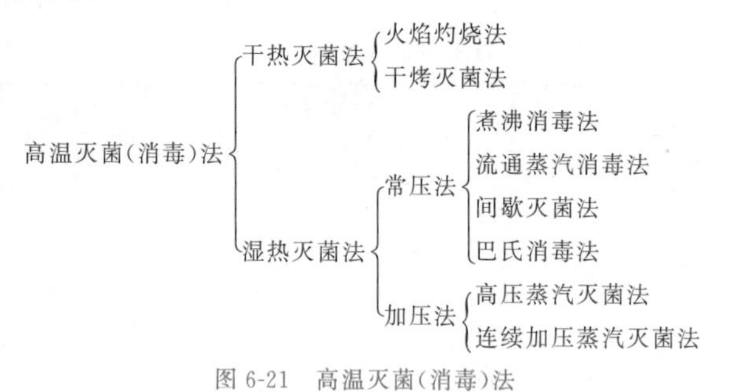

图 6-21　高温灭菌（消毒）法

a.干热灭菌法　干热灭菌时，微生物由于干热脱水导致蛋白质变性而死亡。

Ⅰ.火焰灼烧法　直接在火焰或焚烧炉内灼烧灭菌。这种方法是最简单、最彻底的加热灭菌方法。该法由于对被灭菌物品破坏极大，所以使用范围有限。常用于尸体、废弃的污染物等焚烧灭菌；实验室用的接种环、试管口、瓶口和吸管等，在使用前可通过酒精灯火焰灭菌;急用的刀、剪等金属器械及搪瓷用具等,点燃酒精燃烧 1～2 min,可达到灭菌的效果。

Ⅱ.干烤灭菌法 不宜直接用火焰灭菌的物品放在密闭的干热灭菌箱内,利用热空气进行灭菌。将灭菌的物品放于箱内并加热,温度达到 160 ℃维持 2 h 或 140 ℃维持 3 h,即可达到灭菌的效果。此法适于在高温下不损伤、不变质、不蒸发物品的灭菌,如玻璃器皿、金属制品和陶瓷制品等。这种方法所需时间较长,且不适用于液体样品和培养基的灭菌。

b.湿热灭菌 湿热灭菌是利用热蒸汽灭菌。在相同温度下,湿热灭菌比干热灭菌效果好(表 6-9),这是因为:水蒸气具有更强的穿透力,能更有效地杀灭微生物(表 6-10)。水蒸气存在潜热,当蒸汽液化为水时可放出大量热量,故可迅速提高灭菌物品的温度,缩短灭菌时间。蛋白质的含水量与其凝固温度成反比(表 6-11),因此,湿热更易将蛋白质的氢键打断,使其发生变性凝固。

表 6-9　　干热与湿热空气对不同细菌的致死时间比较

细菌种类	加热方式			细菌种类	加热方式		
	干热 90 ℃	90 ℃,相对湿度			干热 90 ℃	90 ℃,相对湿度	
		20%	80%			20%	80%
白喉棒状杆菌	24 h	2 h	2 min	伤寒杆菌	3 h	2 h	2 min
痢疾杆菌	3 h	2 h	2 min	葡萄球菌	8 h	3 h	2 min

表 6-10　　干热和湿热空气穿透力的比较

加热方式	温度/℃	加热时间/h	透过布的层数及其温度/℃		
			20 层	40 层	100 层
干热	130～140	4	86	72	70 以下
湿热	105	4	101	101	101

表 6-11　　蛋白质含水量与其凝固温度的关系

蛋白质含水量/%	蛋白质凝固温度/℃	灭菌时间/min	蛋白质含水量/%	蛋白质凝固温度/℃	灭菌时间/min
50	56	30	6	145	30
25	74～80	30	0	160～170	30

湿热灭菌因为具有以上优点,所以被广泛应用于培养基和发酵设备的灭菌。

常用湿热灭菌法有下列几种:

Ⅰ.常压法

煮沸消毒法:将被消毒物品放在水中煮沸,100 ℃持续 15～20 min,可杀死一切微生物的繁殖体及绝大多数病原微生物。细菌芽孢的抗煮沸能力较强,有的需煮沸数小时才能将其杀死(如肉毒梭菌的芽孢需煮沸 360 min、破伤风细菌的芽孢需煮沸 60 min),如往水中加入 2%～15%苯酚,则能在 10～15 min 杀死芽孢。在水中加入 1%～2%碳酸钠,既可增高沸点,增强杀菌作用,又能防止金属器械生锈。本法常用于饮水、食品、玻璃制品和外科器械等小型物品的消毒。

流通蒸汽消毒法:此法是利用蒸笼或流通蒸汽消毒器进行消毒。蒸汽温度可达 100 ℃,经 20～30 min,可杀死微生物的繁殖体,但不能杀死芽孢。本法常用于食品、食具和一些不耐高热物品的消毒。

间歇灭菌法：又称分段灭菌法或丁达尔灭菌法。具体做法是，将物品放在80～100 ℃下蒸煮15～60 min，以杀灭其中所有微生物营养体，再搁置室温(28～37 ℃)下过夜，诱导其中残存的芽孢发芽，连续重复该过程3次以上。这种方法可以在较低的灭菌温度下达到彻底灭菌的良好效果。本法适用于不耐高温的培养基、药液、酶制剂、血清等的灭菌。

巴氏消毒法：利用不太高的温度杀死食品中的病原菌或一般杂菌，同时又不严重损害其营养和风味的消毒方法，常用于牛奶和酒类的消毒。方法有三种：第一种，63 ℃维持30 min，迅速冷却至10 ℃；第二种，72 ℃维持15 s，迅速冷却至10 ℃；第三种，超高温巴氏消毒法，132 ℃维持1～2 s，即对大量牛奶管道集中消毒，当鲜牛奶通过132 ℃管道1～2 s时，可达到消毒的效果。本法最初用于酒、啤酒和牛奶的消毒，现已推广到食用醋、酱油、干酪、果汁、蛋品、蜂蜜和糖浆等食品的消毒。

Ⅱ.加压法

高压蒸汽灭菌法：即对高压蒸汽灭菌器(图6-22)通以高压蒸汽进行灭菌的一种方法。高压蒸汽灭菌器是一种密闭的容器，因器内的蒸汽不能外溢，器内压力持续增高，温度也随之升高，杀菌力也随之增强。通常在1.05 kg/cm^2(表压强103 kPa)的压强下，温度达到121.3 ℃、维持20～30 min，可杀死所有的微生物，包括其繁殖体和芽孢，达到灭菌的效果。高压蒸汽灭菌法是最常用、最有效的灭菌法。此法适用于耐热、不怕潮湿的物品，如普通培养基、玻璃器皿、手术器械、敷料、生理盐水和工作服等的灭菌。需要注意的是高压蒸汽灭菌器内的温度不仅和压力有关，而且和蒸汽的饱和程度也有关。如果其内混有空气，则压力表所表示的压力与实际的温度不符(表6-12，图6-23)，将影响灭菌的效果。

表6-12　空气排除度对灭菌温度的影响

压强/kPa	蒸汽温度/℃		
	排净空气(纯蒸汽)	排出1/2空气	未排出空气
34.3	100	94	72
68.6	115	105	90
102.9	121	112	100
137.2	126	118	109
172.5	130	124	115
205.8	134	128	121

高压灭菌器的使用

图6-22　高压蒸汽灭菌器

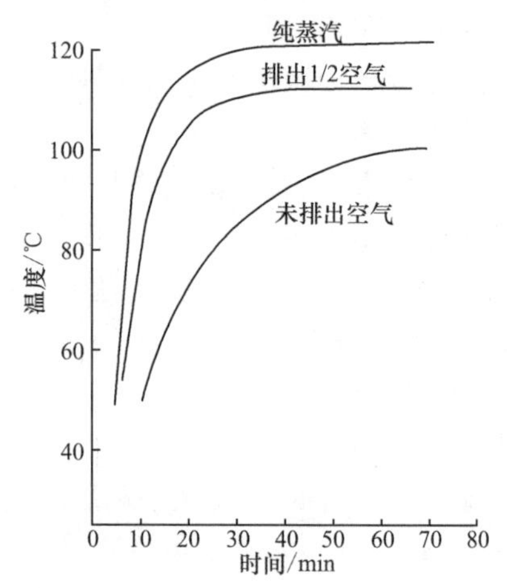

图6-23　高压蒸汽灭菌器中排气程度和温度的关系

连续加压蒸汽灭菌法：在发酵行业里也称“连消法”，此法仅用于大型发酵厂的大批培养基灭菌。主要操作原理是让培养基在管道的流动过程中快速升温、维持和冷却，然后流进发酵罐。培养基一般加热至135～140 ℃维持5～15 s。优点是：采用高温瞬时灭菌，既彻底地灭了菌，又能有效地减少营养成分的破坏，从而提高了原料的利用率和发酵产品的质量和产量；在抗生素发酵中，它可比常规“实罐灭菌”(121 ℃，30 min)产量提高5%～10%；由于总的灭菌时间比分批灭菌法明显减少，故缩短了发酵罐的占用时间，提高了利用率。典型的培养基连续灭菌流程如图6-24所示。

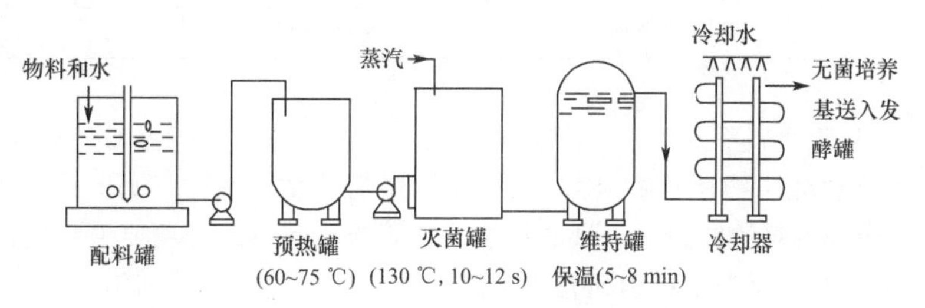

图6-24 培养基连续灭菌流程

c.影响热力灭菌的因素 影响热力灭菌的因素有很多，主要有：

Ⅰ.微生物。加热可以杀灭各种微生物，但不同种类的微生物对热的抵抗力不同。同种微生物的不同发育阶段，对热的抵抗力也有很大差异。一般而言，幼龄菌比老龄菌对热敏感，而芽孢对热的抵抗力远远大于其繁殖体。此外，还与微生物的密集程度有关，在同一温度下杀灭大量微生物比杀死少量者所需时间要长。

Ⅱ.温度与作用时间。无论是干热还是湿热，灭菌温度与作用时间的关系成反比，即灭菌时间随温度的升高而缩短。测定热力灭菌的效果常以致死温度与致死时间为标准。

Ⅲ.介质的性质。蛋白质、脂肪等有机物质的存在对微生物具有保护作用，需要提高温度或延长加热时间才能获得可靠的灭菌效果。介质的pH也能影响细菌对热的抵抗力。通常在pH为7.0时抵抗力最强，pH高于或低于7.0时抵抗力则减弱，尤其在酸性环境中，细菌对热的抵抗力明显减弱。

③低温对微生物的影响

a.低温能抑制微生物的生长 0 ℃以下时，微生物因体内水分冻结，生化反应无法进行而停止生长。0 ℃以上的低温时，嗜温及嗜热微生物，由于细胞膜内饱和脂肪酸含量较高而膜流动性变差，故营养物质无法进入细胞而生长停止。有的微生物在冰点以下会死亡，主要原因可能是胞内水分凝结成冰晶，造成细胞脱水；冰晶还会造成细胞尤其是细胞膜的机械损伤。由于低温对微生物生长有抑制作用，故广泛用于保藏食品和菌种。

b.绝大多数微生物耐低温 大多数微生物耐低温的能力很强。当微生物所处环境的温度在最低生长温度以下时，其代谢活动逐渐降低或几乎停止。尽管不能繁殖，但仍能较长时间维持生命。一旦恢复至适宜温度，微生物又可进行正常的生长繁殖。故常用低温保存菌种。

c.低温保存菌种应注意事项 主要有三点：Ⅰ.冷冻保存微生物时，应加入适当的保护剂，如蔗糖、牛奶和甘油等，可减少微生物在冷冻时死亡；Ⅱ.冷冻保存微生物时，应使温度迅速下降。在冷冻过程中，可能有部分细菌死亡，因为菌体内的水分形成结晶可破坏胞质的胶体状态，结晶体有机械压碎和穿刺作用，易使其死亡，而快速冷冻时，水分冻成均匀的玻璃样状态，对微生物的损害则大大减轻；Ⅲ.反复冷冻和融化对微生物细胞具有很大的破坏，导致其存活率降低(表 6-13),应尽量避免。

表 6-13　　不同冷冻方式对黏质赛氏杆菌的影响

一次连续冷冻后存活菌数/(个·mL^{-1})		交替冷冻融化后存活菌数/(个·mL^{-1})	
接种量	340 000	接种量	340 000
24 h	42 000	冷融一次	2 600
30 h	36 000	冷融二次	280
48 h	14 000	冷融三次	15
96 h	4 900	冷融四次	0

(2)干燥

微生物的生命活动离不开水。干燥会导致细胞失水而造成代谢停滞甚至死亡。不同的微生物种类,干燥时微生物所处的环境条件、干燥的程度等均影响干燥对微生物的作用效果。一般来说,产生荚膜的细菌对干燥的抵抗力比不产生荚膜的细菌要强。细菌的芽孢、放线菌及霉菌的孢子对干燥的抵抗力比营养细胞要强。酵母菌的营养细胞对干燥有较强的抵抗能力,在失水后仍可保存几个月。革兰氏阴性细菌,如淋病球菌对干燥特别敏感,几小时便死去;结核分枝杆菌特别耐干燥,干燥环境中,100 ℃条件下仍能生存20 min;链球菌用干燥法保存几年而不丧失致病性。休眠孢子抗干燥能力很强,可在干燥条件下长期不死。

在干燥环境中,温度越高,微生物越容易死亡。缓慢干燥死亡较多,而快速失水,不易死亡。幼龄菌对干燥的敏感性比老龄菌大,容易死亡。同种微生物在不同基质中干燥后,能保存其生活力的时间也不相同。例如,细菌在玻璃上干燥会很快死亡,而在肉汤、牛奶或含蛋白质、糖的培养基中,虽经完全干燥,存活率仍较高。

干燥环境条件下,多数微生物代谢停止,处于休眠状态,严重时细胞脱水、蛋白质变性,引起死亡。因此,在实际工作中常用干燥法保存食品、饲料、蔬菜、谷类、药材和食品发酵工业原料。生产、科研中用来保藏细菌、病毒、立克次氏体的真空冷冻干燥法及日常生活中用来保藏食品的烘干、晒干、熏干等方法,都是依据这一原理进行的。

(3)渗透压

渗透压对微生物的生命活动有很大的影响。各种微生物都有一个最适宜的渗透压,而且微生物对渗透压有一定的适应能力,渗透压的逐渐改变对微生物的活力无太大影响。当渗透压突然改变或超过一定限度的变化时,则抑制微生物的生长繁殖或导致其死亡。

等渗状态下,即细胞内溶质浓度与胞外溶液的溶质浓度相等时,微生物保持原形,生命活动最好。常用的生理盐水(0.9%NaCl 溶液)即为等渗溶液。

高渗状态下,即将微生物置于高渗溶液(如浓盐水、浓糖水)中,则菌体内的水分向外渗出,细胞质因高度脱水而浓缩,并与细胞壁分离,这种现象称为“质壁分离”或“生理干燥”。日常生活中,利用“质壁分离”或“生理干燥”的原理,常用盐腌、糖渍等方法以保存食品和其他物品。

低渗状态下,即将微生物置于低渗溶液(如蒸馏水)中,因水分大量渗入菌体,使菌体细胞膨胀、破裂、胞质漏出,致其死亡,这种现象称为“胞膜破裂”或“胞质压出”。事实上,微生物对低渗透压的抵抗力相当强,不容易因此而死亡,但在实验室工作中,为了避免影响微生物的生理活动,不发生“胞质压出”现象,因而在培养细菌时,常用等渗溶液配制培养基,以有利于细菌的生长。

(4)辐射

辐射是能量通过空间传递的一种物理现象。能量可借波动或粒子高速行进而传播。用于灭菌的辐射有非电离辐射(可见光、日光和紫外线等)和电离辐射(α-射线、β-射线和γ-射线等)数种。

①可见光

肉眼可见光线的波长范围在红外线和紫外线之间,波长为400～800 nm,对细菌一般无太大影响。但长时间暴露于光线之中,也能妨碍微生物的新陈代谢,连续照射某些细菌,如链球菌、脑膜炎双球菌等则对其有杀灭作用。因此,培养和保存菌种,均应置于阴暗处,如常用箱内无光线的恒温培养箱培养微生物,用冰箱保存菌种。

②日光

直射日光有强烈的杀菌作用,是天然的杀菌因素。利用日光曝晒是常用的简易消毒方法。许多细菌繁殖体在日光直射下2 h很容易死亡,其原因有两个:a.日光照射能使物质干燥,使微生物生长停止或死亡;b.日光中紫外线的作用。

③紫外线

紫外线波长范围为136～400 nm,以波长为250～265 nm的紫外线杀菌力最强。实验室使用的紫外线杀菌灯,其波长为253.7 nm。

a.紫外线的特点。紫外线的穿透力很弱,即使是很薄的玻片也不能通过(被吸收)。因此,紫外线仅适用于室内空气和物体表面的消毒。

b.紫外线的应用。主要有三点:一是常用于实验室、无菌室、手术室、食品加工车间等空气和桌面的消毒。一般每10～15 m^2 安装30 W紫外线灯管1支,照射30 min,可杀死空气中的微生物。对污染物体表面的消毒,距离不宜超过1 m,消毒有效区为灯管周围1.5～2 m,照射30 min。直射紫外线对人体的眼睛和皮肤有刺激作用,使用时应注意防护。第二,紫外线也应用于食品表面、饮水、饮料厂净化水等的消毒。但是对于一些含有蛋白质和脂肪的食品,经紫外线照射后会产生异臭和变色等现象。第三,紫外线诱变,如果细菌吸收的紫外线剂量不足致死量,则引起蛋白质或核酸结构的部分改变,发生突变。因此,紫外线也是一种有效的诱变方法。

④电离辐射

电离辐射是高能电磁波,它们具有光波短、穿透力强、对微生物有很强的致死效应等特点。主要有:α-射线、β-射线、γ-射线、X-射线、中子和质子等。X-射线的杀菌力不如紫外线,作用也较慢。放射性同位素放出的射线通常分为三种,即α-射线、β-射线、γ-射线,有很强的杀菌作用。

电离辐射适合于不耐热的生物制品、中药材、塑料制品等灭菌,还可用于水果、蔬菜及食品保藏前的灭菌处理。但是,辐射灭菌投资较大,而且需要专门技术人员操作管理。

由于电离辐射有消毒等作用,因此,在食品储藏方面得到了一定的应用。现已有肉、鱼、蔬菜等辐照食品作为商品出售。根据食品保藏的目的不同,采用的方法有三种:①照射灭菌,即用高剂量杀灭食品中的所有微生物;②照射消毒,使用适当剂量照射,杀灭食品中的病原微生物(病毒例外);③照射防腐,使用适当剂量照射,杀灭腐败菌,延长食品保藏期限。但是,辐照食品对人类食用的安全性问题目前仍处于研究之中。

(5)过滤除菌

对于加热会改变其理化性质的溶液,都不适于加热法灭菌而最好用过滤法除菌.即将液体通过某种多孔材料,如烧结陶瓷板、多孔玻璃和石棉丝等,使微生物与液体分离。目前通常使用的是膜滤器(图 6-25)。

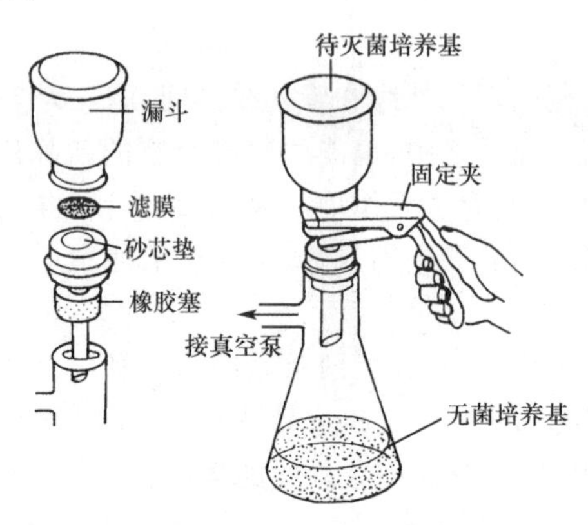

图 6-25 膜滤器装配及其过滤除菌设备

膜滤器采用微孔滤膜做材料,通常由硝酸纤维素制成,可根据需要使之具有0.025～25 nm的特定孔径。当含有微生物的液体通过微孔滤膜时,大于滤膜孔径的微生物不能通过滤膜而被阻拦在膜上,与通过的滤液分离开来。微孔滤膜具有孔径小、价格低、可高压灭菌、不易阻塞、滤速快、可处理大容量的液体等优点。但当滤膜孔径小于 0.22 nm 时易引起孔阻塞,且过滤除菌无法滤除病毒、噬菌体和支原体。

过滤除菌可用于对热敏感液体的灭菌,如含有酶或维生素的溶液、血清等。发酵工业上应用的大量无菌空气,也是采用过滤方法获得的,使空气通过铺放多层棉花和活性炭的过滤器或者超细玻璃纤维纸,便可滤除空气中的微生物过滤除菌。过滤除菌广泛应用于微生物实验室、手术室、制药工业、食品工业和制表工业等部门,可减少空气中的尘埃和细菌。

在实验室,过滤除菌主要用于一些不耐高温灭菌的物质,如血清、毒素、抗毒素、酶、维生素、抗生素及药液的除菌。在食品工业,过滤除菌广泛应用于饮料厂、糖厂和酒厂,以除去水质、粗糖液、储酒中可能污染的细菌;也经常应用于食品加工、包装和发酵等生产过程中环境空气的除菌,而且本法也最为经济,效率亦高。

2.化学因素对微生物的影响

化学灭菌法

微生物的生命活动与其外界化学因素密切相关。各种化学物质对微生物的影响是不同的,有的能促进微生物的生长繁殖;有的阻碍微生物新陈代谢的某些环节而呈现抑菌作用;有的使菌体蛋白变性或凝固而呈现杀菌作用。就同一种化学物质,由于其浓度、作用时间长短、作用温度和作用对象等不同,故或呈现抑菌作用,或呈现杀菌作用。具有抗菌作用的化学物质现已广泛应用于消毒、防腐和疾病治疗。影响微生物的化学因素除氢离子浓度和氧化还原电位外,还包括化学消毒剂和化学治疗剂。

(1)氢离子浓度

营养基质中的氢离子浓度(pH)对微生物生命活动的影响很大,一是引起细胞膜电荷的变化从而影响微生物对营养物质的吸收;二是影响代谢酶的活性,从而影响微生物的代谢。

与温度对微生物的影响类似，每种微生物都有其生存最低 pH、最适 pH 和最高 pH。不同微生物对环境 pH 适应的范围不同（表 6-14）。在最适 pH 范围内酶活最好，如果其他条件适合，微生物的生长速率也最高。

表 6-14　　不同微生物对氢离子浓度的适应范围

微生物	pH		
	最低	最适	最高
大肠杆菌	4.3	6.0～8.0	9.5
嗜酸乳杆菌	4.0～4.6	5.8～6.6	6.8
伤寒沙门氏菌	4.0	6.8～7.2	9.6
痢疾志贺菌	4.5	7.0	9.6
亚硝酸细菌	7.0	7.8～8.6	9.4
放线菌	5.0	7.0～8.0	10.0
酵母菌	3.0	5.0～6.0	8.0
黑曲霉	1.5	5.0～6.0	9.0

从整体上看，在 pH＝1.5～10.0 时都有微生物生长，但就某种微生物来说，只能在一定的 pH 范畴内生长，大多数细菌、藻类和原生动物生存的最适 pH 为 6.5～7.5，在 pH＝4.0～10.0 时也可以生长；放线菌一般在微碱性即 pH＝7.0～8.0 条件下生长最适合；而酵母菌、霉菌适应于 pH＝5.0～6.0 的偏酸性环境。通常自然环境的 pH 为 5.0～9.0，适合大多数微生物的生长。少数微生物可在 pH＜2.0 和 pH＞10.0 的极端环境中生长。

微生物根据最适生长 pH 的不同，可以分为嗜酸性微生物、嗜中性微生物和嗜碱性微生物。

①嗜酸性微生物

能够在 pH＜5.4 环境中生长的微生物称为嗜酸性微生物。真菌比细菌更耐酸，很多真菌最适 pH＝5.0 甚至更低，有的种类甚至可在 pH＝2.0 的条件下很好生长。有些细菌是专性嗜酸的，在中性 pH 环境根本不生长，如硫杆菌属、硫化叶菌属及热原体属。中性 pH 对专性嗜酸微生物有毒害作用。

②嗜中性微生物

生长环境的 pH 范围为 5.4～8.5 的微生物称为嗜中性微生物。引起人类疾病的大多数微生物属于嗜中性微生物。

③嗜碱性微生物

生长环境的 pH 范围为 7.0～11.5 的微生物称嗜碱性微生物，它们通常存在于碱湖、含高碳酸盐的土壤等碱性环境中。大多数嗜碱性微生物是好氧性的非海洋细菌，其中很多是杆菌。有些极端嗜碱菌也是嗜盐菌。

各种微生物在基质中生长，由于代谢作用而引起物质的转化，从而改变基质的氢离子浓度。例如，乳酸菌分解葡萄糖产生乳酸，增加了基质的氢离子浓度，pH 下降，基质被酸化。尿素细菌分解尿素后产生氨，pH 上升，基质被碱化。而肺炎克氏杆菌利用葡萄糖产酸，使基质 pH 下降到 5.0，当葡萄糖消耗尽后，菌体分解其酸性产物，并氧化它们成为 CO_2 或 H_2O，结果，pH 又回升到 7.0。

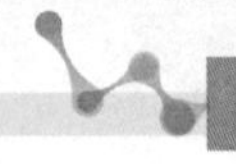

同一种微生物在不同的生长阶段和不同的生理生化过程中，对 pH 也有不同的要求。例如，丙酮丁醇梭菌在 pH 为 5.5～7.0 时，以菌体生长繁殖为主，pH 为 4.3～5.3 时才进行丙酮和丁醇的发酵。

同一种微生物由于培养液的 pH 不同，可能积累不同的代谢产物。在不同的发酵阶段，微生物对 pH 的要求也有差异。例如，黑曲霉在 pH 为 2.0～3.0 的环境中发酵蔗糖，其产物以柠檬酸为主，只产极少量的草酸；当改变 pH 使之接近中性，则产生大量草酸，而柠檬酸产量很低。又如，酵母菌生长的最适 pH 为 5.0～6.0，并进行乙醇发酵，不产生甘油和醋酸；如果使 pH 高于 8.0，发酵产物除乙醇外，还有甘油和醋酸。因此，在发酵过程中，根据不同的目的，常采用变动 pH 的方法，以提高生产效率。

(2)氧化还原电位

氧化还原电位 E_h 对微生物生长有明显影响。环境中的 E_h 主要与氧分压有关，也受 pH 的影响。pH 低时，氧化还原电位高；pH 高时，氧化还原电位低。标准氧化还原电位 E_h' 是 pH 为 7.0 时测得的氧化还原电位。自然环境中，氧化还原电位的上限是 $E_h=+0.82$ V，这是在环境中存在高浓度 O_2，而没有利用氧气的系统(呼吸链)的情况下测得的。氧化还原电位的下限是 $E_h=-0.42$ V，是在富含 H_2 的环境中测得的。

微生物代谢活动常消耗氧气，根据微生物与氧的关系，可把它们粗分成好氧微生物和厌氧微生物两大类，并可进一步细分为以下五类(表 6-15)，它们在液体培养基试管中的生长特征如图 6-26 所示。

表 6-15　微生物与氧的关系

微生物类型	最适生长的 O_2 体积分数	微生物类型	最适生长的 O_2 体积分数
专性好氧微生物	等于或大于 20%	兼性厌氧微生物	有氧或无氧
微好氧微生物	2%～10%	耐氧性微生物	2%以下
厌氧性微生物	不需要氧，有氧时死亡		

①专性好氧菌

专性好氧菌必须在有氧气的条件下才能生长。它们有完整的呼吸链，以氧气作为最终受氢体。这类微生物包括大多数细菌(如绿脓杆菌)、所有霉菌和放线菌。在食品工业的大规模培养中，应采取通气或振荡培养。

②兼性厌氧菌

兼性厌氧菌在有氧和无氧的条件下都能生长，但在这两种情况下的代谢途径并不相同，它们在有氧的时候进行有氧呼吸，在无氧的情况下进行酵解或无氧呼吸，其产物也各不相同。例如，谷氨酸发酵时，通气量充足产谷氨酸，通气量不足则产生乳酸或琥珀酸。许多酵母菌和细菌属于兼性厌氧微生物，如酵母菌、肠杆菌科的细菌等。

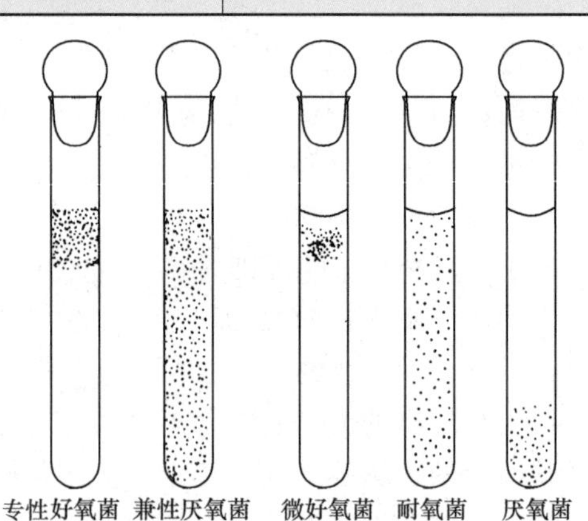

图 6-26　五类微生物在半固体琼脂中的生长情况模式图

③微好氧菌

微好氧菌也是通过呼吸链并以氧为最终受氢体而产能，但只能在较低氧分压(0.01～0.03 Pa，而正常大气中的氧分压为0.2 Pa)下才能正常生长的微生物，如霍乱弧菌等。

④耐氧菌

耐氧菌的生长不需要氧，分子氧对它也无毒害作用，它在分子氧存在下进行厌氧生活。它们不具备呼吸链，依靠专性发酵获得能量，如乳链球菌和乳酸杆菌等。

⑤厌氧菌

厌氧菌只能在无分子氧的环境中生长，分子氧对它们有毒害作用，缺乏细菌色素氧化酶、过氧化氢酶和SOD。其生命活动所需要的能量是通过发酵、无氧呼吸等提供的，如梭菌属、双歧杆菌属和消化球菌属等。

(3)化学消毒剂

许多化学药剂能抑制或杀死微生物，根据它们的效应，可分为三类：消毒剂、防腐剂和灭菌剂。消毒剂是指那些可抑制或杀灭微生物，但对人体也可能产生有害作用的化学试剂，主要用于抑制或杀灭物体表面、器械、排泄物和周围环境中的微生物。防腐剂则是指那些可以抑制微生物生长，但对人体或动物体的毒性较低的化学试剂，可用于机体表面，如皮肤、黏膜、伤口等处防止感染，也有的用于食品、饮料、药品的防腐。但这三者之间，没有严格的界限，因用量而异。用量少时，可以防腐，称防腐剂；用量多时，可以消毒，称为消毒剂；更多一些，就可以起到灭菌作用，称为灭菌剂。

理想的消毒剂应具有以下特性：杀灭各种类型的微生物；作用迅速；不损伤机体组织或不具毒性作用；其杀菌作用不受有机物的影响；能透过被消毒的物体；易溶于水，与水形成稳定的水溶液或乳化液；当接触热、光或不利的天气条件时不易分解；不损害被消毒的材料；价格低廉，运输方便。我们要根据具体需要尽可能选择那些具有较多优良性状的化学药剂(表6-16)。

表6-16　某些化学消毒剂的应用

类型	名称及使用浓度	作用机制	应用范围
重金属盐类	0.05%～0.1%升汞 2%～4%红汞(红药水) 硫酸铜	蛋白质变性	非金属物品，器皿 皮肤、黏膜、小创伤 游泳池
酚类	3%～5%苯酚 1%～2%煤酚皂(来苏儿)	蛋白质变性，损伤细胞膜	地面、家具、器皿、排泄物 手、皮肤
醇类	70%～75%乙醇	蛋白质变性	皮肤、器械
醛类	0.4%～10%甲醛	蛋白质变性	物品消毒、接种室熏蒸
氧化剂	0.1%高锰酸钾 1%～3%过氧化氢溶液 0.1%～0.5%过氧乙酸	蛋白质变性 蛋白质变性 芽孢、病毒、真菌	皮肤、尿道、水果、蔬菜和饲料 创伤、溃疡、口腔、黏膜 皮肤、餐具、器械
卤素类	0.2～0.5 mg/L 氯气 10%～20%漂白粉 0.5%～1%漂白粉 2%碘酒	破坏细胞膜、酶、蛋白质 破坏细胞膜、酶、蛋白质 破坏细胞膜、酶、蛋白质 蛋白质变性	饮水、游泳池水 地面、厕所 饮水、空气、体表 皮肤
酸碱类	乳酸 乙酸 氢氧化钠 生石灰	氢离子、氢氧离子的解离作用	食品生产车间 绿脓杆菌 畜舍、用具、车船等 畜舍、运动场、排泄物

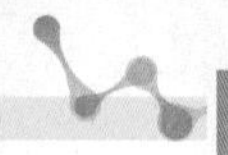

（续表）

类 型	名称及使用浓度	作用机制	应用范围
表面活性剂	0.01%～0.1%新洁尔灭	破坏细胞膜及蛋白质	皮肤、黏膜、手术器械
染料类	0.1%～2%甲紫	蛋白质变性	皮肤、伤口

①常用消毒剂的种类及其应用

a.重金属盐类　所有重金属盐类对微生物都有毒性。重金属离子带有阳电荷，易与带阴电荷的菌体蛋白结合，使其变性，因而有较强的杀菌作用，其中汞、银等作用最强。

Ⅰ.升汞。又称氯化汞、氧化汞。杀菌力强，但遇肥皂即失效，蛋白质的存在能显著影响其杀菌力。实验室用0.05%～0.1%升汞消毒非金属器皿。但由于其对金属有腐蚀性，对人和动物有剧毒，因此其应用受到了限制。

Ⅱ.红汞。又称汞溴红、220。释放出的汞离子很少，杀菌力很弱，但因无刺激性，常使用2%～4%水溶液（红药水）用于皮肤、黏膜或小创伤的消毒。

Ⅲ.硫酸铜。对真菌和藻类效果较好，常用于游泳池的消毒。

重金属对人有害，在食品加工过程中要注意防止重金属污染，严禁用重金属进行食品防腐和消毒。

b.氧化剂　氧化剂和有机物相遇时放出新生氧，通过氧化细菌体内活性基团而发挥作用。

Ⅰ.高锰酸钾。又称灰锰氧。高锰酸钾是一种强氧化剂，遇有机物即起氧化作用。其杀菌作用较过氧化氢强，在酸性环境中杀菌力增强，但极易为有机物所减弱。0.1%高锰酸钾多用于皮肤、尿道、水果、蔬菜和饲料等的消毒；2%～5%的水溶液作用 24 h，可杀灭细菌芽孢；0.01%～0.02%用于食物或药物中毒时洗胃；1%用于毒蛇咬伤时解毒等。

Ⅱ.过氧化氢溶液（双氧水）。商品过氧化氢溶液含过氧化氢3%，是一种活泼的氧化剂，遇有机物易分解为水和新生氧而发挥抗菌与除臭作用，氧气小泡对机械还有清洁作用，几分钟可杀死一般细菌，常用于清洗创面、溃疡，尤其适用于厌氧菌感染的伤口。1%溶液，用作口腔、黏膜的消毒。双氧水是一种无毒的消毒剂，可用于食品的消毒。目前常用于软包装饮料袋的消毒。本品性质不稳定，遇光、热、震荡和储存过久均可分解失效，应密闭阴暗处保存。

Ⅲ.过氧乙酸。一种新型强氧化、高效广谱杀菌剂，对细菌、芽孢、酵母、霉菌和病毒都有很强的杀灭作用。0.2%溶液 30 s 便可杀灭细菌；0.5%溶液 10 min 便能杀灭芽孢。在低温下（−40 ℃）仍保持高度杀菌效力，对寒冷地区战伤救护有现实意义。0.1%～0.2%溶液浸泡 1 min，可用于手的皮肤消毒（0.5%以下，无刺激性）。0.3%～0.5%溶液浸泡 15 min，可用于餐具、注射器等器械消毒。

过氧乙酸使用后，几乎无残毒遗留，因此，也适用于塑料、玻璃制品、棉布、人造纤维、食品表面（如水果、蔬菜、鸡蛋等表面）、饮水、空气（喷雾或熏蒸）、地面墙壁等的消毒。本品性质不稳定，易分解，遇火能引起燃烧，应注意。

c.有机化合物

Ⅰ.酚类。酚类可引起蛋白质变性、沉淀和胞浆膜通透性改变，而呈抗菌作用。能杀死一般细菌，但在临床应用的浓度对芽孢、病毒无效。酚类对皮肤黏膜有刺激及局麻作用，高浓度则有腐蚀性，不适用于与食品接触的手、容器、生产工具和食品生产场所的消毒。

0.5%的苯酚（俗称石炭酸）常用作生物制品的防腐剂。3%～5%苯酚溶液用于地面、家具、器皿及排泄物的消毒。煤酚(甲酚)的抗菌力比苯酸强3倍,毒性较苯酸小,常使用其50%肥皂溶液,即煤酚皂溶液,俗称来苏儿,用时加水稀释即可。来苏儿是目前国内常用的一种酚类消毒剂。1%~2%来苏儿消毒手及皮肤。

Ⅱ.醇类。醇类具有较强的杀菌能力。最常用的是乙醇。70%的乙醇是有效的皮肤消毒剂。它的杀菌机制是使蛋白质变性和溶解脂肪,使细胞膜破裂。乙醇同时也是强的脱水剂。丙醇、丁醇、戊醇均有更强的杀菌效力,但价格昂贵又不与水混溶;甲醇对组织有毒性,故一般不作为消毒剂。

Ⅲ.醛类。能与蛋白质中的氨基结合,使蛋白质变性沉淀,其杀菌作用大于醇类,对细菌、芽孢和病毒均有效。醛类中以甲醛作用最强。甲醛是气体,溶于水成为甲醛溶液。市售福尔马林约为40%甲醛水溶液,由于刺激性太强,因此多用于消毒房舍、用具和器械等。4%~10%甲醛水溶液浸泡物品30 min,可杀灭所用细菌的繁殖体、真菌及病毒;房间空气、地面墙壁及用具等可熏蒸消毒,在福尔马林中加入高锰酸钾,利用氧化作用促使甲醛气化,常用量为25 mL:12.5 g/m^3 作用24 h,但是食品生产场所不宜使用;0.4%甲醛可使细菌外毒素脱毒和灭活病毒而并不破坏它们的抗原性,因而常用于制备生物制品。

d.卤素类　通过氯化作用和氧化作用,破坏菌体原浆蛋白活性基团而杀菌。其作用强大,对细菌、芽孢和病毒均有效。

Ⅰ.碘酊。碘和碘化钾的乙醇溶液,故又名碘酒。碘酒具有强大的杀菌作用,包括细菌、芽孢、病毒和原虫等。2%碘酊用于一般皮肤消毒;3.5%~5%碘酊用于术前皮肤消毒;0.04%碘酊10 min,可杀死炭疽杆菌芽孢。碘酊对组织刺激性强,稍干后应即用70%酒精洗去。

Ⅱ.漂白粉(含氯石灰)。目前使用最普遍的一种广谱消毒剂。含有效氯25%~30%,受潮易分解失效;且对物品有漂白和腐蚀作用。宜置于密闭陶器内冷暗干燥处存放。对细菌、芽孢和病毒均有杀灭作用,但结核杆菌不敏感。

漂白粉主要用于饮水、房舍、食品厂用具和排泄物等的消毒。饮水消毒,临用时配成0.5%母液,在每升水中加母液2~3 mL。用10%~20%漂白粉乳状液或干粉,进行房舍、车轮及排泄物的消毒。

e.酸碱类　酸碱类的杀菌作用,以氢离子、氢氧离子的解离作用妨碍菌体代谢。浓度越高,杀菌力越强;而碱类对病毒的杀灭作用更为明显。

Ⅰ.乳酸。用2%乳酸溶液喷雾或10%乳酸溶液加热蒸发,以消毒空气。可用于食品生产车间的消毒。

Ⅱ.乙酸(醋酸、冰醋酸)。对绿脓杆菌有效,但对其他细菌(金黄色葡萄球菌、变形杆菌等)效果差。用0.1%~0.5%溶液冲洗,做黏膜消毒。食醋约含醋酸5%,加热熏蒸,可预防感冒和流感。

Ⅲ.氢氧化钠(烧碱、苛性钠)。2%~5%氢氧化钠溶液常用于被病毒污染的畜舍、用具、车船和周围环境的消毒。

Ⅳ.生石灰。用10%~20%乳剂消毒畜舍、运动场和排泄物等。现用现配,否则易与空气中的二氧化碳形成碳酸钙而失效。

f.表面活性剂　又称清洁剂或除污剂,其抗菌作用主要是改变细菌胞浆膜的通透性,使胞内物质外渗而呈杀菌作用。常用的是阳离子表面活性剂;肥皂、合成洗涤剂是阴离子表面活性剂。阳离子型与阴离子型表面活性剂二者作用能互相抵消，故不可同时用。阳离子表面活性剂对细菌繁殖体有广谱杀灭作用，且作用快而强，毒性也较小；在碱性环境中作用最强，在酸性环境中杀菌效力显著降低。

Ⅰ.新洁尔灭（溴苄烷胺）。杀菌力较弱，对病毒、芽孢、结核杆菌及绿脓杆菌均无杀灭作用。本品性质稳定，刺激性小，渗透力强。可用于外科术前洗手、皮肤消毒（0.1%）和黏膜消毒（0.01%～0.05%）；玻璃器皿、手术器械和橡胶用品的消毒（0.1%）。

Ⅱ.氯己定（双氯苯双胍乙烷）。抗菌谱广，对绿脓杆菌有抗菌作用。用于手术器械、食品厂器具和设备的消毒（0.1%水溶液，需加 0.5%亚硝酸钠）；也可消毒禽舍、手术室和用具等（0.5%水溶液喷雾）。

Ⅲ.消毒净。对革兰氏阳性菌和阴性菌都有较强的杀灭作用。刺激性小，对器械无腐蚀性。0.1%水溶液，5～10 min，用于手和皮肤消毒。0.1%水溶液，浸泡 30 min，用于玻璃器皿、手术器械和橡胶用品等的消毒。

g.染料类　可分为碱性和酸性染料。它们的阳离子或阴离子能分别与细菌蛋白质的羧基或氨基结合，影响其代谢而产生抑菌作用。例如，甲紫为碱性染料，对革兰氏阳性菌有杀菌作用；对某些真菌如念珠菌和皮肤癣菌也有较好的杀菌效力；对革兰氏阴性菌和抗酸菌几乎没有作用；对组织无刺激性。脓液、蛋白质等可降低其效力。1%～2%水溶液或酒精溶液，俗称“紫药水”，常用于皮肤、黏膜创伤或溃疡；0.1%～1%水溶液还可用于烧伤创面，因能与坏死组织结合形成保护膜而发挥收敛作用。

②影响灭菌和消毒的因素

由于微生物的种类、菌龄、细胞的构造和所处的环境不同，所以会造成灭菌消毒的效果差异。下面就一些主要的影响因素加以叙述。

a.不同的微生物对热的抵抗力和对消毒剂的敏感性不同

这细菌、酵母菌的营养体、霉菌的丝状体对热较敏感，60 ℃、30 min 就可以被杀死。而抗热性很强的嗜热性脂肪芽孢杆菌，营养细胞在 80 ℃以上还可以生长。噬菌体比寄主细胞的抗热性强，大肠杆菌 60 ℃、30 min 可以被杀死，但大肠杆噬菌体需要 100 ℃、10 min 才能被破坏。

放线菌、酵母菌、霉菌的孢子比营养细胞抗热性强，在 80～90 ℃，30 min 以上才能被杀死。细菌芽孢的抗热性更强，如枯草芽孢杆菌的芽孢在 100 ℃、20 min 方被杀死。

不同的微生物对消毒剂有不同的敏感性，这主要是与其细胞的结构有关。消毒剂只有透入细胞膜，使蛋白质发生变化，才能有杀菌作用。例如，抗酸性菌对消毒剂的抵抗力较非抗酸菌强。不同菌龄的细胞，其抗热性、抗毒力也不同，在同一温度下，对数期的菌体细胞抗热力、抗毒力较小，稳定期的老龄细胞抗性较大。

b.灭菌处理剂量对微生物的影响

灭菌处理剂量包含两个量，一是处理时的强度；二是处理方法对微生物的作用时间。所谓强度，在加热灭菌中指灭菌的温度；在辐射灭菌中指辐射的剂量；在化学药剂消毒中指的是药物的浓度。一般来说，强度越高，作用时间越长，对微生物的影响越大，灭菌程度越彻底。在实际工作中，必须明确灭菌所需的强度和时间，并在操作中充分地加以保证。

c.微生物污染程度对灭菌的影响

待灭菌的物品中含菌数越多，灭菌越困难，灭菌所需的时间和强度均应增加。这是因为微生物群集在一起，加强了机械保护作用，而且抗性强的个体增多了。

d.温度的影响

除了加热灭菌完全依靠温度作用外，其他灭菌方法也都受到温度变化的影响。一般来说，在以上所提到的几种灭菌方法中，温度越高，灭菌效果越好。菌液被冰冻时，灭菌效果则显著降低。

e.湿度的影响

熏蒸消毒、喷洒干粉、喷雾与空气的相对湿度合适时，灭菌效果最好。例如，喷洒干粉时，只有在较高的相对湿度下，才能使药物潮解，发挥作用。

此外，在干燥的环境中，微生物常被介质包围而受到保护，使电离辐射的作用受到限制，这时，灭菌所需的电离辐射剂量就必须加强了。

f.酸碱度的影响

大多数的微生物在酸性或碱性溶液中，比在中性溶液中容易被杀死。例如，pH 低时，微生物对电离辐射更为敏感，灭菌所需时间缩短。

另外，酸碱度的变化还会严重影响杀菌因子的作用。如，戊二醛、新洁尔灭在碱性条件下杀菌效果好，而含氯消毒剂、酚类消毒剂则在酸性条件下使用效果较好。

g.介质对灭菌的影响

微生物所依附的介质对灭菌效果影响较大。介质成分越复杂，灭菌所需的强度越大。培养基中的蛋白质、糖和脂肪等物质对微生物都有一定的保护作用。这些物质包围在微生物外面，可防止各种消毒灭菌因子的穿透，并且消耗掉一些杀菌因子。条件许可时，应将需灭菌的物品先清洗，然后再灭菌。

h.穿透条件的影响

杀菌因子只有同微生物细胞相接触，才可发挥作用。在灭菌时，必须创造穿透条件，保证杀菌因子的穿透。例如，固体培养基不易穿透，灭菌时所需时间应较液体培养基长。湿热蒸汽的穿透能力比干热强。环氧己烷的穿透力比甲醛强。

高浓度的苯酚和酒精能凝固细胞膜的表层或其周围的蛋白质，从而影响它们渗入微生物体内的能力。因此，必须在使用时注意苯酚和酒精的合适浓度。

i.氧的影响

氧的存在能加强电离辐射的杀菌作用。当有氧存在时，产生的 H 可与氧产生有强氧化作用的 H_2O_2 和 H_2O，与无氧照射时相比，杀灭作用要强 2.5～4 倍。

(4)化学治疗剂

能直接干扰病原微生物的生长繁殖并可用于治疗感染性疾病的化学药物即为化学治疗剂。它能选择性地作用于病原微生物新陈代谢的某个环节，使其生长受到抑制或致死。对人体细胞毒性较小，故常用于口服或注射。化学治疗剂种类很多，按其作用与性质又分为抗代谢物和抗生素等。

①抗代谢物

有些化合物在结构上与生物体所必需的代谢物很相似，以致可以和特定的酶结合，从而阻碍了酶的功能，干扰了代谢的正常进行，这些物质称为抗代谢物。抗代谢物如果与正常代谢物同时存在，能产生一种竞争性拮抗作用，即竞争性地与相应的酶结合，只有当正常代谢物少或不存在时，抗代谢物才有作用。磺胺类药物是典型的抗代谢药物。

②抗生素

抗生素是微生物或其他生物生命活动过程中产生的一类次级代谢产物或其人工衍生

物,在低微浓度下能抑制或影响其他生物的生命活动。抗生素通过抑制细胞壁合成、改变细胞膜通透性、抑制蛋白质或核酸合成等作用机制来抑制或杀死微生物。抗生素是临床上治疗微生物感染和抑制肿瘤的常用药物,也是发酵工业中控制杂菌污染的主要药剂。在微生物育种中,抗生素常被用作筛选标记。

微生物在各种环境下生长,其生长和生理活动实际上是对它们所处环境条件的一种反应。微生物怎样生长,什么因素影响它们的生长,什么因素促使代谢产物的生成,微生物如何对不良环境做出反应,又在什么条件下死亡,研究和解决这些问题,将为培养和发酵条件的优化打好基础。

6.5 工业上常用的食品发酵技术

6.5.1 分批培养

将微生物置于一定量的培养基中,在适宜条件下进行培养,经过一定时间后将全部发酵液取出,一次性收获菌体或其代谢产物的培养方法。

分批培养过程中,由于培养基是一次性加入,不予补充,不再更换,因此随着微生物活跃生长,培养基中营养物质被逐渐消耗,代谢废物逐渐积累产生毒害作用,微生物所处的基质环境不断变化,菌体数目和各种代谢产物不断增加,当微生物生长及基质变化达到一定程度时,菌体生长停止。

分批培养过程经历接种、菌体生长繁殖、菌体衰老进而结束发酵,最终提取出产物。在培养过程中,微生物的群体表现出曲线式的生长规律。

分批培养法对技术及设备要求简单,周期短,染菌的机会减少,生产过程和产品质量易掌握。传统的发酵工业一般采用此法。

6.5.2 连续培养

在上述的分批培养中,培养基是一次性加入,由于营养物质的消耗及有害代谢物的积累,因此限制了微生物的旺盛生长。但在生产实践和科学研究中,常需要微生物的生长期保持在对数期。当一定培养器内的微生物生长到对数期后期时,一方面以一定速度不断流入新的培养基,另一方面又以同样流速不断流出培养物(菌种和代谢产物),以使培养系统中细胞数和营养状态保持恒定,从而使其中的微生物长期保持在对数期和稳定的生长速率上,形成连续生长,这样的方法为连续培养法。

连续培养是在连续培养器中进行的,连续培养器按控制方式可分为恒化器和恒浊器。

1.恒化器

恒化器装置如图 6-27(a)所示。这是一种使培养液流速保持不变,培养液浓度和微生物生长速率相对恒定的一种连续培养装置。在一定范围内,微生物的生长与营养物的浓度成正比。当某一种营养物质的浓度较低时,就会抑制微生物的生长,成为限制生长因子,当生长限制因子得到恒定量的补充时,微生物会保持恒定生长率。调节生长限制因子的浓度,就可调节微生物的生长速率。

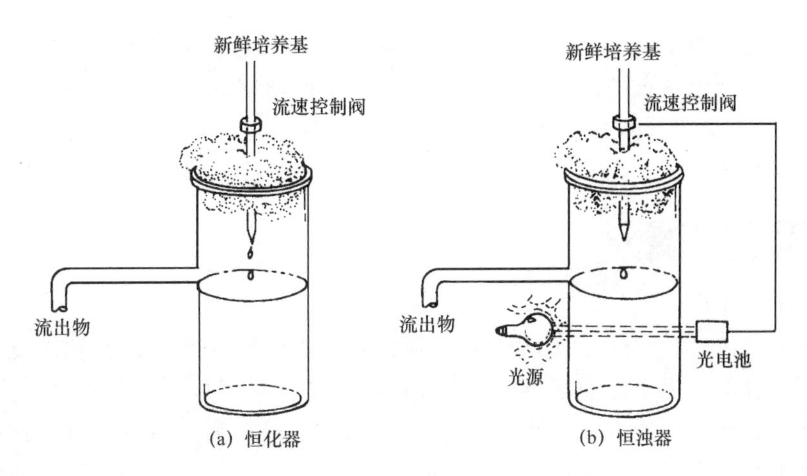

图 6-27 恒化培养装置和恒浊培养装置

恒化连续培养就是通过控制某种所必需的营养物质,使其始终成为生长限制因子而进行的培养。多种物质都可作为恒化连续培养中的生长限制因子,这些物质必须是微生物生长所必需且在一定浓度范围内决定微生物生长速率的。如氮源中的氨基酸、碳源中的葡萄糖、麦芽糖以及生长因子、无机盐等是常用的生长限制因子。

恒化培养所用的培养基成分中,要将某一种必须营养物质的浓度控制在较低浓度,使其成为生长限制因子,这样微生物的生长率取决于生长限制因子的浓度。随着微生物的生长,限制因子浓度降低,以至影响微生物的生长速率,但同时通过恒定流速不断得到补充,故能保持恒定的生长速率,使新鲜培养基的流速与微生物的生长速率处于相平衡状态。

恒化连续培养主要用于实验室科学研究中,尤其用于与生长速率相关的各种理论研究。

2.恒浊器

恒浊器装置如图 6-27(b)所示。这是一种根据培养器内微生物的生长密度,并借光电控制系统来控制培养液流速,以取得菌体密度高、生长速度恒定的微生物细胞的连续培养器。在这一系统中,当培养基的流速低于微生物生长速度时,菌体密度增高,这时通过光电控制系统的调节,可促使培养液流速加快,反之亦然,以此来达到恒定密度的目的。因此,这类培养器的工作精度是由光电控制系统的灵敏度决定的。在恒浊器中的微生物始终能以最高生长速率进行生长,并可在允许范围内控制不同的菌体密度。在生产实践上,为了获得大量菌体或与菌体生长相平行的某些代谢产物(如乳酸、乙醇),都可以使用恒浊器类型的连续发酵器。

在恒浊器中的微生物,始终能以最高生长速率生长,可连续为生产提供一定生理状态的菌体和与菌体相平行的代谢产物。

现将恒浊器与恒化器的比较列在表 6-17 中。

表 6-17　　恒浊器与恒化器的比较

装 置	控制对象	培养基	培养基流速	生长速率	产 物	应用范围
恒浊器	菌体密度(内控制)	生长无限制因子	不恒定	最高速率	大量菌体或与菌体相平行的代谢产物	生产为主
恒化器	培养基流速(外控制)	生长有限制因子	恒定	低于最高速率	不同生长速率的菌体	实验室为主

连续培养法还用于发酵工业中,如丙酮丁醇的生产就是采用了连续发酵法。连续发酵法取消了分批发酵中各批的间隔时间,从而缩短了生产周期,提高了设备利用率。还便于自动控制,减少动力消耗及体力劳动,产物也较均一。但连续发酵中的杂菌污染、菌种退化等问题还有待于解决。

6.5.3 其他培养

1.补料分批培养

在生产实践中,完全封闭式的分批培养或纯粹的连续培养较为少见,更多见的是两者的折中形式——补料分批或流加培养。补料分批培养是根据菌株生长和初始培养基的特点,在分批培养的某些阶段适当补加部分配料成分或碳源,以提高菌体或代谢产物的产率。补料分批培养的特点有以下几种:

①减弱底物和代谢产物的抑制。微生物的生长会受到高浓度底物和逐步过量产生的代谢产物的抑制,若将初始底物浓度降低,就会限制菌体密度和产物浓度的提高。但采用间歇补料,通过不断流加限制性底物就可克服该缺点,可以避免葡萄糖效应对微生物生长和产物积累的影响。流加补料还可稀释降低代谢产物的浓度,减轻其抑制生长的作用。

②增加次级代谢产物的产量。次级代谢产物的合成常常在生长平衡期才开始合成,与稳定期的细胞密度和延续时间密切相关。但间歇发酵的平衡期比较短,因营养物质已大量消耗,可同化量很少,很快就进入衰亡期。通过补料可延长平衡期,增加次级代谢产物的产量。

③提高发酵的细胞密度。补料发酵时不断地向发酵罐补偿限制性底物,微生物始终能获得充分的营养,菌体密度就可以增加,合理改进发酵工艺,细胞密度可以达到10%以上,可大大提高产率。

④可以恒定培养条件。发酵过程中的培养环境会随着代谢作用的进行而变化,如培养基的pH,这时可流加氨水或通氨气来恒定pH,还补充了氮源。

由于上述优点以及操作方便,所以补料分批培养在发酵工业中得到了广泛的应用。

2.高密度细胞培养

高密度细胞培养一般是指在液体培养中细胞含量超过常规培养10倍以上的发酵技术。在采用毕赤氏酵母高密度细胞发酵时,生物量达到100 g/L(以干重计),代谢物的产量也大为提高,所以该技术能大大提高生产率,并提高产物的分离和提取效率。但要达到高密度细胞培养,不仅要选育合适的菌种,而且在培养工艺技术上必须做相应的改进,如培养基的成分和比例的优化;补料技术的采用;溶氧浓度的提高和防止有害产物的生成等。

3.双菌或混菌培养

现代发酵工业以纯种发酵为主,而传统的固态白酒和酱油的发酵都是多菌培养发酵的结果。在自然界微生物之间的共生与互生关系也是双菌与多菌共同生存的常例,这种关系反映了微生物存在着代谢"接力棒"的依赖状态,能相互改善生存条件。

维生素C的二步法生产是发酵工业双菌发酵的典型例子。如采用欧文氏菌和棒状杆菌进行串联发酵,先将D-葡萄糖转化成2,5-二酮基-D-葡萄糖酸,再进一步转化产生2-酮基-L古龙酸。另一路线是以葡萄糖高压加氢制成的D-山梨醇作为发酵的主要原料,利用生黑葡萄糖酸杆菌或弱氧醋酸杆菌先进行第一步发酵,所生成的L-山梨糖(醪液)于

80 ℃加热几分钟后再加入消过毒的辅料(玉米浆、尿素及无机盐等),即可开始第二步的混合菌株发酵。初期 pH 约为 7.0,两株菌生长均很正常;当作为伴生菌的芽孢杆菌开始形成芽孢时,产酸菌株开始产酸。

许多发酵是纯菌株无法实现的,只有混合菌株才能完成,所以采用混菌培养有可能获得新型的或优质的发酵产品,有时比单菌培养反应更快、更有效、更简便,当然混菌培养的反应机制较复杂。

4.固定化细胞培养

微生物也可以看作是多种酶的包裹,工业发酵是合理控制和利用微生物酶的过程,因此,可以将酶从微生物细胞中提取出来,将其与底物作用制造产品,也可以将提取出的酶用固体支持物(称为载体)固定,使其成为不溶于水或不易散失和可多次使用的生物催化剂,利用它与底物作用制造产品。同样可以将微生物细胞用载体固定,将反应物与其作用,制造产品或做其他用途。未固定的酶或细胞用于工业生产,称为游离酶或细胞,固定的酶称为固定化酶,固定的微生物细胞称为固定化细胞。固定化细胞是指固定在载体上并在一定空间范围内进行生命活动的细胞,也称为固定活细胞或固定化增殖细胞。细胞固定化即通过各种方法将细胞与不溶性的载体结合,制备固定化细胞的过程。微生物细胞、植物细胞和动物细胞都可以制成固定化细胞。固定化酶、固定菌体和固定化活细胞都是以酶的应用为目的,它们的制备和应用方法基本相同,但细胞的固定化主要适用于胞内酶,要求底物和产物容易透过细胞膜。

6.5.4 微生物的发酵生产

在人工控制条件下,微生物通过自身代谢活动,将所吸收的营养物质进行分解、合成、产生各种产品的生产过程,称为“发酵”。也就是说,在人工控制条件下,通过微生物的代谢作用将一些廉价原料转化为有用的初级代谢产物和次级代谢产物,以满足人们的需要。微生物种类繁多,能在不同条件下对不同物质进行不同的发酵,所以有多种发酵类型和发酵产品。

1.微生物的发酵类型及发酵产品

(1)发酵类型

①好氧性发酵和厌氧性发酵

按微生物的呼吸类型(有氧呼吸、分子内无氧呼吸、分子外无氧呼吸),可将发酵分为好氧性发酵与厌氧性发酵。

a.好氧性发酵。进行这种发酵的都是好氧微生物。发酵过程中需要通入一定量的空气。少量的发酵常用棉塞堵封容器口,实验室中的摇瓶培养法就是将装有液体培养基的三角瓶置于摇床上不断振荡,目的是让空气中的氧不断地溶解到液体培养基中。在工业大型好氧性发酵生产中,常采用装有喷雾装置、搅拌装置和无菌空气供应系统的大型发酵罐,以保证好氧微生物进行有氧呼吸,使菌体正常生长发育并积累其代谢产物。微生物农药、微生物肥料以及各种放线菌产生抗生素的发酵,都属于好氧性发酵。

b.厌氧性发酵。进行这种发酵的都是厌氧微生物,在发酵过程中不需供给氧气。厌氧发酵常在密封、深层静止或无空气供应系统的厌氧发酵罐中进行,以满足厌氧微生物的要求。例如,由乳酸细菌引起的乳酸发酵,丙酮丁醇芽孢梭菌引起的丙酮丁醇发酵。有些兼性

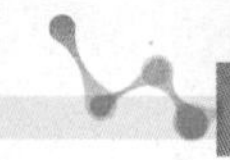

厌氧微生物，例如酵母菌，也可以在无氧条件下进行厌氧性发酵，产生大量的酒精。沼气细菌利用有机物进行的沼气发酵，也是一种厌氧性发酵。

②固体发酵与液体发酵

按发酵培养基的物理状态，可将发酵分为固体发酵和液体发酵。

a.固体发酵又称固态发酵，将配有一定水分的天然固体培养料灭菌后接入菌种，控制各种环境条件进行培养，就可得到相应产品。生产中常用麸皮、米糠、豆渣等农副产品下脚料为主要原料配制成固体状态的培养基，灭菌后接入菌种进行培养、发酵。我国农村的堆肥、青储饲料发酵、食用菌、酱油、醋、酒曲、豆酱等常用此法生产。

b.液体发酵是将菌种接到无菌液体培养基中，使其发酵，所用的容器可小到瓶、坛，大到水泥池和发酵罐。其中，在发酵罐中进行液体发酵是发酵工业常用的。如酒精、丙酮、丁醇、乳酸、啤酒等都是采用此项工艺进行发酵。液体发酵又分为深层发酵和浅层发酵。发酵工业使用的大型发酵罐属于深层发酵，浅层发酵适用于缺乏通气设备及生长繁殖较快的微生物。进行深层好氧性发酵时，必须有搅拌通气设备。液体发酵速度快，发酵完全，发酵周期短，原料利用率高，而且适于大规模机械化生产。

③分批发酵与连续发酵

按发酵有无间歇分为分批发酵与连续发酵。详见 6.5.1 节“分批培养”和 6.5.2 节“连续培养”。

(2)发酵产品

微生物众多的发酵产品按年代可分为以酒、醋、酱等为代表的传统产品，以抗生素、氨基酸、有机酸为代表的近代产品，以胰岛素、干扰素、乙肝疫苗等基因工程产品为代表的现代产品。按产品的主要类别可分为三类：菌体、酶和代谢产物。

①微生物菌体。通过发酵可以获得大量菌体，制成活菌或干菌制品进行应用。例如，人类理想的高蛋白质食品螺旋藻、食用菌、酵母菌，农用的根瘤菌肥、苏云金杆菌杀虫剂，医用的菌苗、疫苗等都以菌体为发酵产品。苏云金芽孢杆菌是目前农业上广泛应用的杀虫细菌，将其发酵培养，得到大量有效的芽孢和伴孢晶体，制成菌药；根瘤菌、固氮菌能把空气中分子态氮同化为可被植物吸收的氮素养料，将它们发酵培养后，获得菌体制成菌肥；酵母菌体含有丰富的蛋白质、核酸、脂肪和维生素，可以从中提取多种药用产品，如农用核酸，也可直接作为食品和饲料。

②微生物产生的酶。微生物种类很多，它们具有各种酶系统，将其培养后，可以把细菌分泌到发酵液中的酶提取出来，制成酶制剂，或以固体发酵制成酶曲，以利用其分解比较复杂的有机物，并将分解产物作为生产其他物质的原料。例如，纤维素酶可应用于发酵饲料，蛋白酶可应用于制革、蚕丝脱胶等。工业生产的酶制剂有 50 余种，主要应用领域为：食品约占 45%，洗涤剂约占 34%，纺织、皮革、造纸等约占 15%，医药约占 6%。

③微生物的代谢产物。许多发酵工业以微生物的代谢产物为发酵产品，如抗生素、食用菌多糖、维生素、氨基酸、酒类、调味品等。

微生物从环境中吸收营养物质，经过代谢作用，部分被同化成菌体组成部分或以储藏物形式存积起来；部分被利用转化后排出体外，这就是微生物的代谢产物。我们一般把微生物的代谢产物分为初级代谢产物和次级代谢产物两大类。

初级代谢产物主要有有机酸、蛋白质、核酸、酒精、甘油等，被广泛用于工业及食品酿造等方面。如,酒类、食醋、味精、酸奶、酸菜等的生产都是对初级代谢物的利用。次级代谢是相对于初级代谢而提出来的,是指微生物在一定的生长时期,以初级代谢的产物为前体,合成一些与微生物的生命活动无明显区别的物质或合成量远远超过自身需要的物质。次级代谢产物大多是分子结构复杂的化合物,根据其作用可分为:抗生素、激素、维生素、毒素、色素、热源(质)、侵袭性酶等类型。

a.抗生素。由某些微生物在代谢过程中产生的一类能抑制或杀死某些病原微生物和肿瘤细胞的物质。抗生素大多由放线菌(如链霉素、红霉素)和真菌(如青霉素、头孢菌素)产生,细菌产生的较少,只有多黏菌素(损害菌体的原生质膜)、杆菌肽(干扰菌体蛋白合成)数种。常用的抗生素如:链霉素、土霉素、抗肿瘤的博来霉素、丝裂霉素、抗真菌的制霉菌素、抗结核的卡那霉素,都为放线菌的次级代谢产物。有的放线菌还可以产生一种以上的抗生素,此外,放线菌还应用于维生素和酶的生产。

b.激素。某些微生物能产生一类刺激动植物生长或性器官发育的激素物质,是一类具有高度生理活性的物质,极少量的存在就有显著的生物效应。激素对生物体有调节新陈代谢、促进机体生长发育和生殖机能以及增强机体对环境的适应性等作用。例如,农业生产上使用的赤霉素、生长素、细胞分裂素、乙烯等都是微生物产生的天然植物生长刺激素。许多霉菌、放线菌和细菌的培养液中也能积累吲哚乙酸、萘乙酸等生长素类物质。微生物还能产生刺激家畜生长的动物激素,如玉米赤霉菌产生的玉米赤霉烯酮,有类似于雌激素的作用。小剂量的玉米赤霉酮可促进牛羊等牲畜快速生长。

近年来,人们已成功地应用遗传工程原理,通过微生物生产人类使用的激素,如通过大肠杆菌生产胰岛素,为激素在医药和工农业生产及科学研究中的应用开辟了广阔的前景。

c.毒素。微生物在代谢过程中产生的对人和动植细胞有毒害作用的化合物,称为毒素。微生物产生的毒素有细菌毒素和真菌毒素。

细菌毒素主要分外毒素和内毒素两大类。外毒素是细菌在生长过程中不断分泌到菌体外的毒性蛋白质,主要由革兰氏阳性菌产生,其毒力较强,如破伤风痉挛毒素、白喉毒素等。大多数外毒素均不耐热,加热至 70 ℃毒力即被破坏。内毒素是革兰氏阴性菌的外壁物质,主要成分是脂多糖,因在活细菌中不分泌到体外,仅在细菌自溶或人工裂解后才释放,其毒力较外毒素弱,如沙门菌属、大肠杆菌属某些种所产生的内毒素。大多数内毒素较耐热,许多内毒素加热至 80～100 ℃,1 h 才能被破坏。

真菌毒素是指存在于粮食、食品或饲料中由真菌产生的能引起人或动物病理变化或生理变态的代谢产物。目前已知的真菌毒素有数百种,有 14 种能致癌,其中的 2 种是剧毒致癌剂,它们是由部分黄曲霉菌产生的黄曲霉毒素 B_2 和由某些镰孢霉产生的单端霉烯族毒素 T_2。

d.色素。许多微生物在生长过程中能合成不同颜色的色素。有的在细胞内,有的则分泌到细胞外。色素可分为水溶性色素和脂溶性色素。水溶性色素常分泌到细胞外,弥漫于整个培养基中,如铜绿假单胞菌产生的绿脓菌素可使培养基呈现黄绿色;脂溶性色素不溶于水,仅保持在菌体细胞内,使菌落呈色而使培养基颜色不变,如金黄色葡球菌的黄色素等。不同微生物产生不同的色素,所以色素是进行微生物分类鉴定的重要依据之一。

有的微生物可产生食用色素,如红曲霉是目前世界上唯一用于生产食用色素的微生物,在生长代谢过程中产生的红曲色素主要存在于菌体细胞内,部分分泌到培养基中,有多种成

分，其中红色色素常用于肉类制品、糕点、酱、酒、腐乳和一些饮料的着色，也可直接用红曲酿酒。

e.热原（质）。热原（质）是细菌合成的一种注入人体或动物体内能引起发热反应的物质。

产生热原的细菌大多是革兰氏阴性菌（如沙门氏菌、大肠埃希菌、铜绿假单胞菌）及个别革兰氏阳性菌（如枯草芽孢杆菌）。热原是细菌细胞壁的脂多糖，其细菌内毒素的主要成分，耐高温，高压蒸汽灭菌 121 ℃、20 min 亦不被破坏，必须以 250 ℃、30 min 或 180 ℃、2 h 的高温处理，或用强酸强碱、强氧化剂煮沸半小时才可将其破坏。热原是制药工业和制备生物制品时必须严格预防的问题。

f.维生素。细菌能合成某些维生素，除供自身所需外，还能分泌至周围环境中。如人体肠道内的大肠埃希菌，合成 B 族维生素和维生素 K 也可被人体吸收利用。某些微生物对某种维生素产量较高，故工业用于大量生产。

g.侵袭性酶。侵袭性酶是细菌合成的能损伤机体组织、促进细菌在机体内生存和扩散的一类酶，与细菌致病性有重要关系。

丰富的微生物发酵产品被广泛应用于各行各业中。

2.微生物发酵的一般工艺

(1)斜面菌种培养

斜面菌种培养是一种将保藏菌种移植到斜面培养基上而使其活化的过程。因保藏的菌种处于休眠状态，生理活性很低，不能直接用于生产。斜面菌种培养的目的是为生产提供活性强、纯度高的优质菌种。要获得优质高产的发酵产品，菌种是关键，该菌种也叫一级种。

(2)种子扩大培养

这是一种将活化的斜面菌种扩大到三角瓶、克氏瓶或罐头瓶中，创造一切适宜生长的条件，使其大量生长繁殖的过程，该菌种也叫二级种。种子扩大培养的目的是繁殖菌种数量，以满足生产对菌种的需求。有时为满足大规模生产，还需对二级种子再扩大。工业发酵中，种子扩大培养都是在种子罐内进行的。

(3)发酵

发酵是指将菌种移植到发酵罐等大型容器中，促其产生各种发酵产品的过程。创造促使菌体大量生长繁殖与积累代谢产物的各种条件，获得高产优质的产品，是发酵过程的主要目的，该环节是总发酵过程的核心。在发酵过程要不断进行检测，随时取样检测菌数、产物浓度等，以了解发酵进程，及时调节各种发酵条件，以保证菌体生长和代谢途径朝着有利于人类需要的方向进行。

(4)产品处理

发酵结束后，应根据不同的发酵产品进行不同的处理，将其制为成品。若产品是食用菌可直接采摘。若以活菌体为产品（如菌农药、菌肥料等），采用固体发酵的可将发酵料晾干，若以菌体成分为产品，可将其晒干或者烘干。采用液体发酵的，可用过滤或离心法使菌体与发酵液分开，或将发酵液直接拌入吸附剂，将其制成菌粉。若产品是酶或代谢物，应根据其性质采用不同提取法（蒸馏、沉淀等）提取。处理后的各发酵产品还必须进行质量检查，符合要求后才能成为成品。

整个生产工艺可概括为：原始菌种→斜面菌种培养→种子扩大培养（液体或固体）→发

酵(固体或液体)→产品处理→质量检验→成品。

微生物工业发酵的基本过程如图 6-28 所示。

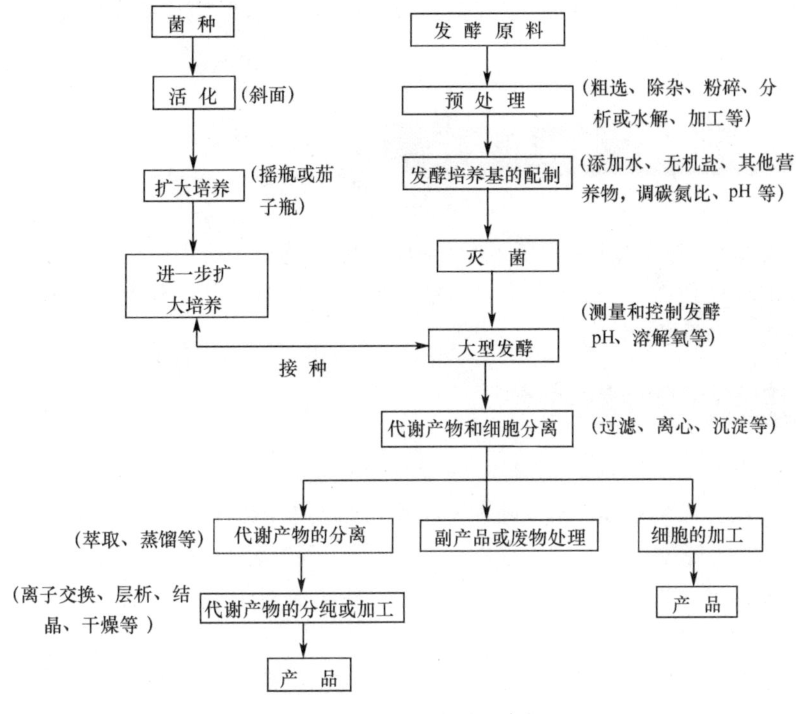

图 6-28 微生物工业发酵的基本过程

微生物的生长繁殖实际是进行了包括能量(产能与耗能)和物质代谢(分解与合成)的新陈代谢过程。

3.发酵工艺条件的控制

在发酵中,发酵条件适合与否是发酵成败的重要影响因素,因发酵条件既能影响微生物的生长,又能影响代谢产物的生成。如在酵母菌的乙醇发酵中,若条件不同或改变培养基的组成,都可以使发酵过程变得无效或者使乙醇发酵转向甘油发酵,得不到所需要的乙醇产品。

(1)调控培养基的组成和各成分的比例

培养基的成分是微生物生长和产生发酵产物的物质基础。培养基的组成、各成分的比例应根据发酵的目的进行选调。如种子培养基是为了繁殖菌种,氮源要充足。发酵培养基既要有适量速效碳源或氮源,以促进菌体生长,又要有充足的迟效碳源或氮源,以利于发酵产物的形成,也可避免速效碳源或氮源在体内产生分解代谢产物的阻遏。在配制发酵培养基时,还应控制影响细胞膜透性的物质的浓度,以利于代谢物的分泌。例如,生长因子浓度的高低对谷氨酸发酵过程影响较大,当其浓度高时,会导致细胞膜透性降低,使谷氨酸在细胞内积累产生抑制作用,不利于谷氨酸的合成。

(2)控制发酵条件

各类微生物对发酵条件的要求不同,同一微生物在不同生长阶段的要求也不一样,而且发酵过程中,营养物的消耗和代谢物的积累都会使各种条件发生变化,应经常检查,随时调整,掌握生产时机。除注意温、湿、气的协调外,还要及时调整培养基的酸碱度,以充分提高微生物的发酵能力。生产中还要经常用显微镜检查菌体生长情况和杂菌感染情况。使用优质菌种,加大接种量,培养基及其用品、发酵环境等进行严格消毒灭菌,是减少杂菌污染的重要保证。此外,生产中还常通过测定残糖量以了解发酵程度,当残糖量降至0.5%时,表明发酵是彻底的,可以及时结束发酵。

6.6 菌种的退化、复壮和保藏

在微生物基础研究及应用领域,选育一株理想的菌株是一件艰苦的工作,而要稳定地保持选育菌种的优良性能,是一项困难更大的工作。菌种退化是一种潜在的威胁,引起微生物研究人员的关注与重视。

6.6.1 菌种的退化

菌种在自发突变的影响下,引起某些特性降低或丧失的现象,称为菌种的退化。如果应用退化的菌种进行微生物学工作,则达不到预期的效果,或效果很差。

1.菌种的退化现象

不同菌种的退化现象不同,常见的菌种退化现象有以下几个方面:

(1)菌落和细胞形态改变

各种微生物在一定的培养条件下,都有一定形态特征。如果典型的形态特征逐渐减少,就表现为退化,如菌落颜色改变、畸形细胞出现等。有的表现为生长缓慢,孢子产生减少,如某些放线菌或霉菌在斜面上多次传代后,产生"光秃"现象,出现生长不齐或不产生孢子的退化,从而造成生产上用孢子接种的困难,如细黄链霉菌"5406"的菌落由原来为凸形变成了扇形、帽形或小山形,孢子丝由原来螺旋状变成小组曲状或直丝状,孢子从椭圆形变成圆柱形等。

(2)生产性能或对寄主的寄生能力下降

生产性能的下降,对生产来说是十分不利的,如发酵菌株的发酵能力下降、代谢产物减少等,都是菌种退化的表现。如,赤霉素生产菌产赤霉素能力的下降;枯草杆菌"7658"产α-淀粉酶能力的降低。

(3)对生长环境的适应能力减弱

表现在抗噬菌体菌株的能力、抗低温的能力以及利用某种物质的能力降低等。

2.菌种退化的原因

菌种退化的原因很多,主要原因如下:

(1)基因的自发突变

微生物的变异来自DNA的变化,而DNA的成分和结构的变化都是突然产生,而不是逐步产生的,由此而产生的性状变异就称为突变。在非人为的情况下,由于遗传物质的各种微小变化而引起的性状变异,称为自然突变。若变异引起生产性能的提高则称为正突变,使生产性能降低的变异则叫负突变。

自然突变是没有方向性的,所以菌种退化的一个主要原因是有关基因的负突变,如果控制产量的基因发生负突变,就引起产量下降,对一个经常处于旺盛生长状态的细胞来说,发生突变的概率比休眠状态的细胞大得多,尤其是处于群体多次繁殖的情况下,退化细胞的数量逐渐增多，最终成为退化菌株。

(2)育种后未经有效的分离纯化

在许多微生物细胞中含有一个以上的核，经诱变处理后往往容易形成不纯的菌落；即使是单核细胞，也会出现不纯的菌落。这些菌落，如不很好地分离纯化，在经过几次传代后，很容易导致核分离，使某些性状发生变化。如某一高产菌株的菌落是来自一个孢子或细胞形成的，而其中只有一个是高产突变孢子或细胞，那么经过传代后会导致产量的降低。

(3)培养条件改变

培养条件主要包括温度、pH、培养基等。如果一个菌种长期生活在不适宜的环境中，其优良性状很难保持，容易退化。

(4)污染杂菌

如果高产菌株污染了杂菌或感染了噬菌体，就很容易产生退化。

菌种的退化是发生在细胞群体中的一个由量变到质变的逐步演变过程。最初，群体中只有个别细胞发生负突变，这时如不采取措施，而一味地移植传代，则群体中负突变个体的比例会逐渐增大，从而使整个群体表现出退化。

了解菌种衰退的原因后，就有可能提出防止衰退和进行菌种复壮的对策。实践上，在有关防止菌种衰退和进行复壮工作中已积累了很多经验。

3.防止菌种退化的措施

(1)控制传代次数

减少不必要的传代次数，可以降低自发突变化的概率，减少菌种退化的机会。控制传代次数的做法是：将筛选出来的或外地引进的原种做好长期保藏。对原种第一代繁殖尽量多些，取其中一支再移植一批斜面菌种为第二代，用于生产，第二代用完后，再取一支菌种移植一批使用(图 6-29)。为了减少菌种的消耗量，大生产时应尽量避免用斜面菌种直接接种。

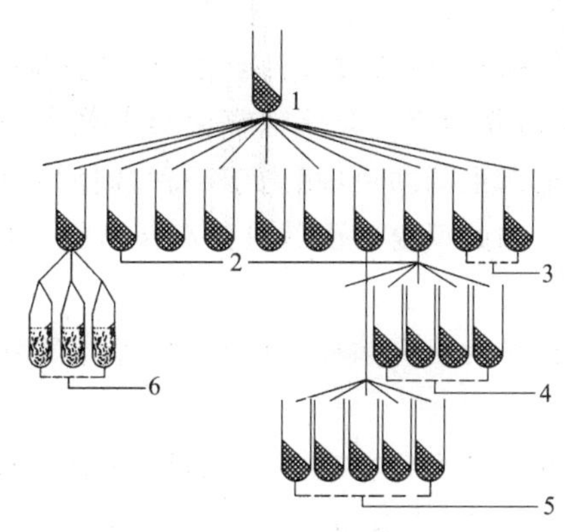

图 6-29　微生物传代方法

1—原种；2—低温保藏；3—用于第一次生产；

4—用于第二次生产；5—用于第三次生产；6—沙土管

(2)创造良好的培养条件

培养条件的改变，对菌种的退化会产生影响，因此，在实践中，要注意为菌种创造良好的培养条件。

(3)利用孢子接种

在放线菌和霉菌中，其菌丝常是多核的，易引起退化，孢子一般是单核的，利用孢子接种

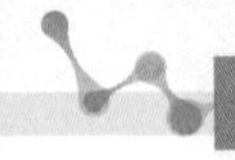

可以防止退化或推迟退化的时间。

(4)采用有效的菌种保藏方法

保藏方法的好坏，影响着菌种性状的稳定性。在实践中，要注意选择适合不同微生物的保藏方法，以防止菌种退化。

(5)定期复壮

对菌种定期进行分离纯化，检查相应的性状指标，也是有效防止菌种退化的必要措施。

6.6.2 菌种的复壮

在生产实践中，如果菌种发生了退化，那么必须经过复壮提纯后，才可应用于生产中。菌种的复壮有广义和狭义两种概念。狭义的复壮仅是一种消极的措施，它是指在菌种已发生衰退的情况下，通过纯种分离和测定生产性能的方法，从衰退的群体中找到尚未衰退的个体，以达到恢复该菌原有的典型性状的一种措施。而广义的复壮则是一项积极的措施，即在菌种的生产性能尚未衰退前就经常有意识地进行纯种分离和生产性能的测定工作，以使菌种的生产性能逐步有所提高，所以，这实际上是一种利用自发突变不断从生产中进行选种的工作。复壮常采取以下措施：

1.纯种分离

通过纯种分离，可把退化菌种的细胞群体中一部分仍保持原有典型性状的单细胞分离出来，经过扩大培养，就可恢复原菌株的典型性状。常用的分离纯化方法很多，大体可将它们归纳成两类：一是平板画线(或表面涂布)分离，主要适合于细菌、酵母菌等微生物的分离纯化；另一种方法是单胞分离，主要用于产孢子的真菌分离培养，对于厌氧微生物则要采用相应的厌氧培养技术来分离纯化。

2.寄主复壮

对于寄生性微生物的退化菌株，可通过接种至相应的昆虫或动、植物寄主体内以提高菌株的毒性。如：经过长期人工培养的苏云金芽孢杆菌会发生毒力减退、杀虫率降低等现象，这时可用退化的菌株去感染菜青虫的幼虫(相当于一种选择性培养基)，然后再从病死的虫体内重新分离典型产毒菌株。如此反复多次就可提高菌株的杀虫效率。

3.遗传育种

遗传育种是指以退化菌株作为出发菌株，重新进行遗传育种，从中选出高产菌株。

4.改变培养条件

改变培养条件中最常用的是改变营养成分、酸碱度或培养温度。如对“5406”放线菌复壮，可取两年生的苜蓿根，洗净切片，称取 400 g，加水 1 000 mL，煮沸 0.5 h，滤液中加入糖和琼脂各 20 g，制成复壮培养基。退化的菌种接种在这种培养基上，菌丝长得紧密丰满，孢子层厚，呈粉红色，4～5 d 即成熟。还可通过改变培养基的方法，即轮换使用马铃薯、大麦粉等培养基来提高“5406”菌种的性能。

6.6.3 菌种的保藏

菌种的保藏是一项很重要的微生物学基础工作。一个优良的菌种分离选育出来后，必须妥善地保藏起来，尽可能地使其不死、不衰、不污染和不降低生产性能。

1.菌种保藏的基本原理

根据微生物的生理、生化特点，人为地创造一个有利于休眠的环境条件(如低温、干燥、缺氧、缺乏营养以及添加保护剂等)，使微生物的代谢活动处于最低的状态，但又不至于使微生物死亡，从而达到保藏的目的。保存菌种时最好采用微生物的休眠体，如芽孢、分生孢子等。

2.菌种保藏的常用方法

一种好的菌种保藏方法，首先应能够长期保持菌种原有的优良性状，同时还必须考虑到方法的经济性和简便性。菌种保藏的方法很多，常用的主要有以下几种：

(1)斜面冰箱保藏法

将菌种接在适宜的斜面培养基上，培养到菌体或孢子生长丰满后，便可放在4 ℃的冰箱中保藏。每隔一定时间，需进行移接培养后再进行保藏。一般霉菌、放线菌半年一次，细菌、酵母菌3个月一次。这种保藏法使菌种处于较低的温度下，既可降低其代谢活动，也可使培养基不致干裂。如果能利用超低温条件，即液氮(－195 ℃)，保藏效果更好。这种保藏方法的缺点是：尚有一定强度的代谢；保藏时间短，转管次数多。

(2)固体穿刺保藏法

将菌种穿刺接到半固体培养基柱中，经培养长好后，放入4 ℃冰箱中保藏。此法可保藏6个月左右，适用于细菌、酵母菌的保藏。

(3)石蜡油封保藏法

菌种在琼脂斜面上或在半固体琼脂试管中生长后，在试管中再加入无菌矿油(液状石蜡)使液面高出培养基顶部1～2 cm，于4 ℃冰箱中保存，保存期可达2～10年。液状石蜡用作菌种保藏也简单易行，它能使菌种和培养基与外界空气隔绝，抑制生物代谢，并可防止培养基水分蒸发，因而延长微生物的寿命。

(4)沙土管保藏法

将菌种接于斜面上培养之后，做成菌悬液注入灭菌的沙土管中，然后将接过菌的沙土管放在干燥器内，用真空泵抽空或加 P_2O_5 的办法，使样品干燥(或用斜面孢子直接接入沙土管中，使其自然干燥，也具有较好的效果)，置于室温环境中，可保存2～10年。这种保藏方法主要适合于细菌的芽孢和霉菌的孢子。

(5)真空冷冻干燥保藏法

本法又称冷冻真空干燥法。它综合利用了各种有利于菌种保存的因素(低温、干燥和缺氧等)，是目前最有效的菌种保存方法之一。用本法保存的菌种具有成活率高、变异性小等优点，保存期一般为3～5年，有的可保存数十年。

(6)纯种制曲法

这是根据我国传统的制曲经验改进以后的方法。此法适宜保藏产生大量孢子的各种霉菌和某些放线菌，保藏时间可长达1年至数年。

(7)液氮超低温保存法

将菌种保存在超低温(－196～－150 ℃)的液氮中，在该温度下，细菌等微生物的代谢处于停滞状态，可降低变异率和长期保持原种的性状，可用于其他方法难以保存的微生物。该法是目前保存菌种最理想的方法。

(8)寄主保藏法

某些微生物只能寄生在活着的动物、植物或细菌中才能繁殖传代，故可针对寄主细胞或细胞的特性进行保存。该法适于难以用常规方法保藏的动、植物病原菌及病毒。

几种保藏方法的适用范围及有效期见表 6-18。

表 6-18 菌种保藏方法比较

保藏方法	适用范围	保存有效时间
斜面适温	除病毒外的各类微生物	细菌、酵母 1 个月，霉菌、放线菌 2～3 个月
斜面低温(4 ℃)	除病毒外的各类微生物	细菌、酵母 3 个月，霉菌、放线菌 6 个月
石蜡油封	酵母菌、霉菌等	低温 2～10 年以上
沙土管	芽孢杆菌、霉菌和放线菌的孢子	室温 2～10 年
真空冰冻干燥	各类微生物	低温 3～5 年，有的可保存数十年
纯种制曲	产生大量孢子的霉曲	低温 1 年至数年

6.7 菌种的扩大培养

菌种的扩大培养是指将保存在沙土管、冷冻干燥管中处于休眠状态的生产菌种接入试管斜面活化后，再经过扁瓶或摇瓶及种子罐逐级扩大培养而获得一定数量和质量的纯种过程。纯种培养物称为菌种(或种子)，种子液质量的优劣对发酵生产起着关键性的作用。

优良的菌种必须具备以下条件：①菌种细胞的生长活力强，移种至发酵罐后能迅速生长，延迟期短；②生理性状稳定；③菌体总量及浓度能满足大容量发酵罐的要求；④无杂菌污染；⑤保持稳定的生产能力。

6.7.1 菌种扩大培养的两个阶段

菌种的扩大培养是发酵生产的第一道工序，该工序又称为种子制备。种子制备的工艺过程一般需要经过两个阶段：

1.实验室阶段的菌种扩大培养

实验室阶段的菌种扩大培养即在固体培养基上繁殖菌体或生产大量孢子的孢子制备和在液体培养基中生产大量菌丝的种子制备。种子制备是将固体培养基上培养出的孢子或菌体转入液体培养基中培养，使其繁殖成大量菌丝或菌体的过程。该阶段培养包括琼脂斜面培养、固体培养基扩大培养或摇瓶液体培养。

2.生产阶段的菌种扩大培养

种子罐扩大培养属于生产阶段的菌种扩大培养。种子罐扩大培养的工艺过程因菌种不同而异，一般可分为一级种子、二级种子和三级种子的制备。孢子(或摇瓶菌丝)、活化的菌种被接入体积较小的种子罐中，经培养后形成大量的菌丝或菌体，这样的种子称为一级种子，把一级种子转入发酵罐内发酵，称为二级发酵。如果将一级种子接入体积较大的种子罐内，经过培养形成更多的菌丝，这样制备的种子称为二级种子，将二级种子转入发酵罐内发酵，称为三级发酵。同理，使用三级种子进行的发酵，称为四级发酵。种子罐的级数主要取决于菌种的性质和菌体生长速率及发酵设备的合理应用。种子制备的目的是要形成一定数量和质量的菌体。

6.7.2　生产中菌种扩大培养过程的实质

食品生产中的菌种扩大过程是菌种逐渐适应外界环境的过程，培养基的组成逐渐由实验室用培养基过渡到生产用培养基，同时培养规模也由实验室培养规模逐渐过渡到生产规模，完成了菌种"质量"和"数量"的飞跃，达到了生产用菌种的要求。

1.实验室种子扩大培养工艺

(1)生产菌种的选择

食品生产企业选择生产菌种基本上有两种方法，一是企业利用自己的技术力量从特定的材料中筛选生产用菌种；二是从科研部门直接购入生产用菌种，我国的中国科学院微生物研究所就拥有国家微生物菌种保藏机构。在生产专业化分工越来越细的今天，一般情况下企业没有必要自己筛选生产用菌种，直接购买生产用菌种是最经济和最有实效的途径，除非企业生产特殊品种的食品，而需要特殊的生产菌种。通常情况下，生产用菌种应当具有如下特点：

①生长繁殖速度快，对杂菌抵抗能力强，即有利于提高生产效率和生产设备利用率。

②不产生对人体有危害的物质，即有利于提高生产的安全性，如不产生黄曲霉毒素等。

③具有特定酶系，即不同的生产用菌种拥有不同的特定酶系，如酱油生产用菌种应当具有活性较强的蛋白酶和淀粉酶，而酒精生产用菌种应当具有活性较强的酒化酶。

④具有产生食品独特风味物质的能力，即有利于确保产品具有独特风格特点，如乳酸菌制品生产用菌种(乳酸杆菌)具有产生乳酸制品独特的风味物质的能力；酱油生产用菌种可以产生酱油固有的酱香成分。

(2)菌种扩大培养工艺

实验室阶段的菌种扩大培养在实验室中完成，菌种培养基应当选择实验室专用培养基，确保其中营养物质种类齐全以及配比合理，同时具有适宜的渗透压和 pH 等。采用无菌室或超净工作台完成接种工作，最大限度地避免杂菌的侵染。菌种培养时应用恒温培养箱和摇床等微生物培养设备进行准确的培养操作。培养成熟后依据不同的种子质量验收标准进行质量检验，合格的实验室种子可进入生产阶段种子扩大培养。

2.生产阶段种子扩大培养工艺

生产阶段种子扩大培养在生产车间完成，菌种培养基应选择生产用培养基，培养基原料尽量选择生产用原料，这样有利于顺利完成从菌种培养环境向生产环境的过渡过程。菌种接种工作可以在生产车间完成，虽然生产车间无菌条件较差，但也应当以无菌操作的方法进行接种。由于生产用培养基数量较多，因此，应当尽量通过搅拌的方法使种子与培养基充分混匀，同时尽最大可能避免杂菌侵染。菌种培养在生产车间的培养罐中进行，通过培养罐上的各种控制仪表对培养条件实施自动化控制。通过抽样检验，合格的种子就可以进入正式的食品发酵生产过程。

3.种子质量控制措施

在生产实践中，菌种的扩大培养过程基本采用自动化控制手段进行控制，但是对于我国传统民族食品，如酱油、食醋和腐乳等，其生产过程中的菌种扩大培养有其自己独特的控制手段与方法。种子的质量控制措施主要通过如下途径来实现：

(1)选择适宜的生产用菌种，这是种子质量控制的根本所在。

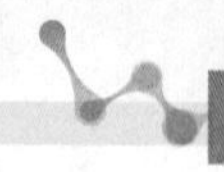

(2)选择适宜的菌种培养基，这是种子质量控制的物质基础，包括选择适宜的营养物质种类、合理的营养物质配比、适宜的营养物质浓度以及适宜的 pH 等。

(3)选择适宜的菌种培养条件，这是种子质量控制的外在因素，包括选择适宜的培养温度、培养时间、空气湿度、含氧量和接种量，以及适度搅拌等。

(4)其他控制措施，包括适宜的生产设备和生产环境等。

4.种子的质量指标

无论是哪一类食品生产，其种子的质量指标都包括如下方面：

(1)外观指标

不同品种的食品，其种子成熟后的外观指标是不相同的，但无论是哪一品种的食品，其种子的质量指标构成大致相同，主要由两部分构成，即种子整体外观和镜检外观。如酱油种曲培养结束后，种曲具有鲜艳的黄绿色，有曲香、无夹心(生料芯)、无其他杂菌斑和异色，镜检菌丝体粗壮，孢子丛生；而啤酒酵母扩大培养结束后，酵母醪液应当具有正常的酵母味道和醪液颜色，镜检酵母细胞健壮、形状与大小均匀等。

(2)细胞(或孢子)总数

如啤酒酵母扩大培养后，酵母醪液中酵母细胞数应当达到$(10\sim15)\times10^6$ 个/mL；酱油种曲培养结束后，要求种曲中含有孢子总数达 25 亿～30 亿个/g(湿基计)。

(3)生理特性指标

食品生产的类型不同，其生产菌种具有不同的生理特性指标。如啤酒酵母的生理特性指标是酵母菌的凝聚特性、发酵度、发酵速度和灭死温度等；酱油种曲的生理特性指标是蛋白酶活力和孢子发芽率等。

本章小结

无菌操作包括两个内容：一是对使用的器具及培养基的灭菌，二是创造环境无菌。进行微生物分离的方法有稀释倒平板分离法、平板画线分离法、涂布平板分离法、单细胞(单孢子)挑取法、选择培养基分离法、菌丝尖端切割、组织分离法；常用的接种方法有斜面接种、液体接种、穿刺接种、平板接种。影响微生物生长的物理因素主要有温度、干燥、渗透压、辐射、过滤除菌、超声波和微波等；影响微生物的化学因素有氢离子浓度、氧化还原电位、化学消毒剂和化学治疗剂。常用的化学消毒剂有重金属盐类、酚类、醇类、醛类、氧化剂、卤素类、表面活性剂、染料类等。工业上常用的食品发酵技术有分批培养、连续培养、补料分批培养、高密度细胞培养、双菌或混菌培养、固定化细胞培养。对于退化的菌种要进行复壮，常用的复壮措施有纯种分离、寄主复壮、遗传育种、改变培养条件；菌种保藏常用的方法有斜面冰箱保藏法、固体穿刺保藏法、石蜡油封保藏法、沙土管保藏法、真空冷冻干燥保藏法、纯种制曲法、液氮超低温保存法、寄主保藏法。

复习思考题

1.什么是最适生长温度、专性好氧菌、兼性厌氧菌、巴氏消毒法、间歇灭菌法、纯种微生物？

2.什么是微生物的生长？测定微生物总菌数的方法有哪些？

3.什么叫微生物的生长曲线？它是如何绘制而得的？

4.微生物的生长曲线可分为哪几个阶段？各阶段的生长特点是什么？

5.比较各种微生物数量测定法的优缺点。

6.在测定微生物菌数时，用“MPN”表示什么？

7.平皿菌落计数法是否可把样品的活菌完全测出来？为什么？

8.用比浊法测定微生物数量时，哪些因素会导致误差？

9.微生物培养过程中 pH 变化规律如何？怎样调整？

10.试列表比较灭菌、消毒、防腐和化疗的异同，并各举实例若干。

11.为什么高浓度的糖或盐可以用于食品的防腐？为什么把它们归为物理防腐而非化学防腐？

12.湿热灭菌与干热灭菌具体操作方式各有哪些？分别有哪些特点？哪类灭菌方式更有效？

13.下列物品各选用什么方法灭菌？试说明理由。

①培养基；②玻璃器；③室内空气；④酶溶液。

14.试述常用杀菌剂的杀菌机制？

15.微生物的次级代谢产物有哪些？试举例说明。

16.什么叫无菌技术？为什么在对微生物的接种、分离和培养的过程中均需采用无菌技术？

17.对微生物进行单细胞分离有哪些方法？单细胞分离的意义是什么？

18.用三角瓶进行液体培养好氧微生物时，为什么要置于摇床中？

19.在发酵罐中进行好氧发酵时，如何保证菌体有充足的氧气？

20.什么叫分批培养？什么叫连续培养？各有何优缺点？

21.什么叫恒化连续培养？什么叫恒浊连续培养？

22.固定化细胞连续培养用哪些材料可做载体？此培养法有何先进性？

23.高压灭菌锅的使用方法及注意事项有哪些？

24.常用的消毒剂有哪些？影响消毒剂作用的因素有哪些？

25.在发酵生产中，为什么要尽量缩短延滞期？具体可采取哪些措施？

26.微生物生长繁殖过程中根据对氧的需要分为哪几种类型？

27.微生物发酵的类型有哪些？举例说明。

28.写出微生物发酵的工艺过程。并说明在发酵过程中如何进行控制。

29.常用的菌种分离和接种方法有哪些？

30.什么是菌种的退化？应如何防止？菌种退化以后如何进行复壮？

31.菌种保藏的原理是什么？常用的菌种保藏方法有哪些？

32.食品生产中原料选择和处理、菌种扩大培养、发酵工艺等生产过程与微生物生长规律有怎样的关系？

33.写出菌种扩大培养的工艺过程及注意事项。

34.菌种扩大培养的实质是什么？分为哪几个阶段进行？各阶段有何特点？

35.过滤除菌在食品加工中有何应用？试举例说明。

36.查阅资料，了解我国的微生物菌种保藏中心有哪些？在生物多样性保护中起到了哪些作用？

知识链接

用种子罐进行种子培养应注意的问题

用种子罐进行种子培养通常在生产车间进行。影响种子罐培养的主要因素除营养条件、培养条件、种子的级数和接种量控制等外，生产中还要特别注意对泡沫和染菌的控制。

1.泡沫的控制

(1)产生泡沫的原因

通气和机械搅拌使液体分散和空气窜入，形成气泡；培养基中某些成分的变化或微生物的代谢活动产生气泡；培养基中某些成分(如蛋白质及其他胶体物质)的分子，在气泡表面排列形成坚固的薄膜。因此，气泡不易破裂，聚成泡沫层。

(2)泡沫的影响

培养过程中产生的泡沫与微生物的生长和合成酶有关，泡沫的持久存在影响着微生物对氧的吸收；妨碍二氧化碳的排出，因而破坏其生理代谢的正常进行，不利于发酵；由于泡沫大量生成，致使培养液的容量一般只能等于种子罐容量的一半左右，大大影响了设备的利用率，甚至发生跑料，招致染菌，造成巨大损失。

(3)培养过程的消泡措施

①机械法　机械法消泡是借机械力引起剧烈振动或压力变化而起消泡作用。消泡装置可安装在罐内或罐外。罐内可在搅拌轴上方安装消泡桨；或将少量消泡剂加到消泡转子上以增强消泡效果。罐外法是将泡沫引出罐外，通过喷嘴的加速作用或离心力粉碎泡沫。机械法优点是不需加消泡剂，减少染菌机会，节省材料，且不会增加下游工段的负担。缺点是不能从根本上消除泡沫原因。

②化学法　即加消泡剂消泡。发酵工业常用的消泡剂有各种天然的动植物油，来自石油化工生产的矿物油，改性油、表面活性剂等。而新型的有机硅聚合物如硅油、硅树脂等，则具有效率高、用量省、无毒性、无代谢性，同时兼有提高微生物合成酶量等多种优良特性，是一类有发展前途的消泡剂。

2.染菌的控制

(1)染菌的原因

染菌的原因主要包括设备、管道、阀门漏损；灭菌不彻底；空气净化不好；无菌操作不严或菌种不纯等。

(2)染菌的控制

①加强接种室的消毒管理工作，定期检查消毒效果，严格无菌操作技术。

②如果新菌种不纯，则需反复分离，直至完全纯粹为止。对于已出现杂菌菌落或噬菌斑的试管斜面菌种，应予废弃。平时应经常分离试管菌种，以防菌种退化、变异和污染杂菌。

③对于菌种扩大培养的工艺条件要严格控制，对种子质量更要严格掌握，必要时可将种子罐冷却，取样做纯种实验，确保种子无杂菌存在，才能向发酵培养基中接种。

第 7 章

微生物与食品生产

学习目标

1.了解常见微生物发酵食品的生产工艺过程。

2.熟悉微生物在发酵食品生产中的作用机制。

3.掌握食品中常见微生物的主要类型及生物学特性。

4.能利用有益微生物进行常见发酵食品生产。

认识乳酸菌

7.1 食品工业中细菌的应用

我国古代先民结合我国当时的生产力，创造了世界上独一无二的开放式固态发酵技术，中国传统发酵产品如白酒、黄酒等酒类产业以及腐乳、酱油等产业在产品特色、产品质量、产品标准制定、现代化工艺等方面具有鲜明的特色。

7.1.1 发酵乳制品的生产

1.发酵乳制品中的乳酸细菌

发酵乳制品中主要的微生物是乳酸细菌，间或有酵母菌加入乳中生产出酸乳、饮料、干酪、乳酪等产品，加入了酵母菌的产品中含酒精 1%左右。

各种乳制品中所用乳酸菌品种不同，同一乳酸菌在不同原料乳中发酵，其产品风味也各具特色。

2.酸牛奶及其他酸乳

酸牛奶一般使用嗜热链球菌（*Streptococcus Thermophilus*）与保加利亚乳杆菌（*Lactobacillus Bulgarians*）混合菌种作为发酵剂。其他常用的发酵菌剂有乳酸链球菌、嗜酸乳杆菌、蚀橙明串珠菌、戊糖明串球菌等。

酸牛奶是以优质鲜牛奶为原料，经脱脂、消毒后，接入酸乳发酵菌剂，发酵而制成。其工艺流程如下：

鲜牛奶→脱脂→杀菌→均质→接入发酵剂→装瓶发酵→冷却储藏→成品

在原料牛奶中加入 8%砂糖，还可加入适量果汁，如果采用脱脂粉乳或炼乳，可将其调为 10%～12%浓度后加入砂糖，为增加其硬度还可加入 0.1%的琼脂，经 80 ℃以上加热杀菌 20～30 min，冷却后加入发酵剂到发酵罐中加盖，经 18～20 h(恒温 30 ℃)培养，即可生

成硬块状凝固物，随后送冷藏室(0～5 ℃)储藏 5～6 d。

若采用保加利亚乳杆菌单独培养时，在 37 ℃培养 6～8 h 酸度可达 0.7%～0.8%，并引起凝固，即可终止。乳酸链球菌发酵温度范围比保加利亚乳杆菌要广，其发酵酸度可达 0.8%～0.85%。

其他乳品原料如马奶、驴奶的酸乳制品与酸牛奶工艺大同小异，可因地制宜。

3.干酪

干酪是一种富含营养又容易消化吸收的食品。它是由优质鲜乳经杀菌后，加入微生物菌种或凝乳酶发酵而成的。其生产工艺流程如下：

原料乳杀菌→凝块形成→排除乳清→搅拌加热→粉碎→压榨成型→加盐→发酵成熟→成品

干酪的制造，目前都采用纯培养发酵剂来进行发酵，很少进行自然发酵。纯培养发酵多采用混合乳酸菌，有的也采用丙酸菌和丝状菌。

干酪在制造和成熟的过程中，经历了复杂的变化过程，在微生物酶的作用下，原料乳蛋白质大致经历了由不溶性到易溶性的变化，即由蛋白质→胨→多肽→氨基酸→氨。最后，可溶性蛋白质可达 33%左右，有的可高达 70%。乳糖由于乳酸菌的作用，逐渐变为乳酸及其他混合物。干酪在形成过程中，产生氨基酸、乳酸、其他有机酸、丁二酮等，形成了干酪特殊的风味。在干酪成熟的初期，乳酸菌占有很大的比率，但也有其他细菌存在，后来几乎全部为乳酸细菌，但在成熟后期，由于乳糖被消耗，乳酸菌亦随之减少。

干酪在制造过程中，有时也会受到其他有害微生物污染，成品表面也会有酵母菌、霉菌、细菌等杂菌繁殖。例如丁酸梭菌(*Clostridium Butyricum*)会使干酪产气，内部形成多孔结构；有些细菌可分解蛋白质使干酪产生苦味。

4.乳酪

乳酪是由乳油制造的，制造方法有两种：一种是直接用灭菌乳油生产的，称为甜乳酪；另一种是用发酵乳油制造的，称为酸性乳酪。酸性乳酪以鲜牛奶分离的奶油为原料(脂肪率 40%～50%)，采用连续式离心机分离奶油，离心机转速达 6 000～7 000 r/min。将奶油在 63 ℃下灭菌 30 min，以提高奶酪的耐储性能。奶油发酵可采用自然发酵法即用不灭菌的奶油在 20 ℃条件下自然发酵；更多的是采用人工培养乳酸菌接种发酵。采用的发酵剂含有乳链珠菌、食柠檬酸明串球菌、葡聚糖明串珠菌。接种量为 10%，20 ℃条件下发酵 12 h 左右即可。

从发酵的奶油中分离出乳酪，是在 12～15 ℃将奶油振荡搅拌后，使脂肪结合成较大颗粒，并与其他成分分离，所得脂肪粒即乳酪粒，其水溶液即脱脂乳。

搅拌后，将乳酪从桶底排出口取出，然后用与乳酪同等量的水(温度要比乳酪低 5～6 ℃)进行洗涤。反复洗涤 2～3 次，直至排出液澄清为止，此时乳酪脂肪较纯。

最后将乳酪中多余的水分压出，同时加入 2%～3%的食盐，可以提高乳酪风味，延长乳酪保存期。

此外，乳酸杆菌还可以生产乳酸饮料等多种乳制品，在人们日常生活中发挥越来越重要的作用。

7.1.2　食醋的生产

食醋是我国劳动人民在长期生产实践中制造出来的一种调味品，历史悠久。著名的山西陈醋、镇江香醋、四川麸醋、东北白醋、江浙玫瑰米醋、福建红曲醋是其代表品种。

醋酸菌是醋酸发酵的主要菌种，它能氧化酒精为醋酸。形态为长杆状或短杆状细胞，不形成芽孢，革兰氏染色，幼龄阴性，老龄不稳定，好氧，适于在含糖和酵母膏的培养基上生长，适宜温度为 30 ℃左右，适宜 pH 为 5.4～6.3。

目前国内外用于生产食醋的菌种有：奥尔兰醋杆菌（*A.orleanense*）、许氏醋杆菌（*A.schutzenbachii*）、弯醋杆菌（*A.curvum*）、产醋醋杆菌（*A.acetigenum*）、醋化醋杆菌（*A.aceti*）。我国许多生产厂家使用的是中科院微生物所选育的恶臭醋酸杆菌 As1.41。另一株是上海醋厂从丹东速酿醋中分离出来的复壮菌种，编号为沪酿 1.01。

食醋不仅有酸味，还有鲜味、甜味和香气。其来源是原料中的淀粉经微生物酶解，产生酒精进一步变为醋酸，而蛋白质变为氨基酸，此外尚有芳香类、糖类物质生成。

制醋的发酵过程是由淀粉水解成糖，糖化的化学反应式如下：

$$(C_6H_{10}O_5)_n + H_2O \rightarrow nC_6H_{12}O_6$$

在实际生产中，淀粉糖化产物是葡萄糖与糊精的混合物。再经酵母菌在无氧条件下由 EMP 途径将葡萄糖发酵成乙醇和二氧化碳。

$$C_6H_{12}O_6 + 2ADP + 2Pi \rightarrow 2CH_3CH_2OH + 2CO_2 + 2ATP$$

乙醇在醋酸菌的作用下氧化成乙酸，这是食醋生产的主要环节，其反应分两个阶段：

$$CH_3CH_2OH + NAD \rightarrow CH_3CHO + CO_2 + NADH_2$$

这一反应在乙醇脱氢酶的作用下完成。

$$CH_3CHO + NAD + H_2O \rightarrow CH_3COOH + NADH_2$$

这一反应在乙醛脱氢酶的作用下完成。

酿造食醋的原料中也有蛋白质成分，在曲霉的蛋白酶催化下，分解成各种氨基酸，这是食醋鲜味的来源。

酵母菌在酒精发酵过程中产生一些有机酸，醋酸菌在醋酸发酵中能氧化葡萄糖酸，分解麸酸为琥珀酸，这些有机酸与醇类结合，产生了有芳香气味的酯，使食醋具有特殊的清香，在陈醋中酯类香气更浓。此外醋酸菌还能氧化甘油产生二酮，二酮具有淡薄的甜味，使醋的风味更佳。

7.1.3　味精的生产

我国味精发酵生产初期使用的是中科院微生物所选育的北京棒状杆菌 As1.299 和钝齿棒状杆菌 As1.452。后来沈阳、上海、杭州、武汉、天津分别选育出棒状杆菌、短杆菌若干品种，目前使用较多的是 T_{6-13} 菌株。由于该菌株耐高温、生长快、产酸量高，故深受味精企业欢迎。

生产味精可用纯淀粉或大米，用大米成本较低。其简要生产工艺如下：首先制备水解糖，即用 α-淀粉酶将淀粉或大米液化，在高温加酸水解作用下生成葡萄糖，然后进行发酵，发酵所用菌种培养基要求氮源丰富，有足够的生物素，碳源少量。如果碳源过多，易产生有机酸,使 pH 降低,菌种易衰老。发酵时 pH 应严格控制在 7.0～7.2。接种量一般在 1%左右,接种量过少,菌体增长慢,影响种子活力。大部分工厂采用等电点锌盐法提取谷氨酸,收成率可达 85%～90%。将沉淀析出的谷氨酸锌盐在酸性条件下溶解,调 pH 至 2.4,谷氨酸钠结晶析出。再将它与碳酸钠反应,制成谷氨酸钠,才具有强力鲜味。

7.2 食品工业中酵母菌的应用

7.2.1 酒精的发酵

酒精的发酵机理如下:

$$\text{淀粉质原料}\xrightarrow{\text{黑曲霉糖化酶}}\text{葡萄糖}\xrightarrow{\text{酵母 EMP 途径(厌氧发酵)}}\text{酒精}+CO_2$$

目前,常用糖化酶产生菌是:

黑曲霉 As3.4309(俗称 UV-11 号),该菌产糖化酶系纯、糖化力较高、耐高温、耐低 pH,糖化最适温度为 600 ℃,最适 pH 为 4.0～4.6。

酒精酵母酶系较复杂,主要有:

①蔗糖转化酶:蔗糖$\xrightarrow{\text{蔗糖转化酶}}$葡萄糖+果糖;

②麦芽糖酶:麦芽糖$\xrightarrow{\text{麦芽糖酶}}$2 个葡萄糖;

③酒化酶系(类):葡萄糖$\xrightarrow{\text{酒化酶系}}$酒精$+CO_2$。

酒精发酵不需游离氧参加,否则酵母菌会将糖彻底分解为水和 CO_2,同时获得大量菌体和能量。

此外,制曲方法不同,酒精发酵方法也随之不同,常用的有:液体曲糖化法、根霉糖化法(Amylo 法)、麸曲糖化法(固体曲)、加酶糖化法和麦芽糖化法等。目前国内以液体曲糖化法为主,以黑曲霉培养的液体曲作为淀粉质原料的糖化剂。

1.啤酒的酿造

主发酵阶段,啤酒酵母在 O_2 充足的冷却麦芽汁中进行有氧呼吸,可发酵糖类进入 TCA 循环彻底分解为 H_2O 和 CO_2 并放出大量热量,菌体细胞大量增殖。

后发酵阶段,当酵母增殖到一定程度,即进行厌氧性发酵,可发酵糖类经 EMP 途径被发酵产生乙醇、CO_2 和少量热量。

啤酒发酵是多种酶参与的复杂生化反应过程,只有 95%～96%可发酵性糖生成乙醇与 CO_2;其余的 2.0%～2.5%用于合成酵母新细胞;另有 1.5%～2.5%糖类转化成高级醇、有机酸、酯类、双乙酰、醛类、含硫化合物等副产物,给啤酒带来生涩与不成熟的风味。

2.葡萄酒的酿造

葡萄汁中的果糖和蔗糖被葡萄酒酵母酒化酶系经 EMP 途径发酵生成乙醇和 CO_2,其中蔗糖先被葡萄酒酵母的蔗糖转化酶分解为葡萄糖和果糖,再进入 EMP 途径发酵。葡萄酒酵母的氧化酶可促进葡萄酒的氧化作用(老熟陈化和色素沉淀等)。

3.黄酒的酿造

黄酒即指以糯米(或籼米、粳米、黍米、玉米)为主要原料,利用麦曲(或米曲、红曲)为糖化剂，酒药为糖化发酵剂，进行多菌种混合自然发酵，酿造成酒精含量为12%～18%(V/V)的饮料酒。它包括淋饭酒、摊饭酒和喂饭酒。

新黄酒工艺，则是在上述传统工艺的基础上利用纯种麦曲(黄曲霉或米曲霉)为糖化剂，纯种酒母为发酵剂，以纯种发酵取代自然发酵。

①麦曲：以破碎的全小麦为原料，主要培育曲霉(黄曲霉或米曲霉为主，少量黑曲霉、灰绿曲霉、青霉)，其次含有根霉和毛霉，还有少量酵母等微生物，是酿造黄酒的糖化剂。

黄曲霉产生液化型淀粉酶(分解淀粉产生糊精、麦芽糖和葡萄糖)和蛋白酶(分解蛋白质产生多肽、低肽和氨基酸)，由这些代谢产物相互作用产生的色泽、香味等赋予黄酒独特风味并为酵母提供营养物质。传统麦曲采用自然培养，现代用人工接种黄曲霉，如As3.800 和苏16 号。

黑曲霉主要产生糖化型淀粉酶，可将淀粉水解为葡萄糖，常用的黑曲霉有 As3.4390 和As3.758。实际生产中，在黄曲霉制作的麦曲中添加少量纯种黑曲霉麸曲或商品黑曲霉糖化酶，以减少麦曲用量，提高糖化效果。

②酒药：为小曲中的一个种类，又称药曲。以籼米粉、米糠为原料，加入少量中草药(辣蓼草粉末)，主要培育根霉、毛霉，酵母菌和少量细菌，是制备淋饭酒母或以淋饭法酿造甜黄酒的糖化发酵剂。

根霉产生糖化型淀粉酶，可将淀粉水解为葡萄糖，还产生乳酸、琥珀酸、延胡索酸等有机酸酶系，降低基质 pH，抑杂菌生长，并使酒体醇厚、口味丰满。传统小曲用自然培菌法，现在用纯种根霉，常用的有 Q303、As3.851、As3.852、As3.866、As3.867 和As3.868 等。

常用的黄酒酵母有：732 号、501 号、醇 2 号、As2.1392、M-82、AY 等，前三种从淋饭酒醅中分离，含有酒化酶系，赋予黄酒酒香和酯香，并具有繁殖快、发酵力强、产酸低、耐酸、耐高浓度酒精、对杂菌污染抵抗力强等优点。

酒药中的毛霉产生液化型淀粉酶和蛋白酶，分解淀粉和蛋白质产生葡萄糖和氨基酸，为酵母菌生长提供营养物。

③乌衣红曲：以籼米为原料，主要培育红曲霉、黑曲霉、酵母菌，是酿造黄酒的糖化发酵剂。红曲霉分泌红色素或黄色素，产生糖化型淀粉酶和蛋白酶，并产生柠檬酸、琥珀酸、乙醇，耐酸，最适 pH 为 3.5～5.0，耐受最低 pH 为 2.5，耐 10%酒精。常用的红曲霉有：As3.555、As3.920、As3.972、As3.976、As3.986 等。

4.白酒的酿造

白酒以含淀粉或可发酵糖等的物质为原料，利用大曲、小曲、麸曲和纯种酒母作为糖化发酵剂，经糖化、发酵、蒸馏酿制而成的蒸馏酒。酒体呈无色或微黄，澄清透明，具有独特的芳香和风味，酒精度41%～65%(V/V)为高度白酒，40%(V/V)以下为低度白酒。

大曲、小曲、麸曲的主要微生菌群及其作用如下：

①大曲：以全小麦或以小麦∶大麦∶豌豆＝7∶2∶1或5∶4∶1制成的混合原料为原料，经自然接种培养而制成的大砖块形的酒曲。大曲中的微生物主要是曲霉，其次是根霉、毛霉和酵母菌及少量细菌，是大曲酒的糖化发酵剂。

曲霉和根霉是主要的糖化菌种，其中黑曲霉的糖化力较高；米曲霉和黄曲霉的糖化力较低，但液化力和蛋白分解力较强；根霉和红曲霉产生糖化酶和有机酸；毛霉产生淀粉酶和蛋白酶。

大曲中含有产酒精力高的啤酒酵母和产酯生香能力高的产酯酵母菌。

大曲中的细菌主要有：乳酸杆菌、醋酸杆菌、嗜热芽孢杆菌（如高温枯草芽孢杆菌）等，前两种存在于清香（汾香）型和浓香（窖香）型白酒大曲中，后一种存在于酱香（茅香）型白酒大曲中。

大曲具有的液化力、糖化力、蛋白质分解力、发酵力和产酯力对成品大曲酒的香型、风格具有重要作用。

②小曲：以大米粉为原料，以曲种接种，主要繁殖根霉、毛霉、酵母菌和少量细菌，是半固态法生产小曲酒的糖化发酵剂。酵母菌有啤酒酵母和产酯酵母，还有乳酸菌和醋酸菌。

③麸曲：以麸皮为主要原料，以20%～30%鲜酒糟和稻壳为辅料，经接种纯曲霉菌种扩大培养而成，是固态发酵法生产麸曲白酒的糖化剂。

麸曲白酒生产中先后采用了黄曲霉和黑曲霉 As3.4309 做糖化菌种，或在黑曲基础上配入少量的黄曲（<30%）。近年来，利用黑曲霉、根霉、红曲霉和拟内孢霉为糖化剂，配以啤酒酵母、产酯酵母和己酸菌等酿制白酒，使麸曲白酒和大曲白酒的风味接近。麸曲也可用于酒精和黄酒的生产。

7.2.2 面包的生产

1.菌种及其在面包生产中的作用

（1）菌种

生产面包的菌种属于啤酒酵母。其商品有两种主要形式：

①压榨酵母：酵母液经压榨而制成。利用糖蜜或其他碳源、适当添加氮源物质和磷等无机盐，28 ℃ 深层通气培养 9～12 h，离心分离出酵母细胞，经水洗涤迅速冷却，压滤机压榨，使之含水量为70%～73%，而后在模子中压成块，包装后冷藏。发酵力强，使用方便，但不易久存。

②高活性干酵母：压榨酵母经连续流化床低温真空干燥制成，水分含量为4%～6%，固形物含量为94%～96%，活性保持在60%～80%。常温下稳定性能良好，但成本偏高，使用前须活化处理以恢复活性。

（2）作用

①使面包体积蓬松。

②改善面包风味。

③提高面包营养价值（由酵母菌的残留物带来，如氨基酸、维生素、菌体蛋白质等）。

2.发酵机理

面粉中含有70%～80%的淀粉，少量的单糖和蔗糖。酵母菌在面粉中生长时首先利用少量的单糖和蔗糖，同时面粉中的α-淀粉酶将面粉中的淀粉转化成麦芽糖供酵母菌利用。

酵母菌分泌蔗糖酶和麦芽糖酶，将蔗糖、麦芽糖分解成单糖，继而利用单糖及其他营养物质先后进行有氧呼吸繁殖菌体细胞和厌氧发酵产生乙醇、CO_2、醛类和有机酸。

产生的 CO_2 被面团中的面筋包围，留于面团中，使面团膨大，焙烤面包团时 CO_2 受热膨胀、逸出，从而使面包形成质地松软的海绵状结构。

3.工艺流程

配料⟶第一次调制面团 $\xrightarrow{\text{总面粉的}30\%\sim40\%}$ 第一次发酵 $\xrightarrow{\text{加}0.5\%\sim0.7\%\text{酵母},25\sim30\ ℃,2\sim4\ h}$ 第二次调制面团⟶第二次发酵 $\xrightarrow{25\sim31\ ℃,2\sim3\ h}$ 整形⟶醒发(后发酵) $\xrightarrow{30\sim40\ ℃,45\sim90\ min}$ 焙烤 $\xrightarrow{200\sim220\ ℃}$ 冷却⟶包装⟶成品

7.3 食品工业中霉菌的应用

7.3.1 酱油的酿造

酱油是人们常用的一种食品调味料，营养丰富，味道鲜美，在我国已有两千多年的历史。它是用蛋白质原料(如豆饼、豆粕等)和淀粉质原料(如麸皮、面粉、小麦等)，利用曲霉及其他微生物的共同发酵作用酿制而成的。

1.生产菌

酱油生产中常用的霉菌有米曲霉、黄曲霉和黑曲霉等，目前我国较好的酱油酿造菌种有米曲霉 As3.863、米曲霉 As3.591(沪酿 3.042，由 As3.863 经过紫外诱变获得的蛋白酶高产菌株，用于酱油发酵，发酵速度快，酱油风味好)、961 米曲霉、广州米曲霉、Ws2 米曲霉、10B1 米曲霉等。

2.生产工艺流程

酱油生产分种曲、制曲、发酵、浸出提油、成品配制几个阶段。

(1)种曲制造工艺流程

麸皮、面粉→加水混合→蒸料→冷却→接种→装匾→曲室培养→种曲

(2)制曲工艺流程

原料→粉碎→润水→蒸料→冷却→接种→通风培养→成曲

(3)发酵

在酱油发酵过程中，根据醪醅的状态，有稀醪发酵、固态发酵及固稀发酵之分；根据加盐量的多少，又分有盐发酵、低盐发酵和无盐发酵三种；根据加温状况不同，又可分为日晒夜露与保温速酿两类。目前酿造厂中用得最多的固态低盐发酵，其工艺流程为：

成曲→打碎→加盐水拌和(12～13°Be′的盐水，含水量 50%～55%)→
保温发酵(50～55 ℃，4～6 d)→成熟酱醅

(4)浸出提油工艺流程

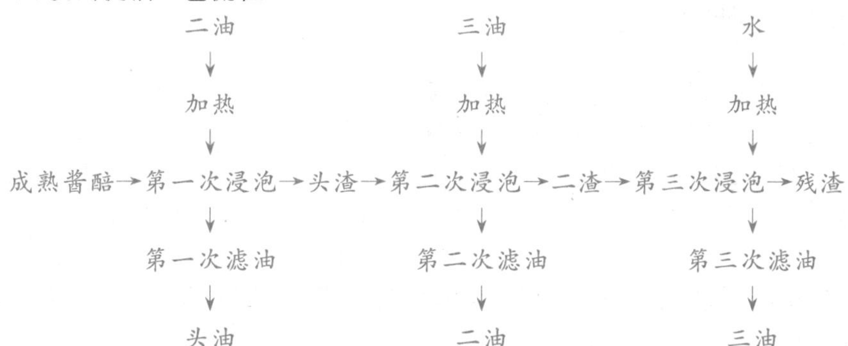

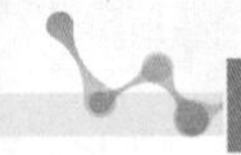

7.3.2 酱类的酿制

酱类包括大豆酱、蚕豆酱、面酱、豆瓣酱及其加工制品，它营养丰富，易于消化吸收，具有特有的色、香、味，是一种广受欢迎的大众化调味品。我国远在周朝时就开始利用自然界的霉菌制作豆酱，之后传到日本及东南亚。

1.生产菌

用于酱类生产的霉菌主要是米曲霉，生产上常用的有沪酿 3.042、中科 3.951、黄曲霉 Cr-1、黑曲霉 F27 等。这些曲霉具有较强的蛋白酶、淀粉酶及纤维素酶的活力，它们把原料中的蛋白质分解为氨基酸、淀粉变为糖类，在其他微生物的共同作用下生成醇、酸、酯等，形成酱类特有的风味。

2.生产工艺流程

酱的种类较多，酿造工艺各有特色，所用调味料也各不相同。

面酱采用标准面粉酿制，也可在面粉中掺 25%～50%的新鲜豆腐渣。面酱制造可分为制曲和制酱两部分。

制曲工艺流程：

面粉+水→捏合→蒸料→补水→冷却→接种→装匾入室→倒匾→翻曲→倒匾→出曲

制酱工艺流程：

成曲→堆积生温→拌水→入缸→酱醅保温发酵→加盐→磨细→面酱

7.3.3 腐乳的发酵

腐乳的制作

腐乳是用豆腐胚、食盐、黄酒、红曲、面曲、砂糖、花椒、玫瑰、辣椒等香辛料制成的。

1.生产菌

目前采用人工纯种培养，大大缩短了生产周期，不易污染，常年可生产。现在用于腐乳生产的菌种主要是用霉菌生产菌，如：腐乳毛霉（*M.supu*）、鲁氏毛霉、总状毛霉、华根霉等，但克东腐乳是利用微球菌酿造的，武汉腐乳是用枯草杆菌酿造的。

2.生产工艺流程

大豆→洗净→浸泡→磨浆→过滤→点浆→压榨→豆腐→切胚$\xrightarrow{\text{接种培养 3 d}}$毛胚$\xrightarrow{\text{加辅料}}$腌胚→装坛→后发酵(3～6 月)→成品

7.3.4 柠檬酸的发酵

柠檬酸的分子式为 $C_6H_8O_7$。果实中含有一定的柠檬酸，其中以柑橘、菠萝、柠檬、无花果等含量较高，另外，在棉叶、烟叶内也有较高含量。我国于 1968 年，用薯干为原料，采用深层发酵法生产柠檬酸成功，至 20 世纪 70 年代中期，柠檬酸工业已初步形成了生产体系，柠檬酸的产量也有很大提高，20 世纪 70 年代发酵液浓度达到 12%，20 世纪 80 年代提高到 14%，目前提高到 16%。

柠檬酸主要用于食品工业，用作酸味料，常用在饮料、果汁、果酱、水果糖等食品中，也可用作油脂抗氧化剂。

1.生产菌

能产生柠檬酸的微生物种类很多，其中包括青霉、曲霉、毛霉和假丝酵母等，目前生产上常用的产酸能力强的是黑曲霉。另外泡盛曲霉、斋藤曲霉(*Asp.saitoi*)、橘青霉等产酸能力也都很强。

2.发酵代谢途径

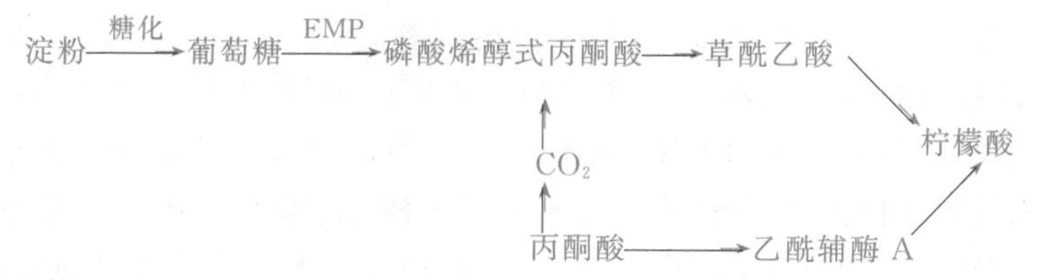

3.生产工艺流程

柠檬酸发酵可为分固体发酵和液体发酵两大类。液体发酵又分浅盘发酵法和液体深层发酵法。目前世界各国多采用液体深层发酵法进行生产。

柠檬酸生产的全部过程包括试管斜面菌种培养、种子扩大培养、发酵和提炼四个阶段。其一般工艺流程(薯干粉原料深层发酵工艺流程)如下：

斜面菌种→麸曲瓶→种子

↓

薯干粉→调浆→灭菌(间歇)→冷却→发酵→发酵液→提取→成品

↑

通无菌空气

7.4 微生物制剂及其在食品工业中的应用

酶用于食品制造的历史悠久，但对于酶的了解则是近代科学的重要成就。随着食品工业的发展，对于酶的品种、数量、质量提出了更高的要求。近几年来，酶制剂的应用研究与生产已普通引起各国的重视，并已在食品、发酵、化工、纺织、制革、造纸、医药、畜牧、饲料等方面广泛应用。我国酶制剂工业近十年来发展也很快，主要应用在食品工业方面，如味精、啤酒、有机酸、制糖等以淀粉为原料的发酵工业。

7.4.1 微生物生产酶制剂的优点

一般认为微生物细胞至少能产生 2 500 种以上的酶。

微生物酶的生产具有选择性(选择菌株)，便于工业化生产，不受季节、气候、地理等条件的限制；生产能力也可以不受限制，而且微生物生长周期短，有可能保证酶的供应。

7.4.2 微生物酶及其在食品工业中的应用

1.酶生产用的微生物

微生物酶制剂可以由细菌、放线菌、酵母菌、霉菌等微生物产生。

2.酶的种类

微生物酶的种类较多，主要包括淀粉酶、蛋白酶、脂肪酶、纤维素酶、果胶酶、过氧化氢酶等。各种酶类在食品工业中起到不同的作用。

(1)淀粉酶

在食品工业中，常用的淀粉酶有：α-淀粉酶、β-淀粉酶、糖化酶和异淀粉酶。过去酿造厂生产酱油及酱类都利用霉菌的淀粉酶曲种来分解淀粉，现在改用 α-淀粉酶、糖化酶的酶制剂协同作用，使淀粉迅速水解成葡萄糖，不仅使生产时间缩短，增加了糖化率，节约了粮食，而且减轻了劳动强度，改善了劳动条件。酶法生产葡萄糖可以用粗淀粉为原料，而酸法生产葡萄糖必须采用精制淀粉，否则在糖液中会混有脂肪酸、氨基酸等杂质，不能获得高纯度的葡萄糖，同时糖的转化率也低于酶法。酒精厂现在用 α-淀粉酶液化代替原来的高压蒸煮法，大大节约了粮食原料和燃料。目前以淀粉为原料的食品发酵工业如味精、柠檬酸、乳酸、啤酒等工厂均采用 α-淀粉酶对原料进行预处理，因此提高了原料的利用率。如生产饴糖时，过去的工艺是用麦芽粉末水解淀粉，消耗很多麦芽。现在改用 α-淀粉酶先将淀粉液化，再用少量 β-淀粉酶制剂水解，不仅简化了设备要求及操作工序，而且提高了产率，节约了粮食。

(2)蛋白酶

蛋白酶属于水解酶类，它能催化蛋白质分子水解成氨基酸。

在食品工业中，蛋白酶有着广泛的应用。在发酵酒类的生产中，可利用蛋白酶提高酒的品质，还可促进酒的澄清和早熟，增加酒储藏时的稳定性。酿制酱油和酱类利用米曲霉蛋白酶。制造腐乳、豆豉等产品利用毛霉、根霉的蛋白酶。

此外，蛋白酶在蚕丝脱胶、皮革脱毛、水解蛋白、多酶片、胃蛋白酶合剂、胰酶片等工业生产中广泛应用。

本章小结

食品工业中常用的细菌有乳酸菌、醋酸菌和谷氨酸生产菌；常用的酵母菌有啤酒酵母、葡萄酒酵母、卡尔酵母、产蛋白假丝酵母；常用的霉菌有毛霉、根霉、红霉、曲霉、青霉。用于发酵工业生产乳酸和乳品的乳酸菌包括链球菌属、片球菌属、明串珠菌属、乳杆菌属、双歧杆菌属。细菌在食品工业上主要用于生产发酵乳制品(酸乳、干酪、酸性奶油)、果蔬汁乳酸菌发酵饮料、酸豆乳、泡菜、榨菜、益生菌制剂、食醋、味精；酵母菌在食品工业上主要用于酿造啤酒、果酒、白酒、加工面包、生产单细胞蛋白；霉菌在食品工业上主要用于酿造酱油、酱类、食醋，生产豆豉、腐乳、柠檬酸、丹贝等。

复习思考题

1.简述制作酸奶的工艺流程。

2.什么是干酪？其风味取决于什么？

3.什么是乳酪？其生产菌有哪些？

4.简述发酵法生产食醋的原理。

5.如何提高食醋的风味?

6.生产味精常用哪些微生物?

7.制作面包用什么原料?其发酵微生物起什么作用?

8.简述大曲、小曲、麸曲的特点。

9.什么是腐乳?腐乳的生产菌种有哪些?

10.制作酱油需用哪些微生物菌种?

11.简述酱油的制作工艺。

12.食品工业中常用的酶制剂有哪些?

13.你的家乡有哪些传统发酵食品?谈一谈它们的历史渊源、制作过程、微生物在其中所起的作用和营养价值。

14.中国白酒种类繁多、历史悠久,有着世界上独创的酿酒技术。请简述中国创造酒曲、利用霉菌酿酒的原理及工艺过程。

知识链接

中国四大名醋

1.镇江香醋:以“酸而不涩,香而微甜,色浓味鲜,愈存愈醇”等特色居四大名醋之首,是目前国内同行业中唯一的国际、国家双金奖产品。

2.山西老陈醋:老陈醋产于清徐县,为我国四大名醋之一。老陈醋色泽黑紫,质地浓稠,除具有醇酸、清香、味长三大优点外,还有香绵、不沉淀、久存不变质的特点。不仅是调味佳品,且有较高的医疗保健价值。

3.四川阆中“保宁醋”:有近400年历史,是中国四大名醋之一,是唯一的药醋,素有“东方魔醋”之称,1915年曾在“巴拿马太平洋万国博览会”与国酒茅台一并获得金奖,从而奠定了其在中国四大名醋中的地位。但在中国四大名醋中,“保宁醋”的生产规模和经济效益却被远远抛在后面。

4.玫瑰浙醋:以优质灿米为原料,在天然环境中,经自然发酵而成。色泽艳如玫瑰,酸味柔和绵长,鲜而微甜,醋香纯正,独具风味,是食醋中的上乘佳品。

第 8 章

微生物与食品变质

学习目标

1.了解微生物污染食品的途径及其控制措施。

2.理解微生物引起食品腐败变质的基本原理、内在因素和外界条件。

3.熟悉食品保藏与防腐杀菌的主要方法和基本原理。

4.能够初步识别不同食品变质症状，判断引起食品变质的微生物类群。

5.能够熟练掌握加热灭菌的操作方法，熟知各种保藏和杀菌措施。

微生物广泛分布在自然界中，食品内不可避免地存在一定类型和数量的微生物。食品营养丰富，是各种微生物生长繁殖的良好营养基质。在一定条件下，微生物会迅速繁殖，从而造成食品腐败变质。生活中常见的面包、馒头和糕点等的霉变；饭食、切面、豆制品的发馊变酸；蛋、乳及其制品的腐败；肉类及其制品的发黏变色等，都是由微生物引起的食品变质现象。所谓食品变质，通常是指由微生物作用引起的，使食品感官上发生变化，原有的组成成分被分解，食品失去色、香、味以及组织性状和营养价值，从而使食品质量降低或不能食用的现象。有时还会因微生物的有毒代谢产物或本身具有致病性，造成食物中毒或疾病传播，危害人体健康。

造成食品变质的原因包括物理、化学和生物三个方面。其中由微生物污染所引起的食品腐败变质最为重要和普遍。食品腐败变质是微生物的污染、食品的性质和环境条件综合作用的结果。

8.1 食品的微生物污染及其控制

通过控制微生物引起的食品腐败变质，做好食品储藏与保鲜，可以产生巨大的社会与经济效益，提高人民生活品质。

8.1.1 污染食品的微生物来源与途径

1.污染食品的微生物来源

食品中微生物污染的来源概括起来可分为内源性污染和外源性污染两大类。

(1)内源性污染

凡是作为食品原料的动植物体在生活过程中,由于本身带有的微生物而造成食品的污染称为内源性污染,也称第一次污染。动物体在生活过程中带染的微生物,一般包括以下两类。第一类是非致病性和条件性致病性生物。在正常条件下,这些微生物寄生在动物体的某些部位,比如消化道、呼吸道、肠道里,当动物在屠宰前处于不良条件时,比如,长时间的运输、过度疲劳以及天气过热、过冷,肌体抵抗力下降,这些微生物会侵入肌体的组织器官里,甚至侵入肌肉、四肢器官当中,造成肉品的污染,在一定条件下,又成为肉品腐败变质和引起食物中毒的重要的微生物来源。

第二类主要是致病性微生物,也就是在动物生活过程中,被致病性微生物感染,在它们的某些组织器官中,存在病原微生物。比如,沙门氏菌、炭疽、布氏杆菌、结核杆菌等,这一类的病原微生物感染肌体以后,在其产品当中,也可能带染这些相应的微生物。比如,结核病牛所产的牛奶当中,可能检出结核杆菌;禽类感染沙门氏菌后,沙门氏菌就可以通过血液,侵入卵巢当中,在鸡蛋当中就可能出现沙门氏菌的污染。

(2)外源性污染

食品在生产加工、运输、储藏、销售、食用过程中,通过水、空气、人、动物、机械设备及用具等而使食品发生微生物污染称外源性污染,也称第二次污染。

2.微生物污染食品的途径

(1)水污染途径

自然界各种天然的水源,江、河、湖、海等各种淡水与咸水包括地下水,都生存着相应的微生物。由于不同水域中的有机物和无机物种类和含量、温度、酸碱度、含盐量、含氧量、深度、光照度等的差异,各种水域中的微生物种类和数量也呈明显差异。水中微生物的数量主要取决于水中有机物质的含量,有机物质含量越多,微生物的数量也就越高。地面水除了含有自然的水系微生物以外,还会受周围环境的影响,如生活区的污水,医院的污水,厕所、动物圈舍等的污水中,都可能出现致病性微生物,这样水就成了污染源。水被微生物污染,是造成食品污染微生物的主要途径之一。

(2)空气污染途径

空气中也含有一定数量的微生物,这些微生物随风飘扬而悬浮在大气中或附着在飞扬起来的尘埃或液滴上。它们可来自土壤、水、人和动植物体表的脱落物和呼吸道、消化道的排泄物。空气中的微生物污染是不均匀的,是受气候和周围环境影响的,可随着风沙、尘土飞扬或者沉降而附着于食品上;另外,人体带有微生物的痰沫、鼻涕以及唾液形成的飞沫,在讲话、咳嗽和打喷嚏的时候,可以随空气直接和间接地污染食品。

空气中的微生物主要为霉菌、放线菌的孢子和细菌的芽孢及酵母。不同环境空气中微生物的数量和种类有很大差异,公共场所、街道、畜舍、屠宰场及通气不良处的空气中微生物的数量较高。空气中的尘埃越多,所含微生物的数量也就越多。因此,食品受空气中微生物污染的数量,与空气污染的程度是正相关的。室内污染严重的空气微生物数量可达 10^6 个/m^3,海洋、高山、乡村、森林等空气清新的地方微生物的数量较少。空气中可能会出现一些病原微生物,它们直接来自人或动物呼吸道、皮肤干燥脱落物及排泄物或间接来自土壤,如结核杆菌、金黄色葡萄球菌、沙门氏菌、流感嗜血杆菌和病毒等。患病者口腔喷出的飞沫小滴含有 1 万～2 万个细菌。

(3)土壤污染途径

在自然环境当中,土壤是含有微生物最多的场所,表层泥土可以含有微生物10^7～10^8个/g。土壤中含有大量可被微生物利用的碳源和氮源,还含有大量的硫、磷、钾、钙、镁等无机元素及硼、钼、锌、锰等微量元素,加之土壤具有一定的保水性、通气性及适宜的酸碱度(pH为3.5～10.5),温度变化范围通常在10～30 ℃,而且表面土壤的覆盖能保护微生物免遭太阳紫外线的危害,为微生物的生长繁殖提供了有利的营养条件和环境条件。因此,土壤素有“微生物的天然培养基”和“微生物大本营”之称。土壤中的微生物种类十分庞杂,其中细菌占的比例最大,可达70%～80%,放线菌占5%～30%,其次是真菌、藻类和原生动物。土壤中微生物的数量因土壤类型、季节、土层深度与层次等不同而异。一般来说,在土壤表面,由于日光照射及干燥等因素的影响,微生物不易生存,故离地表10～30 cm的土层中菌数最多。随土层加深,菌数减少。

土壤中的微生物既有非病原的,也有病原的。土壤中的微生物除了自身发展外,分布在空气、水和人及动植物体中的微生物也会不断进入土壤。正常的土壤当中含有制氧型的微生物,另外还有致病性的微生物,主要是由于动植物残体以及人和动物的排泄物,以及废弃物、污水等污染了土壤。所以,如果在食品生产、加工、运输、储藏、烹调制作的某个环节,直接落地接触土壤,就造成了污染,这些沾染上土壤中腐物,还有寄生菌群的物品,很容易发生腐败变质,如果污染病源性的细菌,则可对人类的健康造成更加严重的危害。

(4)人及动物污染途径

人及各种动物,如犬、猫、鼠等的皮肤、毛发、口腔、消化道、呼吸道均带有大量的微生物,如未经清洗的动物被毛、皮肤微生物数量可达10^5～10^6个/cm^2。当人或动物感染了病原微生物后,体内会存在不同数量的病原微生物,其中有些菌种是人畜共患病原微生物,如沙门氏菌、结核杆菌、布氏杆菌。这些微生物可以通过直接接触或通过呼吸道和消化道向体外排出而污染食品。蚊、蝇及蟑螂等各种昆虫也都携带大量的微生物,其中可能有多种病原微生物,它们接触食品同样会造成微生物的污染。还有工作衣、帽、鞋,如果不清洁,也可能对加工的食品造成污染。

(5)机械与设备污染途径

食品加工机械与设备本身并没有微生物所需的营养物质,但在食品加工过程中,由于食品的汁液或颗粒粘附于内表面,食品生产结束时机械设备没有得到彻底的清洗和消毒,使原本少量的微生物得以在其上大量生长繁殖,成为微生物的污染源。这种机械设备在后续的使用中就会通过与食品接触而造成食品的微生物污染。

(6)包装材料及原辅材料污染途径

包装材料如果处理不当也会带有微生物。通常一次性包装材料比循环使用的材料所携带的微生物数量少。塑料包装材料由于带有电荷会吸附灰尘及微生物。

健康的动、植物原料不可避免地带有一定数量的微生物,如果在加工过程中处理不当,容易使食品变质,甚至有引起疫病传播的可能。

辅料如各种作料、淀粉、面粉、糖等,通常仅占食品总量的一小部分,但往往带有大量微生物。调料中含菌可高达10^8个/g;佐料、淀粉、面粉、糖中都含有耐热菌;原辅料中的微生物一是来自生活在原辅料体表与体内的微生物,二是来自在原辅料的生长、收获、运输、储藏、处理过程中的二次污染。

8.1.2 控制微生物污染的措施

控制食品因微生物的污染而造成腐败变质，首先应掐断微生物的污染源，其次是抑制微生物的生长繁殖。生产中必须采取综合措施有效地控制食品的微生物污染。

1.加强生产环境的卫生管理

食品生产厂和加工车间必须符合卫生要求，应及时清除废物、垃圾、污水和污物等，对污水、垃圾实行无害化处理。生产车间、加工设备及工具要经常清洗、消毒，严格执行各项卫生制度。操作人员必须定期进行健康检查，患有传染病者不得从事食品生产。工作人员要保持个人卫生及工作服的清洁。生产企业应有符合卫生标准的水源。

控制微生物污染的措施

2. 严格控制生产过程中的污染

在食品加工、储藏、运输过程中尽可能减少微生物的污染，防止食品腐败变质。原料应选用健康无病的动、植物体，不使用腐烂变质的原料，采用科学卫生的处理方法进行分割、冲洗。食品原料如不能及时处理需采用冷藏、冷冻等有效方法加以储藏，避免微生物的大量繁殖。食品加工中的灭菌条件，要能满足商业灭菌的要求。使用过的生产设备、工具要及时清洗、消毒。

3.注意储藏、运输和销售卫生

食品的储藏、运输及销售过程中也应防止微生物的污染，控制微生物的大量生长。采用合理的储藏方法，保持储藏环境符合卫生标准。食品运输车辆应做到专车专用，有防尘装置，车辆应经常清洗消毒。销售前食品应有合理的包装以防止微生物二次污染。

8.2 微生物引起食品腐败变质的原理

食品腐败变质的过程实质上是食品中碳水化合物、蛋白质、脂肪在污染微生物的作用下分解变化、产生有害物质的过程。

8.2.1 碳水化合物的分解

在我们日常食谱中碳水化合物食品所占的比例较高，主要是粮食、蔬菜、水果、多数糕点等食品。这些食品的基质条件、环境条件虽不相同，但污染的微生物大多是霉菌，少数为酵母和细菌。一般以碳水化合物为主要成分而被微生物分解的食品，常出现食品的酸度增高，醇、醛、酮物质含量增加或产气，并带有这些产物特有的气味等现象，从而导致食品形态和质量下降。

8.2.2 蛋白质的分解

食品中富含蛋白质的物质主要是以肉、鱼、蛋为原料生产的高蛋白食品，以蛋白质分解为其腐败变质特征。一般变化过程可以认为是由分解蛋白微生物，如芽孢杆菌属、梭菌属等细菌和多数霉菌污染在食品上，然后产生蛋白酶和肽链内切酶等，这些酶首先将蛋白质分解成肽，

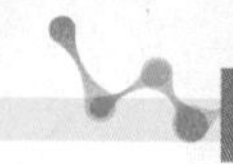

再形成氨基酸，氨基酸及其他含氮低分子物质在相应酶作用下再分解产生酸、胺等产物。

不同的氨基酸分解产生的腐败胺类各不相同，甘氨酸产生甲胺，鸟氨酸产生腐胺，精氨酸产生色胺进而分解成吲哚，含硫氨基酸分解产生硫化氢和氨、乙硫醇等。胺类物质、NH_3和 H_2S 等具有特异的臭味。

以上产物的出现表现出食品的腐败特征，使食品的组织性状以及色、香、味发生改变。

8.2.3 脂肪的分解

一般来说，分解蛋白质能力强的多数菌种是好氧性细菌，同时也是分解脂肪的菌种；霉菌往往是分解脂肪的主要菌类；酵母菌仅有少数具有分解脂肪的能力。黄曲霉、青霉、根霉、解脂假丝酵母等产生脂肪酶，将脂肪分解成甘油和脂肪酸。脂肪酸可进而断链形成具有不愉快味道的酮或酮酸，不饱和脂肪酸的不饱和键处还可形成过氧化物，脂肪酸也可再分解成具有特殊气味的醛和酮等产物，这些产物使酸败油脂产生特殊气味，即所谓"哈喇"。

"哈喇"后的油脂，因所含的维生素 A、维生素 D、维生素 E 被氧化，不仅降低了油脂本身的营养价值，还会破坏人体内的酶，促使细胞早衰。酸败程度较重的油脂，有一定的毒性。

8.2.4 有害物质的生成

食品经过微生物的作用，可以产生酸、醛、酮、吲哚、氨等有毒有害物质，产生异味，使食品失去营养价值。而某些微生物还会在生活过程中产生毒素释放到环境中，微生物产生的毒素分为细菌毒素和真菌毒素，它们不仅能引起食物中毒，有些还能引起人体器官的病变及癌症。

8.3 微生物引起食品腐败变质的环境条件

微生物污染食品后，能否导致食品的腐败变质，以及变质的程度和性质如何，是受多方面因素影响的。主要看是否具备了微生物生长繁殖的条件，还要看食品本身的组成成分和性质。总的来说，食品发生腐败变质，与食品本身的性质、污染微生物的种类和数量以及食品所处的环境等因素有着密切的关系，而它们三者又是相互作用、相互影响的。

8.3.1 食品基质条件

1.营养成分

食品含有蛋白质、糖类、脂肪、无机盐、维生素和水分等丰富的营养成分，是微生物的良好培养基。因而微生物污染食品后很容易迅速生长繁殖，造成食品的变质。但不同的食品中，上述各种成分的比例差异很大，而各种微生物分解各类营养物质的能力不同，导致了引起不同食品腐败的微生物类群也不同。如肉、鱼等富含蛋白质的食品，容易受到对蛋白质分解能力很强的变形杆菌、青霉等微生物的污染而发生腐败；米饭等含糖类较高的食品，易受到曲霉属、根霉属、乳酸菌、啤酒酵母等对碳水化合物分解能力强的微生物的污染而变质；而脂肪含量较高的食品，易受到黄曲霉和假单孢杆菌等分解脂肪能力很强的微生物的污染而发生酸败变质。

2.氢离子浓度

食品中氢离子浓度对微生物的生命活动有很大的影响。氢离子浓度会影响菌体细胞膜上的电荷性质。正常细胞膜上的电荷，有利于某些营养物质的吸收。当微生物细胞膜上的电荷性质受到食品氢离子浓度的影响而改变后，微生物对某些物质的吸收机能发生改变，从而影响了细胞正常物质代谢活动。食品中氢离子浓度也影响原生质生长过程和酶的作用。只有在一定的氢离子浓度下，微生物的酶系统才能发挥最大的催化作用。如果氢离子浓度改变，酶的催化就可能减弱或消失，影响微生物正常代谢活动。

微生物在食品基质中生长，它们的各种代谢活动，能改变食品的氢离子浓度。食品中含糖与蛋白质时，微生物能利用糖做碳源，糖分解产酸，会使食品的 pH 下降；当糖不足时，蛋白质被分解，pH 又回升。当微生物的活动使食品基质的 pH 发生很大变化，积累一定量的酸或碱时，就会抑制它们的继续活动。

根据食品的 pH 范围的，可将食品划分为两大类：酸性食品和非酸性食品。一般规定 pH 在 4.5 以上者，属于非酸性食品；pH 在 4.5 以下者为酸性食品。例如动物食品的 pH 为 5～7，蔬菜 pH 为 5～6，它们一般为非酸性食品；水果的 pH 为 2～5，一般为酸性食品。常见食品原料的 pH 见表 8-1。

表 8-1　　常见食品原料的 pH

动物食品	pH	蔬菜	pH	水果	pH
牛肉	5.1～6.2	卷心菜	5.4～6.0	苹果	2.9～3.3
羊肉	5.4～6.7	芹菜	5.7～6.0	香蕉	4.5～4.7
猪肉	5.3～6.9	洋葱(红)	5.3～5.8	葡萄	3.4～4.5
鸡肉	6.2～6.4	菠菜	5.5～6.0	柠檬	1.8～2.0
鱼肉	6.6～6.8	番茄	4.2～4.3	橘子	3.6～4.3
牡蛎肉	4.8～6.3	萝卜	5.2～5.5	西瓜	5.2～5.6
小虾肉	6.8～7.0				
牛乳	6.5～6.7				

在非酸性食品中，细菌生长繁殖的可能性最大，而且能够很好地生长，因为绝大多数的细菌生长适宜的 pH 在 7 左右，所以多数非酸性食品是适合于多数细菌繁殖的。在非酸性食品中，除细菌外，酵母和霉菌也有生长的可能。在酸性食品中，细菌因环境过低的 pH 受到抑制还能够生长的，仅有酵母和霉菌。

食品的 pH 同样会因微生物的生长繁殖而发生改变，有些微生物能分解食品中的碳水化合物而产酸，使食品 pH 下降，有些微生物则分解蛋白质产碱，因此使食品的 pH 上升。因此在食品变质的同时，pH 发生一定的规律性变化：以蛋白质为主要营养成分的食品，变质过程中伴随 pH 升高；以碳水化合物、脂肪为主要营养的食品，变质过程中伴随 pH 降低；降低蛋白质、碳水化合物等营养均衡的食品，多表现为初期 pH 降低，后期 pH 升高。

3.水分

水分是微生物生命活动的必要条件，微生物细胞的组成不可缺少水，细胞内所进行的各种生物化学反应，均以水分为溶媒。在缺水的环境中，微生物的新陈代谢发生障碍，甚至死亡。但各类微生物生长繁殖所要求的水分含量不同，因此，食品中的水分含量决定了生长微生物的种类。一般来说，含水分较多的食品，细菌容易繁殖；含水分少的食品，霉菌和酵母菌容易繁殖。

食品中的水分以游离水和结合水两种形式存在。微生物在食品上生长繁殖，能利用的水是游离水，因而微生物在食品中的生长繁殖所需水不是取决于总含水量(%)，而是取决于水分活度(A_w，也称水活性)。一部分水与蛋白质、碳水化合物及一些可溶性物质，如氨基酸、糖、盐等结合，这种结合水对微生物是无用的。因而通常使用水分活度来表示食品中可被微生物利用的水。

水分活度(A_w)是指食品在密闭容器内的水蒸气压与纯水蒸气压之比。纯水的 $A_w=1$，无水食品的 $A_w=0$，由此可见，食品的 A_w 值为 0～1。表 8-2 给出了食品中主要微生物类群生长的最低 A_w 值或范围，从表中可以看出，食品的 A_w 值在 0.60 以下，则认为微生物不能生长。一般认为食品 A_w 值在 0.64 以下，是食品安全储藏的防霉含水量。

表 8-2　　食品中主要微生物类群生长的最低 A_w 值或范围

微生物类群	最低 A_w 值范围	微生物类群	最低 A_w 值
大多数细菌	0.99～0.90	嗜盐性细菌	0.75
大多数酵母菌	0.94～0.88	耐高渗酵母	0.60
大多数霉菌	0.94～0.73	干性霉菌	0.65

新鲜的食品原料，例如鱼、肉、水果、蔬菜等含有较多的水分，A_w 值一般为 0.98～0.99，适合大多数细菌的生长，若食品的 A_w 值在 0.7 以下，食品就可保存较长时间，一般为几个月到几年。因此，从水分活度的角度，来研究微生物在食品中与水分有关的生命活动问题，在食品保藏上更为重要。

A_w 值对微生物的死亡有较大的影响，一般随食品的水分减少，微生物的抗热性就会增加。据报道，对鱼粉中的沙门氏菌，A_w 值在 0.58 以上时，抗热性变化不大；可是 A_w 值在 0.58 以下，即水分很少时，沙门氏菌就很难死亡。因此，储藏的鱼粉越干，环境温度越低，其中的沙门氏菌存活时间越长。

A_w 值与食物中毒细菌的产毒性亦有一定的关系。A_w 值降低，可促使细菌生长的缓慢期延长，细胞分裂速度下降。例如，金黄色葡萄球菌在 A_w 从 0.87 到 0.99 中都能发育，但当 A_w 值从 0.99 下降到 0.98 时，肠毒素的产生就会减少，下降到 0.96 时，肠毒素的产生则完全停止。

利用干燥、冷冻、糖渍、盐腌等方法来保藏食品，目的都是使食品的 A_w 值降低，以防止微生物繁殖，提高耐储藏性。

4.渗透压

渗透压与微生物的生命活动有一定的关系。如将微生物置于低渗溶液中，菌体吸收水分发生膨胀，甚至破裂；若置于高渗溶液中，菌体则发生脱水，甚至死亡。一般来讲，微生物在低渗透压的食品中有一定的抵抗力，较易生长，而在高渗食品中，微生物常因脱水而死亡。当然不同微生物种类对渗透压的耐受能力大不相同。

多数微生物对低渗均有一定的抵抗力，而在高渗透压的环境中情况就不一样了。大多数霉菌和少数酵母菌能耐受较高的渗透压，在高渗透压食品中，可以继续生长繁殖。而绝大多数细菌则不能在高渗透压食品上生长，仅能生存一段时期，或很快死亡。仅有少数细菌，如嗜盐杆菌能耐受较高的渗透压。

各种微生物对渗透压的要求有一定适应范围，一般微生物适宜在0.85%～0.9%的食盐溶液中生存。凡是能在2%以上食品盐液中生长的称为嗜盐高渗微生物，这种嗜盐高渗微生物除在海洋中生活的微生物以外，还有引起含糖分高的糖浆、果酱、浓缩果汁等变质的酵母菌。霉菌嗜高渗透压的能力更强，一般在20%～25%浓度的盐水中其生长才能被抑制，它们能引起很多糖分高的食品、腌制食品、干果类及低水分糖食霉变。总体上看，高渗溶液对微生物具有抑制和杀伤作用。食盐和糖是形成不同渗透压的主要物质。在食品中加入不同量的糖或盐，可以形成不同的渗透压。所加的糖或盐越多，则浓度越高，渗透压越大，食品的 A_w 值就越小。为了防止食品腐败变质，利用盐腌和糖渍食品是保存食品的一种有效方法。

8.3.2 食品的外界环境条件

微生物广泛存在于自然界中，不断经受周围环境中各种因素的影响，并通过新陈代谢与外界环境相互作用。当环境条件适宜时，微生物进行正常的新陈代谢，生长繁殖。而有些条件可使微生物在形态和生理上发生改变，甚至引起微生物的死亡。因此，掌握微生物与周围环境的相互关系，可在食品工业生产中创造有利条件，促进有益微生物的生长繁殖，开发新的产品；也可利用对微生物不利的因素，抑制或杀灭病原微生物，达到食品消毒灭菌的目的。

1.环境温度条件

微生物的生长繁殖受到各种因素的影响，而温度起着极其重要的作用。适宜的温度可以促进微生物正常的生命活动，加快生长繁殖的速度；不适宜的温度则可以减弱微生物的生命活动或导致微生物在形态、生理特性上的改变，甚至促使微生物死亡。

温度是影响食品腐败作用的重要因素。在自然界中各类微生物都有它一定的适宜生长温度，这种温度是长期自然选择的结果。根据微生物适宜生长的温度，可将微生物分为嗜冷、嗜温和嗜热三个生理类群(表8-3)。与腐败有密切关系的是嗜温微生物。

表8-3　　微生物的温度类型及分布

嗜冷(10 ℃)	嗜温(25～30 ℃)	嗜热(45 ℃)
霉菌	霉菌	细菌(少数)
酵母(少数)	酵母	
细菌(少数)	细菌	

(1)低温食品中生长的微生物

低温可以减弱和抑制微生物的生命活动，使其生长繁殖速度减慢。不仅如此，一定的低温范围还可抑制生物体内酶的活性。因此低温储藏是食品保存的一项有效措施，在食品储藏方法中，是保证食品品质下降最少的一种储藏方法。食品中微生物生长的最低温度见表8-4。

表8-4　　食品中微生物生长的最低温度

食　品	微生物	最低生长温度/℃
猪肉	细菌	−4
牛肉	霉菌、酵母菌、细菌	−1～1.6

（续表）

食　品	微生物	最低生长温度/℃
羊肉	霉菌、酵母菌、细菌	−5～−1
火腿	细菌	1～2
腊肠	细菌	5
鱼贝类	细菌	−7～−4
乳	细菌	−1～0
大豆	霉菌	−6.7
豌豆	霉菌、酵母菌	−6.7～−4
苹果	霉菌	0
冰淇淋	细菌	−10～−3
葡萄汁	酵母菌	0
浓橘汁	酵母菌	−10
草莓	霉菌、酵母菌、细菌	−6.5～−0.3

从表8-4中可以看出，温度下降至−5 ℃以下时，微生物的生长基本被抑制。但其中少数酵母和霉菌适应性较强，还不能被抑制。

低温下可以储藏一些物质，但绝不能忽视一部分嗜冷微生物。它们在低温下还可以生长繁殖，造成食品变质。如红色酵母菌中的一个种，在−34 ℃时仍能生长发育；在细菌和霉菌中也有在−12 ℃以下可以发育者。所以食品的低温储藏不宜过长，否则也会引起食物的败坏。

能在低温食品中生长的微生物，多数属于细菌类中的革兰氏阴性无芽孢杆菌，如假单胞菌属、无色杆菌属、黄色杆菌属、变形杆菌属、弧菌属等。还有革兰氏阳性细菌中的芽孢杆菌属、梭状芽孢杆菌属、链球菌属、八叠球菌属等；酵母中的假丝酵母属、酵母属、圆酵母属等；霉菌中的青霉属、毛霉属、芽枝霉属等。

(2)食品中生长的高温微生物

微生物对高温比较敏感，如果超过了微生物所适应的最高生长温度，一般较敏感的微生物就会立即死亡。所以应用高温进行灭菌是最常用的方法。不同的微生物对热的敏感程度不同，部分微生物对热的抵抗力较强，在较高的温度下尚能生存一段时间。与食品有关的一些耐热微生物主要是芽孢杆菌、梭状芽孢杆菌属，其次是链球菌属和乳杆菌属。

凡是能在45 ℃的温度中进行代谢活动的微生物，称为嗜热微生物。在高温环境中，嗜热微生物的生长繁殖造成食品的变质。其变质过程，从时间上来比较，比嗜温微生物所发生的变质过程要短。嗜热微生物在食品中经过旺盛的生长繁殖后，很容易死亡。

2.环境气体状况

微生物像其他生物一样，在维持其生命和生长繁殖的过程中必须利用能量。微生物借助菌体的酶类从物质的氧化过程中获得它需要的能量。不同种类的微生物具有各自的呼吸酶，因此它们在氧化过程中对氧的要求也不同，主要可分为好氧微生物、厌氧微生物、兼性厌氧微生物三大类。

食品在生产、加工、运输、储藏过程中，由于食品接触环境中含有气体的情况不一样，因而引起食品变质的微生物类群和食品变质的过程也不相同。

食品在有氧的环境中,因微生物的繁殖而引起的变质,速度较快。在有氧环境中生长的微生物有芽孢杆菌属、链球菌属、乳杆菌属、醋酸杆菌属、无色杆菌属、产膜酵母和霉菌。食品在缺氧环境中由厌氧微生物引起的变质,速度较缓慢。在缺氧环境中生长的微生物有梭状芽孢杆菌属、拟杆菌属。兼性厌氧微生物在食品中繁殖的速度,在有氧时也比缺氧时要快得多,因此引起食品变质的时间决定于氧气的存在。在有氧和无氧环境中都能生长的微生物有葡萄球菌属、埃希氏菌属、沙门氏菌属、变形杆菌属、志贺氏菌属、芽孢杆菌属中的部分菌种及大多数酵母和霉菌。

通常由食品的表面开始的腐败,大多数是好氧菌的作用结果;而在空气少的地方,如罐头中发生的腐败,大多数是厌氧菌的作用结果。

食品如果储存在含有高浓度 CO_2 的环境中,可防止好氧性细菌和霉菌引起的变质,但乳酸菌和酵母菌对 CO_2 有较大的耐受力。

由以上可知,微生物与 O_2 有着十分密切的关系。一般来讲,在有氧的环境中,微生物进行有氧呼吸,生长、代谢速度快,食品变质速度也快;在缺乏 O_2 条件下,由厌氧性微生物引起的食品变质速度较慢。O_2 存在与否决定着兼性厌氧微生物是否生长和生长速度的快慢。

8.4 食品腐败变质的判断及引起变质的微生物类群

食品从原料到产品加工,随时都有被微生物污染的可能。这些污染的微生物在适宜条件下即可生长繁殖,分解食品中的营养成分,使食品失去原有的营养价值,成为不符合卫生要求的食品。由于各类食品的基质条件不同,因而引起各类食品腐败变质的微生物类群及腐败变质症状也不完全相同。

8.4.1 罐藏食品的变质

罐藏食品是一种以特殊形式保存食品的方法。食品原料经过一系列处理后装入容器,经密封、杀菌而制成的食品,通常称之为罐头。罐藏食品依据 pH 的高低可分为低酸性、中酸性、酸性和高酸性罐头四大类(表 8-5)。低酸性罐头以动物性食品原料为主要成分,富含大量的蛋白质,因此引起这类罐藏食品腐败变质的微生物,主要是能分解蛋白质的微生物类群;而中酸性、酸性和高酸性罐头以植物性食品原料为主要成分,碳水化合物含量高,因此引起这类罐藏食品腐败变质的微生物,是能分解碳水化合物和具有耐酸性的微生物类群。

表 8-5　罐头的分类

类型	pH	主要原料
低酸性罐头	5.3 以上	肉、禽、蛋、乳、鱼、谷类、豆类
中酸性罐头	4.5～5.3	多数蔬菜、瓜类
酸性罐头	3.7～4.5	多数水果及果汁
高酸性罐头	3.7 以下	酸菜、果酱、部分水果及果汁

有些蔬菜和水果的 pH 可能介于上述分类之间。南瓜、胡萝卜、菠菜、龙须菜、青豆以及甜菜可能在低酸性罐头或中酸性罐头内;什锦水果、桃子、杏以及薄片菠萝可能在酸性罐头

或高酸性罐头里面。某些食品在装罐前可被人工酸化,例如洋葱、洋蓟等,使 pH 下降。

1.罐藏食品腐败变质的原因

罐藏食品的密封措施可防止内容物溢出和外界微生物侵入,而加热杀菌则是杀灭存在于罐内的全部微生物。罐藏食品经过杀菌后可在室温下保存很长时间,但某些原因可能会导致保存期变短。如生物因素,杀菌不彻底或者密封不良,会遭受微生物污染出现腐败变质现象;化学因素,中酸性罐头容器的马口铁与内容物相互作用引起氢膨胀;物理因素,储存温度过高,排气不良,金属容器腐蚀穿孔等。其中最主要的因素是罐内微生物的作用,这些微生物的来源有两种:

(1)杀菌后罐内残留有微生物

这是灭菌不彻底引起的。罐头杀菌需要考虑罐内食品的营养性质,商业灭菌只强调杀死病原菌产毒菌,并没有达到完全无菌的程度,因此罐内可能有一些非致病的微生物存在。在罐头杀菌操作不当、罐内留有空气等情况下,有些耐热的芽孢杆菌不能被彻底杀灭,这些微生物在保存期内遇到合适条件就会生长繁殖而导致罐头的腐败变质。

(2)杀菌后发生漏罐

罐头经过杀菌后,由于密封不好,发生漏罐而遭受外界的微生物污染。其主要的污染源是冷却水,冷却水中的微生物可通过漏罐处进入罐内;空气也是微生物污染源,通过漏罐污染的微生物既有耐热菌也有不耐热菌。

2.罐藏食品变质的外形及微生物种类

合格的罐头,因罐内保持一定的真空度、罐盖或罐底应是平的或稍向内凹陷的,软罐头的包装袋与内容物接合紧密。而腐败变质罐头的外观有两种类型,即平听和胀罐。

(1)平听(Flat Tin)

平听以不产生气体为特征,罐头外观正常,主要由细菌和霉菌引起。原因有以下几种:

①平酸腐败(Flat Sour Spoilage),又称平盖酸败。罐头内容物由于微生物的生长繁殖而变质,呈现浑浊和不同酸味,pH 下降 0.1～0.3,但外观仍与正常罐头一样,不出现膨胀现象。导致罐头平酸腐败的微生物习惯上称为平酸菌。主要的平酸菌有:嗜热脂肪芽孢杆菌、蜡状芽孢杆菌、巨大芽孢杆菌、枯草芽孢杆菌等,这些芽孢杆菌多数情况是由杀菌不彻底引起的。此外,在杀菌后,由于罐头密封不严,也会引起二次污染。罐头食品变质主要与污染的微生物种类及其食品性质有关。

②TA 腐败(TA Spoilage)。TA 是不产硫化氢的嗜热厌氧菌的缩写。TA 是一类能分解糖、专性嗜热、产芽孢的厌氧菌,它们在中酸性或低酸性罐头中生长繁殖后,产生酸和气体,气体主要有二氧化碳和氢气。如果这种罐头在高温中放置时间太长,气体积累较多,就会使罐头膨胀最后引起破裂,变质的罐头通常有酸味。这类菌中常见的有嗜热解糖梭状芽孢杆菌,它的适宜生长温度是 55 ℃,低于 32 ℃ 时生长缓慢。由于 TA 在琼脂培养基上不易生成菌落,所以通常只采用液体培养法来检查。例如用肝、玉米、麦芽汁、肝块肉汤或乙醇盐酸肉汤等液体培养基,培养温度采用 55 ℃,检查产气和产酸的情况。

③硫化物腐败(Sulfide Spoilage)。这是由致黑梭状芽孢杆菌引起的腐败。罐头内产生大量黑色的硫化物,沉积于罐头的内壁和食品上,致使罐内食品变黑并产生臭味,罐头外观一般保持正常或出现隐胀或轻胀。该菌为厌氧性嗜热芽孢杆菌,生长温度为 35～70 ℃,适温为 55 ℃,分解糖的能力较弱,但能较快地分解含硫氨基酸而产生硫化氢气体。此菌在豆

类、玉米、谷类和鱼类罐头中常见。

(2)胀罐(Swell Can)

胀罐也叫胖听,常发生于酸性和高酸性食品。引起罐头胀罐现象的原因可分为两个方面:一个方面是化学或物理原因,如罐头内的酸性食品与罐头本身的金属发生化学反应产生氢气;罐内装的食品量过多,压迫罐头形成胀罐,加热后更加明显;排气不充分,有过多的气体残存,受热后也可胀罐。另一个方面是由于微生物生长繁殖,它是绝大多数罐藏食品胀罐的原因。

总之,罐头的种类不同,导致腐败变质的原因菌也就不同,并且这些原因菌时常混在一起产生作用。因此,对每一种罐头的腐败变质都要做具体的分析,根据罐头的种类、成分、pH、灭菌情况和密封状况综合分析,必要时还要进行微生物学检验,开罐镜检及分离培养才能确定。

8.4.2 果蔬制品的腐败变质

水果与蔬菜中一般都含有大量的水分、碳水化合物,较丰富的维生素和一定量的蛋白质。水果的 pH 大多数在 4.5 以下,而蔬菜的 pH 一般为 5.0~7.0。

1.微生物的来源

在一般情况下,健康果蔬的内部组织应是无菌的,但有时外观看上去是正常的果蔬,其内部组织中也可能有微生物存在,例如有人从苹果、樱桃等组织内部分离出酵母菌,从番茄组织中分离出酵母菌和假单孢菌属的细菌,这些微生物是在果蔬开花期侵入并生存于果实内部的。此外,植物病原微生物可在果蔬的生长过程中通过根、茎、叶、花、果实等不同途径侵入组织内部,或在收获后的储藏期间侵入组织内部。

果蔬表面直接接触外界环境,因而被大量的微生物污染,其中除大量的腐生微生物外,还有植物病原菌,还可能有来自人畜粪便的肠道致病菌和寄生虫卵。在果蔬的运输和加工过程中也会造成污染。

2.果蔬的腐败变质

新鲜的果蔬表皮及表皮外覆盖的蜡质层可防止微生物侵入,使果蔬在相当长的一段时间内免遭微生物的侵染。当这层防护屏障受到机械损伤或昆虫的刺伤时,微生物便会从伤口侵入进行生长繁殖,使果蔬腐烂变质。这些微生物主要是霉菌、酵母菌和少数的细菌。霉菌或酵母菌首先在果蔬表皮损伤处,或由霉菌在表面有污染物黏附的部位生长繁殖。霉菌侵入果蔬组织后,细胞壁的纤维素首先被破坏,然后进一步分解细胞的果胶质、蛋白质、淀粉、有机酸、糖类等成为简单的物质,随后酵母菌和细菌开始大量生长繁殖,果蔬内的营养物质进一步被分解、破坏。在储藏期间,新鲜果蔬组织内的酶仍然活动,这些酶以及其他环境因素对微生物所造成的果蔬变质有一定的协同作用。

果蔬经微生物作用后外观上出现深色斑点、组织变软、变形、凹陷,并逐渐变成浆液状乃至水液状,产生不同的酸味、芳香味、酒味等,不能食用。

引起果蔬腐烂变质的微生物以霉菌最多,也最为重要,其中相当一部分是果蔬的病原菌,而且它们各自有一定的易感范围。现将引起果蔬变质的微生物列于表 8-6。

表 8-6　　引起果蔬变质的主要微生物

微生物种类	感染的果蔬
白边青霉	柑橘
扩张青霉	苹果、番薯
绿青霉	柑橘
番薯黑疤病	番薯
马铃薯疫霉	马铃薯、番茄、茄子
梨轮纹病菌	梨
茄绵疫霉	茄子、番茄
黑曲霉	苹果、柑橘
苹果褐腐病核盘菌	桃子、樱桃
交链孢霉	柑橘、苹果
镰刀菌属	苹果、番茄、黄瓜、甜瓜、洋葱、马铃薯
苹果枯腐病菌	葡萄、梨、苹果
蓖麻疫霉	番茄
灰绿葡萄孢霉	梨、葡萄、苹果、草莓、甘蓝
洋葱炭疽病毛盘霉孢	洋葱
番茄交链孢霉	番茄
黑根霉	桃子、梨、番茄、草莓、番薯
串珠镰刀霉	香蕉
软腐病欧氏杆菌	马铃薯、洋葱
柑橘黑色蒂腐病菌	柑橘
柑橘茎点霉	柑橘
胡萝卜软腐病欧氏杆菌	胡萝卜、白菜、番茄

果蔬在低温(0～10 ℃)的环境中储藏,可有效减缓酶生长速度的作用,抑制微生物活动,延长储藏时间,但此温度只能减缓微生物的生长速度,并不能完全控制微生物。储藏期受温度、微生物的污染程度、表皮损伤的情况、成熟度等因素影响。

3.果汁的腐败变质

以新鲜水果为原料,经压榨后加工制成的饮品即果汁。果汁中含有不等量的酸,因此pH较低。由于水果原料本身带有微生物,而且在加工过程中还会再受到污染,所以制成的果汁中必然存在许多微生物。微生物在果汁中能否繁殖,主要取决于果汁的pH和糖分含量。果汁的pH一般为2.4～4.2,糖度较高,可达60～70 °Bx,因此在果汁中生长的微生物主要是酵母菌,其次是霉菌和极少数细菌。

苹果汁中的酵母菌主要有假丝酵母属、圆酵母属、隐球酵母属和红酵母属;葡萄汁中的酵母菌主要是柠檬形克勒克氏酵母、葡萄酒酵母、卵形酵母、路氏酵母等;柑橘汁中常见的是越南酵母、葡萄酒酵母和圆酵母属等。浓缩果汁由于糖度高,细菌的生长受到抑制,只有一些耐渗酵母和霉菌生长,如鲁氏酵母和蜂蜜酵母等。这些酵母生长的最低 A_w 值为0.65～

0.70，比一般酵母的 A_w 值要低得多。由于这些酵母细胞相对密度小于它所生活的浓糖液，所以往往浮于浓糖液的表层。当果汁中糖被酵母转化后，相对密度下降，酵母就开始沉至底层。当将浓缩果汁置于 4 ℃条件保藏时，酵母的发酵作用减弱甚至停止，可以防止浓缩果汁变质。

刚榨制的果汁可检出交链孢霉属、芽枝霉属、粉孢霉属和镰刀霉属中的一些霉菌，但在储藏的果汁中发现的霉菌以青霉属最为常见，如扩张青霉和皮壳青霉，另一种常见霉菌是曲霉属，如构巢曲霉、烟曲霉等。充有 CO_2 的果汁可抑制霉菌的活动。

果汁中生长的细菌主要是乳酸菌，如乳明串珠菌、植物乳杆菌等。其他细菌一般不容易在果汁中生长。

微生物引起果汁变质的表现主要有以下几种：

(1)混浊

除化学因素外造成果汁混浊的原因外，果汁混浊多数是由酵母菌酒精发酵造成的，常见的是酵母菌中的圆酵母属的某些种；也可由霉菌生长造成，造成混浊的霉菌有雪白丝衣霉、宛氏拟青霉等。当它们少量生长时，由于产生果胶酶，对果汁有澄清作用，但可使果汁风味变差，而大量生长时就会使果汁混浊。

(2)产生酒精

酵母菌能使果汁发酵产生酒精，此外有少数细菌和霉菌也能使果汁产生酒精。如甘露醇杆菌可使 40%的果糖转化为酒精；有些明串珠菌属可使葡萄糖转变成酒精；毛霉、镰刀霉、曲霉中的部分菌种在一定条件下也能利用果汁产生酒精。

(3)有机酸的变化

果汁中主要含有酒石酸、柠檬酸和苹果酸等有机酸。当微生物分解这些有机酸或改变它们的含量及比例时，果汁的原有风味便会遭到破坏，甚至产生不愉快的异味。酒石酸一般只有极少数的细菌和个别的霉菌能分解，如解酒石酸杆菌、琥珀酸杆菌等；葡萄孢霉等能分解柠檬酸产生 CO_2 和醋酸；乳酸杆菌、明串珠菌等能分解苹果酸产生的乳酸和丁二酸等；个别霉菌如灰绿葡萄孢霉也能分解苹果酸。与此相反，有些霉菌如黑根霉在代谢过程中可以合成苹果酸；柠檬酸霉属、曲霉属、青霉属、毛霉属、葡萄孢霉属、丛霉属和镰刀霉属等可以合成柠檬酸。

另外，在含糖量较高的果汁中，明串珠菌的生长会导致果汁发生黏稠状变质。

8.4.3 乳及乳制品的腐败变质

不同的乳，如牛乳、羊乳、马乳等，其成分虽有差异，但都含有丰富的营养成分，容易消化吸收，是微生物生长繁殖的良好培养基。乳及其制品一旦处理不当就被微生物污染。在适宜条件下，微生物会迅速繁殖引起乳及其制品腐败变质而失去食用价值，甚至可能引起食物中毒或其他传染病的传播，危害人体健康。

1.微生物的来源及种类

刚生产出来的鲜乳，一般会含有一定数量的微生物，而且在运输和储存过程中还会再受到微生物的污染，使乳中的微生物数量增多。

(1)乳畜的乳房内

即使在健康乳畜的乳房内，也可能生有一些细菌，严格无菌操作挤出的乳汁，在 1 mL

中也有数百个细菌。乳房中的正常菌群，主要是小球菌属和链球菌属。由于这些细菌能适应乳房的环境而生存，所以被称为乳房细菌。乳畜被感染后，体内的致病微生物可通过乳房进入乳汁而引起人类的传染。常见的引起人畜共患疾病的致病微生物主要有结核分枝杆菌、布氏杆菌、炭疽杆菌、葡萄球菌、溶血性链球菌、沙门氏菌等。

(2)挤乳过程中的环境、器具及操作人员

污染的微生物的种类、数量直接受畜体表面卫生状况、畜舍的空气、挤奶用具、容器、挤奶工人的个人卫生情况的影响。另外，挤出的奶在处理过程中，如不及时加工或冷藏，不仅会增加新的污染机会，而且会使原来存在于鲜乳内的微生物数量增多，这样很容易导致鲜乳变质。所以挤奶后要尽快进行过滤、冷却。不同挤奶条件对牛奶的污染程度的比较见表 8-7。

表 8-7　　不同挤奶条件对牛奶的污染程度的比较

污染来源	每毫升奶中细菌数	
	遵守卫生条件	不遵守卫生条件
牛皮肤与毛	50	20 000
空气	1	30
挤奶者的手	1	10 000
滤奶器	1	1000 000
挤奶用桶	70	1 000 000

(3)鲜牛乳中微生物的种类

自然界中的多种微生物可以通过不同途径进入乳液，一般鲜乳的菌数为 $10^3 \sim 10^6$ 个/mL。但在鲜乳中占优势的微生物，主要是一些细菌、酵母菌和少数霉菌。

①乳酸菌。在鲜乳中普遍存在，包括乳酸杆菌和链球菌两大类，约占鲜乳微生物的80%，它们能利用乳中的碳水化合物进行乳酸发酵，产生乳酸使鲜乳均匀凝固。其种类很多，有些同时还具有一定的分解蛋白质的能力。常见的有乳酸链球菌、乳脂链球菌、粪链球菌、液化链球菌、嗜热链球菌、嗜酸乳杆菌。此外，鲜乳中经常还可分离到干酪乳杆菌、乳酸乳杆菌、发酵乳杆菌、乳短杆菌等。

②胨化细菌。一类分解蛋白质的细菌，可使不溶解状态的蛋白质变成溶解状态。乳液由于乳酸菌产酸使蛋白质凝固或由细菌的乳凝酶作用使乳中的酪蛋白凝固。而胨化细菌能产生蛋白酶，使凝固的蛋白质消化成为溶解状态。乳中常见的胨化细菌有枯草芽孢杆菌、地衣芽孢杆菌、蜡状芽孢杆菌、荧光假单孢菌、腐败假单孢菌等。

③脂肪分解菌。主要是一些革兰氏阴性无芽孢杆菌，如假单孢菌属和无色杆菌属等分解脂肪的能力很强。

④酪酸菌。一类能分解碳水化合物产生酪酸、CO_2 和 H_2 的细菌，主要是一些革兰氏阳性梭状芽孢菌。牛乳中的魏氏杆菌即厌氧性的革兰氏阳性梭状芽孢菌。

⑤产气菌。一类能分解碳水化合物而产酸和产气的细菌。例如，大肠杆菌和产气肠细菌，为革兰氏阴性肠道杆菌，兼具厌氧性，在人体和动物的肠道内都有存在，在自然界被粪便污染的地方均能检出，能分解乳糖而产酸(乳酸、醋酸)并产生气体(CO_2 和 H_2)。

⑥产碱菌。有些细菌能使牛乳中所含的有机盐(柠檬酸盐)分解而形成碳酸盐，从而使牛乳转变为碱性。例如，粪产碱杆菌为革兰氏阴性好氧菌，在人及动物肠道内存在，随着粪

便而使牛乳污染。这种菌的适宜生长温度为 25～37 ℃。又如,稠乳产碱杆菌常在水中存在,为革兰氏阴性菌,好氧,适宜生长温度为 10～26 ℃,除能产碱外,还能使牛乳黏稠。

⑦病原菌。在鲜乳液中,患乳腺炎的乳牛的乳中会有金黄色葡萄球菌和病原性大肠杆菌。有时,还可以出现人畜共有的病原菌,如患结核或布氏杆菌病的牛分泌的乳 4 中会生产布鲁氏杆菌、结核杆菌、病原性大肠菌、沙门氏菌、溶血链球菌等。

⑧酵母和霉菌。在牛乳中经常见到的酵母主要有脆壁酵母、洪氏球拟酵母、高加索乳酒球拟酵母、球拟酵母等。常见的霉菌有乳粉孢霉、乳酪粉孢霉、黑念珠霉、变异念珠霉、腊叶芽枝霉、乳酪青霉、灰绿青霉、灰绿曲霉和黑曲霉等。

2.鲜乳的腐败变质

乳中含有溶菌酶等抑菌物质,使乳汁本身具有抗菌特性。但这种特性延续的时间,因乳汁的温度和细菌的污染程度而不同。通常新挤出的乳,迅速冷却到 0 ℃可保持 48 h,5 ℃可保持 36 h,10 ℃可保持 24 h,25 ℃可保持 6 h,30 ℃仅可保持 2 h。在这段时间内,乳内细菌是受到抑制的。鲜乳的保存温度与杀菌作用的关系见表 8-8。

表 8-8　鲜乳的保存温度与杀菌作用的关系

鲜乳的保存温度/℃	杀菌作用的持续时间/h
30	＜3
25	＜6
10	＜24
5	＜36
0	＜48
−10	＜240
−25	＜720

当乳的自身杀菌作用消失后,静置于室温下,可发生一系列微生物学变化,即乳所特有的菌群交替现象(图 8-1)。这种有规律的交替现象分为以下几个阶段:

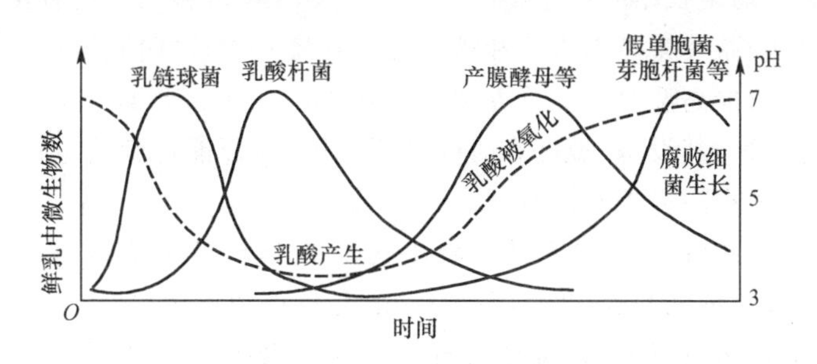

图 8-1　鲜乳中微生物活动曲线

(1)抑制期

在新鲜的乳液中含有溶菌酶、乳素等抗菌物质,对乳中存在的微生物具有杀灭或抑制作用。在杀菌作用终止后,乳中各种细菌开始发育繁殖,由于营养物质丰富,暂时不发生互联或拮抗现象。这个时期约持续 12 h 左右。

(2)乳链球菌期

鲜乳中的抗菌物质减少或消失后,存在于乳中的微生物,如乳链球菌、乳酸杆菌、大肠杆菌和一些蛋白质分解菌等迅速繁殖,其中以乳链球菌生长繁殖居优势,分解乳糖产生乳酸,使乳中的酸性物质不断增加。酸度的增大,抑制了腐败菌、产碱菌的生长,随着产酸增多,乳链球菌本身的生长也受到抑制,数量开始减少。

(3)乳杆菌期

当乳链球菌在乳液中繁殖,使乳液的 pH 下降至 4.5 以下时,由于乳酸杆菌耐酸力较强,尚能继续繁殖并产酸。在此时期,乳中可出现大量乳凝块,并有大量乳清析出,这个时期约有 2 d。

(4)真菌期

当酸度继续下降至 pH 为 3.0～3.5 时,绝大多数的细菌生长受到抑制或死亡。而霉菌和酵母菌尚能适应高酸环境,并利用乳酸作为营养来源开始大量生长繁殖。由于酸被利用,乳液的 pH 回升,逐渐接近中性。

(5)腐败期(胨化期)

经过以上几个阶段,乳中的乳糖已基本被消耗掉,而蛋白质和脂肪含量相对较高,因此,此时能分解蛋白质和脂肪的细菌开始活跃,凝乳块逐渐被消化,乳的 pH 不断上升,向碱性转化,同时伴随有芽孢杆菌属、假单孢菌属、变形杆菌属等腐败细菌的生长繁殖,于是牛奶出现腐败臭味。

鲜乳的腐败变质还会出现产气、发黏和变色的现象。气体主要是由细菌及少数酵母菌产生,主要有大肠杆菌群,其次有梭状芽孢杆菌属、芽孢杆菌属、异型发酸的乳酸菌类、丙酸细菌及酵母菌。这些微生物分解乳中糖类产酸并产 CO_2 或 H_2。发黏现象是具有荚膜的细菌生长造成的,主要是产碱杆菌属、肠杆菌属和乳酸菌中的某些种。变色主要是由假单孢菌属、黄色杆菌属和酵母菌等一些菌种造成的。

3.乳液的消毒和灭菌

从上述的鲜乳中微生物变化可以看出鲜乳要延长储存期就必须消毒,鲜乳消毒和灭菌是指杀灭致病菌和一切生长型的微生物。消毒的效果与鲜乳被污染的程度有关。鲜乳的消毒可采用巴氏消毒法、瓶装笼蒸消毒法和煮沸法。在实际中选择何种方法,除了要考虑杀灭病原菌外,还须注意减少高温对鲜乳营养成分的破坏。一般以巴氏消毒法最为常用。巴氏消毒法操作方法有多种,其设备、温度和时间各不相同,但都能达到消毒目的,比较常用的有两种:低温长时消毒法和高温短时消毒法。

(1)低温长时消毒法(LTLT 杀菌法):将牛乳置于 62～65 ℃下保持 30 min。在最初 20 分钟内可杀灭繁殖型的细菌 99%以上,后 10 min 是保证消毒效果。

(2)高温短时消毒法(HTST 杀菌法):将牛乳置于 72～75 ℃加热 15～16 分钟,或 80～90 ℃加热 5～15 min。这种消毒方式可以适应大量的鲜乳连续消毒,但对污染严重的鲜乳,难以保证消毒效果。

此外,还有超高温瞬时消毒法(UHT 杀菌法),控制条件为 130～150 ℃,加热 2～3 s 杀菌,其消毒效果比前两者好。但由于温度很高,对营养成分有部分影响。

牛乳经过消毒,并未完全灭菌,在消毒鲜乳中还残留耐热型细菌。因此,消毒后的牛乳应及时冷藏,并采用最快的传送方式供应给用户。

8.4.4 肉及肉制品的腐败变质

肉的腐败变质

各种肉及肉制品均含有丰富的蛋白质、脂肪、水、无机盐和维生素。因此肉及肉制品不仅是营养丰富的食品，也是微生物良好的天然培养基。

1.肉及肉制品中微生物的来源

(1)屠宰前的微生物来源

屠宰前健康的畜禽具有健全而完整的免疫系统，能有效地防御和阻止微生物的侵入和在肌肉组织内的扩散。所以正常机体组织内部(包括肌肉、脂肪、心、肝、肾等)一般是无菌的，而畜禽体表、被毛、消化道、上呼吸道等器官总有微生物存在，如未经清洗的动物被毛、皮肤微生物数量可达 10^5～10^6 个/cm^2。如果被毛和皮肤污染了粪便，微生物的数量会更多。刚排出的家畜粪便微生物数量可多达 10^7 个/g、瘤胃成分中微生物的数量可达 10^9 个/g。

患病的畜禽其器官及组织内部可能有微生物存在，如病牛体内可能带有结核杆菌、口蹄疫病毒等。这些微生物能够冲破机体的防御系统，扩散至机体的其他部位，多为致病菌。动物皮肤发生刺伤、咬伤或化脓感染时，淋巴结会有细菌存在。其中一部分细菌会被机体的防御系统吞噬或消除掉，而另一部分细菌可能存留下来导致机体病变。畜禽感染病原菌后有的呈现临床症状，但也有相当一部分为无症状带菌者，这部分畜禽在运输和圈养过程中，由于拥挤、疲劳、饥饿、惊恐等刺激，机体免疫力下降而呈现临床症状，并向外界扩散病原菌，造成畜禽相互感染。

(2)屠宰后的微生物来源

屠宰后的畜禽丧失了先天的防御机能，微生物侵入组织后迅速繁殖。屠宰过程卫生管理不当将造成微生物广泛污染。最初的微生物污染是在使用未灭菌的刀具放血时，微生物被引入血液中，并随着血液短暂的微弱循环而扩散至胴体的各部位。在屠宰、分割、加工、储存和肉的配销过程中的每一个环节，微生物的污染都可能发生。

肉类一旦被微生物污染，其生长繁殖是很难完全抑制的。因此限制微生物污染的最好方法是在严格卫生管理条件下进行屠宰、加工和运输，这也是获得高品质肉类及其制品的重要措施。对已遭受微生物污染的胴体，抑制微生物生长的最有效方法则是进行迅速冷却和及时冷藏。

2.肉及肉制品中微生物的类型及特性

参与肉类腐败过程的微生物是多种多样的，一般常见的有腐生微生物和病原微生物。腐生微生物包括细菌、酵母菌和霉菌，它们污染肉品，使肉品发生腐败变质，有较强的分解蛋白质的能力。

细菌主要是好氧的革兰氏阳性菌，如蜡样芽孢杆菌、枯草芽孢杆菌和巨大芽孢杆菌等；好氧的革兰氏阴性菌有假单胞菌属、无色杆菌属、黄色杆菌属、产碱杆菌属、埃希氏杆菌属、变形杆菌属等；此外还有腐败梭菌、溶组织梭菌和产气荚膜梭菌等厌氧梭状芽孢杆菌。

酵母菌和霉菌主要包括假丝酵母菌属、丝孢酵母属、交链孢霉属、曲霉属、芽枝霉属、毛霉属、根霉属和青霉属。

病畜、禽肉类可能带有各种病原菌，如沙门氏菌、金黄色葡萄球菌、结核分枝杆菌、炭疽杆菌和布氏杆菌等。它们对肉的主要影响并不在于使肉腐败变质，而是传播疾病，造成食物中毒。

3.鲜肉的腐败变质及现象

通常鲜肉保藏在0 ℃左右的低温环境中,可存放10天左右而不变质。当保藏温度上升时,表面的微生物就能迅速繁殖,其中以细菌的繁殖速度最为显著。细菌吸附鲜肉表面的过程可分为两个阶段:首先是可逆吸附阶段,即细菌与鲜肉表面微弱结合,此时用水洗可将细菌除掉;第二个阶段为不可逆吸附阶段,细菌紧密地吸附在鲜肉表面而不能被水洗掉,吸附的细菌数量随着时间的延长而增加,它沿着结缔组织、血管周围或骨与肌肉的间隙蔓延到组织的深部,最后使整个肉变质。宰后畜禽的肉体由于有酶的存在,使肉组织产生自溶作用,结果使蛋白质分解产生蛋白胨和氨基酸,更有利于微生物的生长。

(1)有氧条件下的腐败

在有氧条件下,好氧和兼性厌氧菌引起肉类腐败变质的表现为:

①表面发黏。微生物在肉表面大量繁殖后,使肉体表面有黏状物质产生,这是微生物繁殖后所形成的菌落以及微生物分解蛋白质的产物,主要由革兰氏阴性细菌、乳酸菌和酵母菌所产生。当肉的表面有发黏、拉丝现象时,其表面含菌数一般为10^7个/cm^2。

②变色。肉类腐败变质,常在肉的表面出现各种颜色变化。最常见的是绿色,这是由于蛋白质分解产生的硫化氢与肉质中的血红蛋白结合后形成硫化氢血红蛋白(Hs-Hb),这种化合物积蓄在肌肉和脂肪表面,即显示暗绿色。另外,黏质赛氏杆菌在肉表面能产生红色斑点,深蓝色假单胞菌能产生蓝色斑点,黄杆菌能产生黄色斑点。有些酵母菌能产生白色、粉红色、灰色等斑点。一些发磷光的细菌,如发磷光杆菌的许多种能产生磷光。

③霉斑。肉体表面有霉菌生长时,往往形成霉斑。特别是在一些干腌制肉制品中,更为多见。如美丽枝霉和刺枝霉在肉表面产生羽毛状菌丝;白色侧孢霉和白地霉产生白色霉斑;草酸青霉产生绿色霉斑;蜡叶芽枝霉在冷冻肉上产生黑色斑点。

④产生异味。肉体腐烂变质,除上述肉眼观察到的变化外,通常还伴随一些不正常或难闻的气味,如微生物分解蛋白质产生恶臭味;在乳酸菌和酵母菌的作用下产生挥发性有机酸的酸味;霉菌生长繁殖产生霉味;放线菌产生泥土味等。

(2)无氧条件下的腐败

在室温条件下,一些不需要严格厌氧条件的梭状芽孢杆菌首先在肉上生长繁殖,随后其他一些严格厌氧的梭状芽孢杆菌,如双酶梭状芽孢杆菌、生孢梭状芽孢杆菌、溶组织梭状芽孢杆菌等都开始生长繁殖,分解蛋白质产生恶臭味。牛、猪、羊的臀部肌肉很容易出现深部变质现象,有时鲜肉表面正常,切开时有酸臭味,股骨周围的肌肉为褐色,骨膜下有黏液出现,这种变质称为骨腐败。

塑料袋真空包装并储于低温条件时可延长肉类保存期,此时如塑料袋透气性很差,袋内氧气不足,将会抑制好氧菌的生长,而以乳杆菌和其他厌氧菌生长为主。

在厌氧条件下,兼性厌氧菌和专性厌氧菌的生长繁殖引起肉类腐败变质的表现为:

①产生异味。由于梭状芽孢杆菌、大肠杆菌以及乳酸菌等作用,产生甲酸、乙酸、丁酸、乳酸和脂肪酸,而形成酸味,蛋白质被微生物分解产生硫化氢、硫醇、吲哚、粪臭素、氨和胺类等异味化合物,而呈现异臭味,同时还可产生毒素。

②腐烂。腐烂主要是由梭状芽孢杆菌属中的某些种引起的,假单孢菌属、产碱杆菌属和变形杆菌属中的某些兼性厌氧菌也能引起肉类的腐烂。

鲜肉在搅拌过程中微生物可均匀地分布到碎肉中,所以绞碎的肉比整块肉含菌数量高得多。绞碎肉的菌数为 10^8 个/g 时，在室温条件下，24 h 就可能出现异味。

值得注意的是，肉腐败变质与保藏温度有关，当肉的保藏温度较高时，杆菌的繁殖速度较球菌快。

8.4.5 禽蛋的腐败变质

禽蛋具有很高的营养价值，含有较多的蛋白质、脂肪、B 族维生素及无机盐类，如保存不当，易受微生物污染而引起腐败。

1.禽蛋微生物的来源

健康禽类所产的鲜蛋内部应是无菌的。在一定条件下鲜蛋的无菌状态可保持一段时间，这是由于鲜蛋本身具有一套防御系统：

(1)刚产下的蛋壳表面有一层胶状物，这种胶状物质与蛋壳及壳内膜构成一道屏障，可以阻挡微生物侵入。

(2)蛋白内含有某些杀菌或抑菌物质，在一定时间内可抵抗或杀灭侵入蛋白内的微生物。例如蛋白内含的溶菌酶，可破坏细菌的细胞壁，具有较强的杀菌作用。较低的温度可使溶菌霉的杀菌作用保持较长的时间。

(3)刚排出的蛋内蛋白的 pH 为 7.4～7.6，一周内会上升到 9.4～9.7，如此高的 pH 环境不适于一般微生物的生存。

以上所述乃是鲜蛋保持无菌的重要因素。但在鲜蛋中经常可以发现有微生物存在，即使刚产下的鲜蛋中，也有带菌现象。鲜蛋中有微生物存在，与下列原因有关：

①卵巢内：在禽的卵巢内形成蛋黄时，细菌可以侵入蛋黄。禽类吃了含有病原菌的饲料而感染了传染病，病原菌通过血液循环而侵入卵巢。在蛋黄形成时，即被病原菌污染。

②泄殖腔：禽类泄殖腔内含有一定数量的微生物，在形成蛋壳之前，排泄腔内的细菌向上污染至输卵管，导致蛋的污染。当蛋从泄殖腔排出体外时，由于外界空气的自然冷却引起蛋内遇冷收缩，在空气中或附在蛋壳上的微生物便可穿过蛋壳进入蛋内。

③环境：禽蛋在收购、运输、储藏过程中被污染。蛋壳表面的微生物很多，有资料表明，一个蛋壳的表面，可有 4×10^6～5×10^6 个细菌；污染严重的蛋壳，细菌数可高达 1.4×10^8～9×10^8 个。鲜蛋蛋壳的屏障作用有限，蛋壳上有许多大小为 4～40 μm 的气孔，外界的各种微生物都有可能经蛋壳上的小孔进入，特别是储存期长或经过洗涤的蛋，在高温、潮湿的条件下，环境中的微生物更容易借水的渗透作用侵入蛋内。因此，当蛋壳稍有损伤时，蛋白首先被污染。

2.禽蛋中的微生物类群

(1)引起腐败变质的微生物

①细菌以枯草杆菌、马铃薯杆菌、无色杆菌、变形杆菌、大肠菌群、产碱杆菌、荧光杆菌、绿脓杆菌和某些球菌较为常见。

②霉菌有芽枝霉、分枝孢霉、侧孢霉、毛霉、枝霉、葡萄孢霉、交链孢霉和青霉等。

(2)鲜蛋中的病原菌

禽类带沙门氏菌现象比较多见，经调查证明，禽类带有沙门氏菌，以禽类体内的卵巢最为多见，这就是鲜蛋内污染沙门氏菌的主要原因。金黄色葡萄球菌和变形杆菌等与食物中毒有关的病原菌在蛋中也占有较高的检出率。

3.禽蛋的腐败变质过程和现象

禽蛋被微生物污染后，在适宜的条件下，微生物首先使蛋白分解。蛋白带被分解断裂，使蛋黄不能固定而发生位移，随后蛋黄膜被分解而使蛋黄散乱，并与蛋白逐渐混在一起。这种现象是变质的初期现象，称为散黄蛋。散黄蛋进一步被微生物分解，产生硫化氢、氨、粪臭素等蛋白分解产物，蛋液变成灰绿色的稀薄液并伴有大量恶臭气味，称为泻黄蛋。有时蛋液变质不产生硫化氢而产生酸臭，蛋液不呈绿色或黑色而呈红色，蛋液变稠呈浆状或有凝块出现，这是微生物分解糖的腐败现象，称为酸败蛋。外界的霉菌可在蛋壳表面或进入内侧生长，形成大小不同的深色霉斑，造成蛋液粘着，称为粘壳蛋。

8.4.6 糕点的腐败变质

糕点是一种营养丰富的食品，是微生物的良好培养基，极易变质污染而发生霉变现象，特别是含水分较多的糕点，在高温下更易发霉。

1.糕点变质现象和微生物类群

糕点类食品由于含水量较高，糖、油脂含量较多，在阳光、空气和较高温度等因素的作用下，易引起霉变和酸败。引起糕点变质的微生物类群主要是细菌和霉菌，如沙门氏菌、金黄色葡萄球菌、粪肠球菌、大肠杆菌、变形杆菌、黄曲霉、毛霉、青霉、镰刀霉等。

2.糕点变质的原因

糕点变质主要是由于生产原料不符合质量标准，制作过程中灭菌不彻底和糕点包装储藏不当。

①生产原料不符合质量标准

糕点食品的原料有糖、奶、蛋、油脂、面粉、食用色素、香料等，市售糕点往往不再加热而直接入口。因此，对糕点原料的选择、加工、储存、运输、销售等都应遵守严格的卫生要求。糕点食品发生变质的原因之一是原料的质量问题，如作为糕点原料的奶及奶油未经过巴氏消毒，奶中污染了较高数量的细菌及其毒素；蛋类在打蛋前未洗涤蛋壳，不能有效地去除微生物。为了防止糕点的霉变以及油脂和糖的酸败，应对生产糕点的原料进行消毒和灭菌。对于所使用的花生仁、芝麻、核桃仁和果仁等，已有霉变和酸败迹象的则不能采用。

②制作过程中灭菌不彻底

各种糕点食品生产时，都要经过高温处理，这既是食品熟制过程又是杀菌过程。在这个过程中，大部分的微生物都被杀死，但抵抗力较强的细菌芽孢和霉菌孢子往往残留在食品中，遇到适宜的条件，仍能生长繁殖，引起糕点食品变质。

③糕点包装储藏不当

糕点的生产过程中，包装及环境等方面的原因会使糕点食品污染许多微生物。烘烤后的糕点，必须冷却后才能包装。所使用的包装材料应无毒、无味，生产和销售部门应具备冷藏设备。

8.4.7 食品腐败变质的鉴定

食品受到微生物的污染后，容易发生变质。一般是从感官、物理、化学和微生物四个方面来进行食品腐败变质的鉴定。

1.感官鉴定

感官鉴定是以人的视觉、嗅觉、触觉、味觉来查验食品初期腐败变质的一种简单而灵敏的方法。食品初期腐败时会产生腐败臭味,发生颜色的变化(褪色、变色、着色、失去光泽等),出现组织变软、变黏等现象。这些都可以通过感官分辨出来,一般还是很灵敏的。

(1)色泽

食品无论在加工前或加工后,本身均呈现一定的色泽,当有微生物繁殖引起食品变质时,色泽就会发生改变。有些微生物产生色素,分泌至细胞外,色素不断累积就会造成食品原有色泽的改变,如食品腐败变质时常出现黄色、紫色、褐色、橙色、红色和黑色的片状斑点或全部变色。另外,微生物代谢产物的作用促使食品发生化学变化时也可引起食品色泽的变化。例如肉及肉制品的绿变就是硫化氢与血红蛋白结合形成硫化氢血红蛋白所引起的。腊肠由于乳酸菌增殖过程中产生了过氧化氢促使肉色素褪色或绿变。

(2)气味

食品本身有一定的气味,动、植物原料及其制品因微生物的繁殖而产生极轻微的变质时,人们的嗅觉就能敏感地察觉有不正常的气味产生。如氨、三甲胺、乙酸、硫化氢、乙硫醇、粪臭素等具有腐败臭味,这些物质在空气中浓度为 $10^{-11} \sim 10^{-8}$ mol/m^3 时,人们的嗅觉就可以察觉到。此外,食品变质时,其他胺类物质、甲酸、乙酸、酮、醛、醇类、酚类、靛基质化合物等也可被察觉到。

食品中产生的腐败臭味,常是多种臭味混合而成的。有时也能分辨出比较突出的不良气味,例如霉味臭、醋酸臭、胺臭、粪臭、硫化氢臭、酯臭等。但有时产生的有机酸,水果变坏产生的芳香味,人的嗅觉习惯不认为是臭味。因此评定食品质量不应以香、臭味来划分,而应按照正常气味与异常气味来评定。

(3)口味

微生物造成食品腐败变质时也常引起食品口味的变化。而口味改变中比较容易分辨的是酸味和苦味。一般碳水化合物含量多的低酸食品,变质初期产生酸是其主要的特征。但对于原来酸味就高的食品,如番茄制品,微生物造成酸败时,酸味稍有增高,辨别起来就不那么容易。另外,某些假单孢菌污染消毒乳后可产生苦味;蛋白质被大肠杆菌、小球菌等微生物作用也会产生苦味。

当然,口味的评定从卫生角度看是不符合卫生要求的,而且不同人评定的结果往往意见分歧较多,只能做大概的比较,为此口味的评定应借助仪器来测试。

(4)组织状态

固体食品变质时,动、植物性组织因微生物酶的作用,可发生组织细胞破坏,造成细胞内容物外溢,这样食品的性状即出现变形、软化;鱼肉类食品则呈现肌肉松弛、弹性差,有时组织体表出现发黏等现象;粉碎后加工制成的食品,如糕鱼、乳粉、果酱等变质后常发生黏稠、结块等表面变形、湿润或发黏现象。

液态食品变质后即会出现浑浊、沉淀,表面出现浮膜、变稠等现象,鲜乳因微生物作用引起变质可出现凝块、乳清析出、变稠等现象,有时还会产气。

2.物理鉴定

食品的物理鉴定,主要是根据蛋白质分解时低分子物质增多这一现象,来先后研究食品浸出物量、浸出液电导度、折光率、冰点下降、黏度上升等指标。其中肉浸液的黏度测定尤为

敏感，能反映腐败变质的程度。

3.化学鉴定

微生物的代谢可引起食品化学组成的变化，并产生多种腐败性产物，因此，直接测定这些腐败产物就可作为判断食品质量的依据。

一般氨基酸、蛋白质类等含氮高的食品，如鱼、虾、贝类及肉类，在好氧性败坏时，常将挥发性盐基氮含量作为评定的化学指标；对于含氮量少而含碳水化合物丰富的食品，在缺氧条件下，则经常将有机酸的含量或 pH 的变化作为腐败指标。

(1)挥发性盐基总氮

挥发性盐基总氮系指肉、鱼类样品浸液在弱碱性下能与水蒸气一起蒸馏出来的总氮量，主要是氨和胺类(三甲胺和二甲胺)，常用蒸馏法或 Conway 微量扩散法定量。该指标现已列入我国食品卫生标准。例如一般在低温有氧条件下，鱼类挥发性盐基氮的含量达到 30 mg/100 g 时，即认为是变质。

(2)三甲胺

在挥发性盐基总氮构成的胺类中，主要成分是三甲胺，它是季胺类含氮物经微生物还原产生的。可用气相色谱法进行定量，或者以三甲胺制成碘的复盐，用二氯乙烯抽取测定。新鲜鱼虾等水产品、肉中没有三甲胺，初期腐败时，其量可达 4～6 mg/100 g。

(3)组胺

鱼贝类可通过细菌分泌的组氨酸脱羧酶使组氨酸脱羧生成组胺而发生腐败变质。当鱼肉中的组胺达到 4～10 mg/100 g 时，就会发生变态反应样的食物中毒。通常用圆形滤纸色谱法(卢塔-宫木法)进行定量。

4.微生物鉴定

对食品进行微生物菌数测定，可以反映食品被微生物污染的程度及是否发生变质，同时它是判定食品生产的一般卫生状况以及食品卫生质量的一项重要依据。在国家卫生标准中常用细菌总菌落数和大肠菌群的近似值来评定食品卫生质量，一般食品中的活菌数达到 10^8 个/g 时，则可认为处于初期腐败阶段。

腐败变质的食品首先是带有使人们难以接受的感官性状，如刺激气味、异常颜色、酸臭味道和组织溃烂、黏液污秽感等。其次是营养成分分解，营养价值严重降低。腐败变质食品一般由于微生物污染严重，菌相复杂和菌量增多，因而增加了致病菌和产毒霉菌等存在的机会；由于菌量增多，可以使某些致病性微弱的细菌引起人体的不良反应，甚至中毒；致病菌引起的食物中毒，几乎都有菌量异常增大这个必要条件；至于腐败变质分解产物对人体的直接毒害，至今研究仍不够明确；然而这方面的报告与中毒事件却越来越多，如某些鱼类腐败产生的组胺使人体中毒；脂肪酸败产物引起人的不良反应及中毒，以及腐败产生的亚硝胺类、有机胺类和硫化氢等都具有一定毒性。

因此，对食品的腐败变质要及时准确鉴定，并严加控制，但这类食品的处理还必须充分考虑具体情况。如轻度腐败的肉、鱼类，通过煮沸可以消除异常气味，部分腐烂的水果、蔬菜可拣选分类处理，单纯感官性状发生变化的食品可以加工复制等。然而人体虽有足够的解毒功能，在短时间内摄入量也不可过大。因此应强调指出，一切处理的前提，都必须以确保人体健康为原则。

8.5 食品保藏中的防腐与杀菌措施

由于各种食品多数都是提供微生物生长繁殖所需营养物质的优质来源，因此食品的腐败变质与微生物的污染生长繁殖有密切关系。食品保藏是从生产到消费过程的重要环节，如果保藏不当就会腐败变质，造成重大的经济损失，还会危及消费者的健康和生命安全。另外，其也是调节不同地区、不同季节以及各种环境条件下都能吃到营养可口的食物的重要手段和措施。

食品保藏的原理就是围绕着防止微生物污染、杀灭或抑制微生物生长繁殖以及延缓食品自身组织酶的分解作用，采用物理学、化学和生物学方法，使食品在尽可能长的时间内保持其原有的营养价值、色、香、味及良好的感官性状。

防止微生物的污染，就需要对食品进行必要的包装，使食品与外界环境隔绝，并在储藏中始终保持其完整和密封性。因此食品的保藏与食品的包装也是紧密联系的。

8.5.1 食品的低温抑菌保藏

食品在低温下，其本身的酶活性及化学反应得到延缓，食品中残存微生物的生长繁殖速度大大降低或完全被抑制，因此食品的低温保藏可以防止或减缓食品的变质，在一定的期限内，可较好地保持食品的品质。

目前在食品制造、储藏和运输系统中，都普遍采用人工制冷的方式来保持食品的质量。使食品原料或制品从生产到消费的全过程中，始终保持低温，这种保持低温的方式或工具称为冷链。其中包括制冷系统、冷却或冷冻系统、冷库、冷藏车船以及冷冻销售系统等。

另外，冷却和冷冻不仅可以延长食品货架期，也和某些食品的制造过程结合起来，达到改变食品性能和功能的目的。例如，冷饮、冰淇淋制品、冻结浓缩、冻结干燥、冻结粉碎等，都已普遍得到应用。近年来，在我国方便食品体系中，冷冻方便食品也日渐普及。

低温保藏一般可分为冷藏和冷冻保藏两种方式。前者无冻结过程，新鲜果蔬类和短期储藏的食品常用此法。后者要将保藏物降温到冰点以下，使水部分或全部呈冻结状态，动物性食品常用此法。

1.冷藏

一般的冷藏是指在不冻结状态下的低温储藏。

病原菌和腐败菌大多为中温菌，其最适生长温度为20～40 ℃，在10 ℃以下大多数微生物便难于生长繁殖；−10 ℃以下仅有少数嗜冷微生物还能活动；−18 ℃以下几乎所有的微生物不再发育。因此，低温保藏只有在−18 ℃以下才是较为安全的。低温下食品内原有的酶的活性大大降低，大多数酶的适宜活动温度为30～40 ℃，温度维持在10 ℃以下，酶的活性将受到很大程度的抑制，因此冷藏可延缓食品的变质。冷藏的温度一般设定在−1～10 ℃，冷藏也只能是食品储藏的短期行为(一般为数天或数周)。

另外，在最低生长温度时，微生物生长非常缓慢，但它们仍在进行生命活动。如霉菌中的侧孢霉属、枝孢属在−6.7 ℃还能生长；青霉属和丛梗孢霉属的最低生长温度为4 ℃；细菌中假单孢菌属、无色杆菌属、产碱杆菌属、微球菌属的最低生长温度为−4～7.5 ℃；酵母菌中，一种红色酵母在−34 ℃冰冻温度时仍能缓慢发育。

对于动物性食品，冷藏温度越低越好，但对新鲜的蔬菜、水果来讲，如温度过低，则将引

起果蔬的生理机能障碍而受到冷害(冻伤)。因此应按食品特性采用适当的低温,并且还应结合环境的湿度和空气成分进行调节。水果、蔬菜收获后,仍保持着呼吸作用等生命活动,不断地产生热量,并伴随着水分的蒸发散失,从而引起新鲜度的降低,因此在不致造成细胞冷害的范围内,也应尽可能降低其储藏温度。湿度高虽可抑制水分的散失,但高湿度也容易引起微生物的繁殖,故湿度一般保持在85%～95%为宜。还应说明的是,食品的具体的储存期限,还与食品的卫生状况、果蔬的种类、受损程度以及气体成分等因素有关,不可一概而论。

2.冷冻保藏

将食品保藏在冰点以下即称冷冻保藏(冻藏)。一般冷冻保藏温度为-18 ℃,在这样的低温下,微生物不能活动。同时水分活性随温度降低而降低,纯水在-20 ℃时 A_w 仅为0.8,低于细菌生长的最低 A_w 值。另一方面,在温度降至低于食品冰点时,细菌细胞外基质中的水先结冰,使胞外水相中溶质浓度增大。当其高于细胞内溶质浓度时,因渗透压的作用,细胞内的水便会部分转到胞外,从而使细胞失水。细胞失水程度与冷冻速度有关,冷冻速度越慢,则胞外水相处于冰点而胞内水相未达冰点的时间就越长,细胞失水就越严重。且在冷冻速度慢时,细胞内形成的冰晶少而大,易使细胞破坏、菌体死亡。由于在缓慢冷冻过程中,新鲜食品的组织细胞也会遭受破坏,致使解冻后的食品不仅质地差,而且因汁液流失使营养价值受损。所以食品冻藏都尽量采用快速冷冻。

细菌的芽孢对冻藏的抗性最强,冷冻保藏后约有90%的芽孢仍可存活。真菌的孢子也有较强的抗冻力,干燥的黄曲霉分生孢子经速冻和解冻后存活率可达75%。一般酵母菌和 G^+ 细菌的抗冻力较强,而 G^- 细菌的抗冻力较弱。

冻藏时的介质成分对微生物的存活率也有很大影响。如在0.85% NaCl中冻藏则细胞的存活率显著下降。而有葡萄糖、牛奶、脂肪等物质存在时对细胞有保护作用。

在-18 ℃冷冻保藏的食品中,微生物已不能生长,但食品中原有的酶及微生物产生的酶仍有微弱的活性,如一些微生物产生的脂酶和蛋白酶,在冷冻保藏时仍有一定活性。若食品冷冻前含有这些酶较多,而又未经钝化处理,则其冷冻保藏期就会大大缩短。因此若对水果、蔬菜冷冻,在冻结处理前往往要先行杀酶。通常用热水或蒸汽做短时间的热烫处理,即可使酶失活。一般冷冻保藏温度越低,保藏期就越长。冷冻保藏的食品保藏期可长达几个月至两年。表8-9列举了部分食品的冻藏条件和储存期限。

表8-9　部分食品的冻藏条件及储存期限

品　名	结冰温度/℃	冻藏温度/℃	相对湿度/%	储存期限
奶　油	-2.2	-29～-23	80～85	1年
加糖奶酪	—	-26	—	数月
冰淇淋	—	-26	—	数月
脱脂乳	—	-26	—	短期
冻结鱼	-1.0	-23～-18	90～95	8～10个月
冻结牛肉	-1.7	-23～-18	90～95	9～18个月
冻结猪肉	-1.7	-23～-18	90～95	4～12个月
冻结羊肉	-1.7	-23～-18	90～95	8～10个月
冻结兔肉	—	-23～-18	—	6个月以内
冻结果实	—	-23～-18	—	6～12个月

（续表）

品　名	结冰温度/℃	冻藏温度/℃	相对湿度/%	储存期限
冻结蔬菜	—	−23～−18	—	2～6个月
三明治	—	−18～−15	95～100	5～6个月

3.解冻

解冻是冻结的逆过程。通常是冻品表面先升温解冻，并与冻品中心保持一定的温度梯度。各种原因，使解冻后的食品并不一定能恢复到冻结前的状态。

冻结食品解冻时，冰晶升温而溶解，食品物料因冰晶溶解而软化，微生物和酶开始活跃。因此解冻过程的设计要尽可能避免因解冻而遭受损失。对不同的食品，应采取不同的解冻方式。

通常是以流动的冷空气、水、盐水、水冰混合物等作为解冻媒体进行解冻，温度控制在0～10 ℃为好，可防止食品在过高温度下造成微生物和酶的活动，并防止水分的蒸发。对于即食食品的解冻，可以用高温快速加热。用微波解冻是较好的解冻方法，能量在冻品内外同时发生，解冻时间短，渗出液少，可以保持解冻品的优良品质。

冻结状态良好的肉类，在缓慢解冻时，融解的水分再度被肉质所吸收，滴落液较少，肉质可基本恢复至原来的状态。对于冻结状态较差的肉类，在解冻时产生的滴落液较多，肉损失较多，肉中部分可溶性物质也随之损失，肉的质量降低。

8.5.2　食品的加热灭菌保藏

微生物具有一定的耐热性。细菌的营养细胞及酵母菌的耐热性，因菌种不同而有较大的差异。一般病原菌（梭状芽孢杆菌属除外）的耐热性差，通过低温杀菌（例如63 ℃，经30 min）就可以将其杀死。细菌的芽孢一般具有较高的耐热性，食品中肉毒梭状芽孢杆菌是非酸性罐头的主要杀菌目标，该菌孢子的耐热性较强，必须特别注意。一般霉菌及其孢子在有水分的状态下，加热至60 ℃，保持5～10 min即可以被杀死，但在干燥状态下，其孢子的耐热性非常强。

然而许多因素影响微生物的加热杀菌效果。首先食品中的微生物密度（原始带菌量）与抗热力有明显关系。带菌量越多，则抗热力越强。因为菌体细胞能分泌对菌体有保护作用的蛋白类物质，故菌体细胞增多，这种保护性物质的量也就增加。其次，微生物的抗热力随水分的减少而增大，同一种微生物，在干热环境中的抗热性最大。此外，基质向酸性或碱性变化，杀菌效果则显著增大。

基质中的脂肪、蛋白质、糖及其他胶体物质，对细菌、酵母、霉菌及其孢子起着显著的保护作用。这可能是细胞质的部分脱水作用，阻止蛋白质凝固的缘故。因此对高脂肪及高蛋白食品的加热杀菌需加以注意。多数香辛料，如芥子、丁香、洋葱、胡椒、蒜、香精等，对微生物孢子的耐热性有显著的降低作用。

食品的腐败常常是微生物和酶所致。食品通过加热杀菌和使酶失活，可久储不坏，但必须不重复染菌，因此要在装罐装瓶密封以后灭菌，或者灭菌后在无菌条件下充填装罐。食品加热杀菌的方法很多，主要有巴氏消毒法、高温灭菌法、超高温瞬时灭菌、微波杀菌、远红外线加热杀菌等。

1.巴氏消毒法

一些食品当采用高温灭菌时会使其营养和色、香、味受到影响，所以，可采用巴氏消毒法，即采用较低的温度处理，以达到消毒或防腐、延长保存期的目的。消毒条件一般为62～65 ℃处理30 min或72～75 ℃处理15～16 min，也有用80～90 ℃处理5～15 min，以杀死食品中致腐微生物的营养体。本方法多用于牛奶、果汁、啤酒、酱油、食醋等的杀菌。所用设备有间歇式水煮立式杀菌锅、长方体水槽、连续式水煮设备、喷淋式连续杀菌设备。

2.高温灭菌法

高温灭菌指灭菌温度在100～121 ℃（绝对压力为0.1 MPa）范围内的灭菌，又可分为常压灭菌法、加压蒸汽灭菌法。其中加压蒸汽灭菌在生产上最为常用，利用加压蒸汽使温度增高，以提高杀菌力，可杀死细菌的芽孢，缩短灭菌时间，主要用于低酸性和中酸性罐藏食品的灭菌。所用设备有两类：一类是静止、卧式或立式高压杀菌锅，另一类是搅拌高压杀菌锅。在罐头行业中，常用 *D* 值和 *F* 值来表示杀菌温度和时间。

D(*DRT*)值是指在一定温度下，细菌死亡90%（活菌数减少一个对数周期）所需要的时间(min)。121.1 ℃(250 ℉)的 *D* 值常写作 D_r。例如嗜热脂肪芽孢杆菌的 D_r=4.0～4.5 min；A、B型肉毒梭状芽孢杆菌的 D_r=0.1～0.2 min。

F 值是指在一定基质中，在121.1 ℃下加热杀死一定数量的微生物所需要的时间(min)。在罐头特别是肉罐头中常用。罐头种类、包装规格大小及配方不同，*F* 值也就不同，故生产上每种罐头都要预先进行 *F* 值测定。

对于液体或固体混合的罐装食品，可以采用旋转式或摇动式杀菌装置。玻璃瓶罐虽然也能耐高温，但是不太适于压力大的高温杀菌，必须用热水浸泡蒸煮。复合薄膜包装的软罐头通常采用高压水煮杀菌。

3.超高温瞬时灭菌

超高温瞬时灭菌是指通过130～150 ℃加热数秒钟进行的灭菌。适合于液态食品的灭菌，如牛乳先经75～85 ℃预热4～5 min，接着通过130～150 ℃的高温数秒钟。在预热过程中，可使大部分细菌被杀死，其后的超高温瞬时加热，主要是杀死耐热性强的芽孢菌。所用设备有片式和套管式热交换器，还有蒸汽喷射型加热器。

牛乳在高温下保持较长时间，易发生一些不良的化学反应。如蛋白质和乳糖发生美拉德反应，使牛乳产生褐变现象；蛋白质分解产生 H_2S 的不良气味；糖类焦糖化产生异味；乳清蛋白质变性、沉淀等。采用超高温瞬时杀菌既能方便工艺条件，满足灭菌要求，又能减少对牛乳品质的损害。

4.微波杀菌

微波（超高频）一般是指频率在300 M～3 000 GHz的电磁波。目前915 MHz和2 450 MHz两个频率已广泛应用于微波加热。915 MHz可以获得较大穿透厚度，适用于加热含水量高、厚度或体积较大的食品；对含水量低的食品宜选用2 450 MHz的频率。

微波杀菌的机理基于热效应和非热生化效应两部分。

(1)热效应：微波作用于食品，食品表里同时吸收微波能，温度升高。污染的微生物细胞在微波场的作用下，其分子被极化并做高频振荡，产生热效应，温度的快速升高使其蛋白质结构发生变化，从而使菌体死亡。

(2)非热生化效应：微波使微生物生命化学过程中产生大量的电子、离子，使微生物生理活性物质发生变化；电场也使细胞膜附近的电荷分布改变，导致膜功能障碍，使微生物细胞的生长受到抑制，甚至停止生长或死亡。另外，微波还可以导致细胞DNA和RNA分子结构中的氢键松弛、断裂和重新组合，诱发基因突变。

微波杀菌保藏食品是近年来在国际上发展起来的一项新技术，具有快速、节能、对食品品质影响很小等特点，因此能保留更多的活性物质和营养成分，适用于人参、香菇、猴头菌、花粉、天麻以及中药、中成药的干燥和灭菌。微波还可应用于肉及其制品、禽及其制品、奶及其制品、水产品、水果、蔬菜、罐头、谷物、布丁和面包等一系列产品的杀菌、灭酶保鲜和消毒，延长货架期。此外，微波也应用于食品的烹调，冻鱼、冻肉的解冻，食品的脱水干燥、漂烫、焙烤以及食品的膨化等领域。

目前国外已出现微波牛奶消毒器，采用高温瞬时杀菌技术，在 2 450 MHz 的频率下升至 200 ℃，维持 0.13 s，消毒奶的菌落总数和大肠菌群的指标达到消毒奶要求，而且牛奶的稳定性也有所提高。使用瑞士卡洛里公司研制的面包微波杀菌装置(2 450 MHz，80 kW)，辐照 1～2 min，温度由室温升至 80 ℃，面包片的保鲜期可由原来的 3 d 延长至 30～40 d 而无霉菌生长。

5.远红外线加热杀菌

远红外线是指波长为 2.5～1 000 μm 的电磁波。食品的很多成分对 3～10 μm 的远红外线有强烈的吸收作用，因此食品往往选择这一波段的远红外线加热。

远红外线加热具有热辐射率高，热损失少，加热速度快、传热效率高，食品受热均匀、不会出现局部加热过度或夹生现象，食物营养成分损失少等特点。

远红外线的杀菌、灭酶效果是明显的。日本的山野藤吾曾将细菌、酵母、霉菌悬浮液装入塑料袋中，进行远红外线杀菌实验，远红外线照射的功率分别为 6 kW、8 kW、10 kW、12 kW，实验结果表明，照射 10 min，能使不耐热细菌全部被杀死，使耐热细菌数量降低 10^5～10^8 个数量级。照射强度越大，残活菌越少，但要达到食品保藏要求，照射功率要在 12 kW以上或延长照射时间。

远红外线加热杀菌不需经过热媒，照射到待杀菌的物品上，加热直接由表面渗透到内部，因此远红外线加热已广泛应用于食品的烘烤、干燥、解冻，以及坚果类、粉状、块状、袋装食品的杀菌和灭酶。

8.5.3 食品的高渗透压保藏

提高食品的渗透压可防止食品腐败变质，常用的方法有盐腌法和糖渍法。在高渗透压溶液中，微生物细胞内的水分大量外渗，导致质壁分离，出现生理干燥，同时随着盐浓度增高，微生物可利用的游离水减少，高浓度盐溶液对微生物的酶活性有破坏作用，还可使氧难溶于盐水中，形成缺氧环境。因此高渗透压可抑制微生物生长或使之死亡，防止食品腐败变质。

1.盐腌保藏

食品经盐藏不仅能抑制微生物的生长繁殖，并可赋予其新的风味，故兼有加工的效果。食盐的防腐作用主要在于提高渗透压，使细胞原生质浓缩发生质壁分离；降低水分活度，不利于微生物生长；减少水中溶解氧，使好氧微生物的生长受到抑制等。

各种微生物对食盐浓度的适应性差别较大。嗜盐微生物，如红色细菌、接合酵母属和革兰氏阳性球菌在较高浓度食盐的溶液(15%以上)中仍能生长。无色杆菌属等一般腐败性微生物在约 5%的食盐浓度，肉毒梭状芽孢杆菌等病原菌在 7%～10%食盐浓度时，生长受到抑制。一般霉菌对食盐都有较强的耐受性，如某些青霉菌株在 25%的食盐浓度中尚能生长。

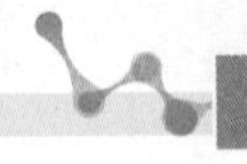

由于各种微生物对食盐浓度的适应性不同，因此食盐浓度的高低就决定了所能生长的微生物菌群。例如肉类中食盐浓度在5%以下时，主要是细菌的繁殖；食盐浓度在5%以上，存在较多的是霉菌；食盐浓度超过20%，主要生长的微生物是酵母菌。盐腌食品常见的有咸鱼、咸肉、咸蛋、咸菜等。

2.糖渍保藏

糖渍保藏食品是利用高浓度的糖液抑制微生物的生长繁殖。由于在同一质量分数的溶液中，离子溶液较分子溶液的渗透压大，因此，蔗糖必须比食盐高4倍以上的浓度，才能达到与食盐相同的抑菌作用。含有50%的糖液可以抑制绝大多数酵母和细菌的生长；65%～70%的糖液可以抑制许多霉菌的生长；70%～80%的糖液能抑制几乎所有的微生物生长。糖渍食品常见的有甜炼乳、果脯、蜜饯和果酱等。

8.5.4 食品的防腐保藏

具有抑制或杀死微生物的作用，并可用于食品防腐保藏的化学物质称为食品防腐剂。

1.山梨酸及其盐类

山梨酸为无色针状或片状结晶，或白色结晶粉末，具有刺激气味和酸味，对光、热稳定，易氧化，溶液加热时，山梨酸易随水蒸气挥发。山梨酸钾是白色粉末或颗粒状，其抑菌力仅为等质量山梨酸的72%。山梨酸钠为白色绒毛状粉末，易氧化。生产中常用的是山梨酸和山梨酸钾。山梨酸钾的水溶性明显好于山梨酸，可达60%左右。山梨酸是一种不饱和脂肪酸，被人体吸收后几乎和其他脂肪酸一样参与代谢过程而降解为CO_2和H_2O或以乙酰辅酶A的形式参与其他脂肪酸的合成。因而山梨酸类作为食品防腐剂是安全的。

山梨酸类防腐剂的抑菌作用随基质pH下降而增强，其抑菌作用的强弱取决于未解离分子的多少。山梨酸类防腐剂在pH为6.0左右仍然有效，可以用于其他防腐剂无法使用的pH较低的食品中。山梨酸类防腐剂对酵母和霉菌有很强的抑制作用，对许多细菌也有抑制作用。其抑菌机制概括起来有对酶系统的作用、对细胞膜的作用及对芽孢萌发的抑制作用。山梨酸盐对肉毒梭菌及蜡状芽孢杆菌的芽孢萌发有抑制作用。山梨酸及其钾盐的使用范围及最大使用量为：酱油、醋、果酱类0.1%；果汁、果酒类0.06%；酱菜、面酱、蜜饯、山楂糕、水果罐头类0.05%；汽水0.02%。

在发酵蔬菜中添加山梨酸盐0.05%～0.20%可以不影响发酵菌的生长而抑制酵母菌、霉菌及腐败性细菌。在泡菜中添加0.02%～0.05%便可延缓酵母菌膜的形成。山梨酸盐由于口感温和且基本无味，所以几乎所有的水果制品都用该防腐剂，使用量为0.02%～0.20%。在果酒中也常用山梨酸盐来防止再发酵，由于K^+与酒石酸反应可产生沉淀，故果酒中一般用其钠盐，用0.02%的山梨酸钠和0.002%～0.004%的SO_2，即可取得良好的保藏效果。加SO_2的目的，一是防止乳酸菌生长使果酒产生异味，二是降低山梨酸的使用浓度。果酒中山梨酸盐的浓度不应超过0.03%，否则会影响口感。

在焙烤食品中添加山梨酸盐0.03%～0.30%，可抑制真菌的生长，且在较高pH时仍有效。使用时为了不干扰酵母菌的发酵，应在面团发好后加入。对于不用酵母发酵的焙烤食品，则应尽早加入。

在肉制品中添加适量的山梨酸盐，不仅可抑制真菌，还可抑制肉毒梭菌、嗜冷菌及一些病原菌，如沙门氏菌、金黄色葡萄球菌等，以降低亚硝酸盐的用量。

2.丙酸

丙酸为无色透明液体，有刺激性气味，可与水混溶。其钙盐、钠盐为白色粉末，水溶性好，气味类似丙酸。丙酸及丙酸盐对人体无危害，为许多国家公认的安全食品防腐剂。丙酸的抑菌作用没有山梨酸类和苯甲酸类强，主要对霉菌有抑制作用，对引起面包“黏丝病”的枯草芽孢杆菌也有很强的抑制作用，对其他细菌和酵母菌基本没作用。在 pH 为 5.8 的面团中加 0.188%或在 pH 为 5.6 的面团加 0.156%的丙酸钙可防止发生“黏丝病”。丙酸类防腐剂主要用于防止面包霉变和发生“黏丝病”，并可避免对酵母菌的正常发酵产生影响。

3.硝酸盐和亚硝酸盐

硝酸盐及其钠盐用于腌肉生产中，可作为发色剂，并可抑制某些腐败菌和产毒菌，还有助于形成特有的风味。其中起作用的是亚硝酸，硝酸盐在食品中可转化为亚硝酸盐。由于亚硝酸盐可在人体内转化成致癌的亚硝胺，而硝酸盐转化为亚硝酸盐的量无法控制，因而有些国家已禁止在食品中使用硝酸盐，对亚硝酸盐的用量也严格限制。

虽然亚硝酸盐对人体的危害性已得到肯定，但至今仍被用于肉制品中。其主要原因是它的抑制肉毒梭菌作用，而不是因为它具有发色作用和能形成特有的风味，前者要较高的亚硝酸盐浓度才有效，而后者只要很低的浓度就行。

亚硝酸盐要在低 pH 高浓度下对金黄色葡萄球菌才有抑制作用，对肠道细菌包括沙门氏菌、乳酸菌基本无效，对肉毒梭状芽孢杆菌及其产毒的抑制作用也要在基质高压灭菌或热处理前加入才有效，否则要多 10 倍的亚硝酸盐量才有抑制作用。亚硝酸盐对肉毒梭状芽孢杆菌及其他梭状芽孢杆菌的抑制作用可能是由于它与铁-硫蛋白(存在于铁氧还蛋白和氢化酶中)结合，从而阻止丙酮酸降解产生 ATP。我国亚硝酸盐作为发色剂添入肉类罐头及肉类制品中，用量不超过 0.015%。

4.乳酸链球菌素

乳酸链球菌素是由 29～34 个不同氨基酸组成的多肽，无颜色、无异味、无毒性，为乳酸链球菌的产物。其水溶性随 pH 下降而升高，在 pH 为 2.5 的稀盐酸中溶解度为 12%，pH 为 5 时溶解度降到 4%，在中性或碱性条件下几乎不溶，且易发生不可逆失活。在 pH 为 2 时具有良好的稳定性，121 ℃，30 min 仍不失活，但在 pH 为 4 以上时加热易分解。对蛋白质水解酶特别敏感，对粗凝乳酶不敏感。其抗菌谱较窄，对 G^+ 细菌(主要为产芽孢菌)有效，而对真菌和 G^- 细菌无效。

乳酸链球菌素具有辅助热处理的作用。一般低酸罐头食品要杀灭肉毒梭菌及其他细菌的芽孢，需进行严格的热处理，若加入乳酸链球菌素则可明显缩短热处理时间，对热处理中未杀死的芽孢，乳酸链球菌素可以抑制其萌发。由于乳酸链球菌素具有上述优点，现在许多国家允许其在各种食品中使用，如罐头、果蔬、肉、鱼、乳等，一般用量为 2.5～100 mg/kg。

5.苯甲酸、苯甲酸钠和对羟基苯甲酸酯

苯甲酸和苯甲酸钠又称安息香酸和安息香酸钠，白色结晶，苯甲酸微溶于水，易溶于酒精；苯甲酸钠易溶于水。苯甲酸对人体较安全，是我国允许使用的两种国家标准的有机防腐剂之一。

苯甲酸的抑菌机理是，它的分子能抑制微生物细胞呼吸酶系统活性，特别是对乙酰辅酶缩合反应有很强的抑制作用。在高酸性食品中杀菌效力为微碱性食品中的 100 倍，苯甲酸未被解离的分子态才有防腐效果，苯甲酸对酵母菌影响大于霉菌，而对细菌效力较弱。

苯甲酸的最大用量：酱油、醋、果汁类、果酱类、罐头为 1.0 g/kg；葡萄酒、果子酒、琼脂软糖为 0.8 g/kg；果子汽酒为 0.4 g/kg；低盐酱菜、面酱类、蜜饯类、山楂类、果味露为 0.5 g/kg(以上均以苯甲酸计，1 g 钠盐相当于 0.847 g 苯甲酸)。

对羟基苯甲酸酯是白色结晶状粉末，无臭，易溶于酒精，对羟基苯甲酸酯抑菌机理与苯甲酸相同，但防腐效果则大为提高。抗菌防腐效力受pH（pH为4～6.5）的影响不大，偏酸性时更强些。对羟基苯甲酸酯类对细菌、霉菌、酵母都有广泛抑菌作用，但对G^-杆菌和乳酸菌的作用较弱，在食品工业应用较广，最大使用量为1 g/kg。对羟基苯甲酸乙酯用于酱油最大使用量为0.25 g/kg，醋为0.1 g/kg；对羟基苯甲酸丙酯用于清凉饮料最大用量为0.1 g/kg，水果、蔬菜表皮为0.012 g/kg，果子汁、果酱为0.20 g/kg。

6.溶菌酶

溶菌酶为白色结晶，含有129个氨基酸，等电点为10.5～11.5。溶于食品级盐水，在酸性溶液中较稳定，55 ℃活性无变化。

溶菌酶能溶解多种细菌的细胞壁而达到抑菌、杀菌目的，但对酵母和霉菌几乎无效。溶菌作用的最适pH为6～7，温度为50 ℃。食品中的羧基和硫酸能影响溶菌酶的活性，因此将其与其他抗菌物如乙醇、植酸、聚磷酸盐等配合使用，效果更好。目前溶菌酶已用于面食类、水产熟食品、冰淇淋、色拉和鱼子酱等食品的防腐保鲜。

8.5.5 食品的辐射保藏

对食品的辐射保藏是指利用电离辐射照射食品达到延长食品保藏期目的的方法。

1.食品的辐射保藏原理

电离辐射对微生物有很强的致死作用，这是通过辐射引起环境中水分子和细胞内水分子吸收辐射能量后电离产生的自由基起作用的，这些游离基能与细胞中的敏感大分子反应并使之失活。此外，电离辐射还有杀虫、抑制马铃薯等发芽和延迟后熟的作用。在电离辐射中由于γ-射线穿透力和杀菌作用都强，且较容易发生，所以目前主要是利用放射性同位素产生的γ-射线进行照射处理。

食品辐射保藏有许多优点：①照射过程中食品的温度几乎不上升，对于食品的色、香、味、营养及质地无明显影响；②射线的穿透力强，在不拆包装和不解冻的条件下，可杀灭深藏于食品（谷物、果实和肉类等）内部的害虫、寄生虫和微生物；③可处理各种不同的食品，从袋装的面粉到装箱的果蔬，从大块的烤肉、火腿到肉、鱼制成的其他食品均可应用；④照射处理食品不会有残留，可避免污染；⑤可改进某些食品的品质和工艺质量；⑥节约能源。食品采用辐射保藏能耗为2.9×10^7 J/t，而冷藏为3.24×10^8 J/t，热灭菌为1.08×10^9 J/t，脱水处理为2.9×10^7 J/t；⑦效率高，可连续作业。

2.影响因素

（1）照射剂量

照射剂量的大小直接影响灭菌效果。

（2）照射剂量率

照射剂量率即单位时间内照射的剂量。照射剂量相同，以高剂量率照射时，照射时间就短，以低剂量率照射时，照射时间就长。

（3）食品接受照射时的状态

在照射剂量相同的条件下，品质好的大米，食味变化小，相反食味变化则大。水分含量低时，食品的辐射效应和微生物的杀灭作用比水分含量高时要小。高氧含量能加速被照射微生物的死亡。

(4)食品中微生物的种类

病毒耐辐射能力最强,照射剂高达 10 kGy 时,仍有部分存活,用高剂量照射才能使病毒钝化,如 30 kGy 照射方可使水溶液中的口蹄疫病毒失活,而要钝化干燥状态下的口蹄疫病毒则要 40 kGy 照射剂量。

芽孢和孢子对辐射的抵抗力很强,需用大剂量(10~50 kGy)照射才能杀灭。一般菌体用较低剂量(0.5~10 kGy)就可将其杀灭。酵母和霉菌对辐射的敏感性与非芽孢细菌相当。

(5)其他

在照射食品时与加热、速冻、红外线、微波等处理方法结合,可以降低照射剂量、保护食品、提高辐射保藏效果。

3.食品辐射保藏的应用

照射食品时的剂量应根据照射源和强度、食品种类和照射目的而定,见表 8-10。

表 8-10　食品辐射保藏的剂量与效果

食品种类	照射源	辐射剂量/kGy	效果
杧果	^{60}Co γ 射线	0.4	延长保藏时间 8 d
		0.6~0.8	减少霉烂,营养成分变化小
杨梅	^{137}Co γ 射线	1	延长保藏时间 5 d
		2	延长保藏时间 7 d,质量优于鲜果
橄榄	^{137}Co γ 射线	0.5~1	提高耐机械损伤的能力
桃子	^{60}Co、^{137}Co γ 射线	1~3	促进乙烯生成,对糖、抗坏血酸无不良影响,对色、味有好的促进效果
橘子	^{60}Co γ 射线	0.2~2	可在低温下长期保藏,但有辐射异味
胡桃	γ 射线	0.4	杀虫
红玉苹果	^{60}Co γ 射线	0.05	延长保藏时间
香蕉	^{60}Co γ 射线	0.2~0.3	延长保藏时间
葡萄	^{137}Co γ 射线	1.5~3.0	氧耗增加,出汁量提高
广柑	γ 射线	2	防止成熟和鲜果腐烂,延长保藏时间 42 d 不耐辐射,延长保藏时间效果不佳
梨	γ 射线	0.1~0.5	延长保藏时间,对色、味无不良影响
枣	γ 射线	1~2	防止腐烂,延长保藏时间 4~12 d
番茄	γ 射线	3~4	延长保藏时间
草莓	γ 射线	2	杀灭霉菌,保住了色、香、味
杨梅汁	γ 射线	2	总糖含量增加,蔗糖含量减少
苹果汁	γ 射线	3	单糖增加,蔗糖含量减少
葡萄汁	γ 射线	<3	达到灭菌
鸡肉	γ 射线	45	达到灭菌
牛肉	γ 射线	47	达到灭菌
猪肉	γ 射线	51	达到灭菌
火腿	γ 射线	37	达到灭菌

(1)在粮食上的应用

1 kGy 照射可达到杀虫目的。使大米发霉的各种霉菌接受 2～3 kGy 照射便可基本被杀死。辐射还能抑制微生物在谷物上的产毒。

(2)在果蔬上的应用

许多果蔬都可以利用辐射保藏。杀灭霉菌所需照射剂量如果高于果蔬的耐受量时,将会使组织软化、果胶质分解而腐烂,因此,照射时必须选择合适的剂量。酵母菌是果汁和其他果品发生腐败的原因菌,而抑制酵母菌的照射剂量往往会造成果品风味发生改变,所以可先通过热处理,再用低剂量照射解决这一问题。

(3)在水产品上的应用

世界卫生组织、联合国粮农组织、国际原子能机构共同批准,允许使用 1～2 kGy 照射鱼类,减少微生物,延长其在 3 ℃以下的保藏期。

(4)在肉类上的应用

屠宰后的禽肉包封后再用 2～2.5 kGy 照射,能大量消灭沙门氏菌和弯曲杆菌。对于囊虫、绦虫和弓浆虫用冷冻和 0.5～1 kGy 照射结合的办法,能加速破坏这些寄生虫的感染力。

(5)在调味料上的应用

调味料常常被微生物和昆虫严重污染,尤其是霉菌和芽孢杆菌。因调味料的一些香味成分不耐热,不能用加热消毒的方法处理,用化学药物熏蒸,则容易残留药物,而用20 kGy照射的调味料制出的肉制品与未照射的调味料制出的肉制品食味无明显差别。

本章小结

食品腐败变质的过程是食品中蛋白质、碳水化合物、脂肪等被污染微生物分解代谢的作用或自身组织酶进行的某些生化过程,是微生物与环境综合作用的结果。土壤、空气、水、人及动物携带、加工机械设备、包装材料、原料及辅料等因素是引起微生物污染的重要环境条件。要学会总结观察各种食品变质的症状、分析每种食品变质的原因和引起不同食品变质微生物的种类及其特性。食品保藏是采用物理学、化学和生物学方法,防止微生物污染、杀灭或抑制微生物生长繁殖以及延缓食品自身组织酶的分解作用,使食品在尽可能长的时间内保持其原有的营养价值、色、香、味及良好的感官性状所采用的各种措施。

复习思考题

1.简述微生物污染食品的途径及其控制措施。

2.什么叫内源性污染和外源性污染?

3.什么叫食品的腐败变质?微生物引起食品腐败变质的基本原理是什么?简述食品中蛋白质、脂肪、碳水化合物分解变质的主要化学过程。

4.微生物引起食品腐败变质的内在因素和外界条件各有哪些?研究这些有何意义?

5.乳及乳制品中有哪些微生物类群?乳变质过程中有什么菌群交替现象?

6.影响鲜肉微生物区系组成的主要因素是什么?引起鲜肉腐败变质的微生物种类有哪些?

7.说明罐头腐败变质的现象和产生原因。

8.鲜蛋变质的特征有哪些?

9.为什么低温保藏食品是一项有效措施?

10.食品保藏应用了哪些物理化学方法?

11.调查你的家乡习惯运用哪些传统的食品保藏方法?其中蕴含了哪些微生物学原理?

知识链接

生物保鲜剂

生物保鲜剂法保鲜是通过浸渍、喷淋或混合等方式,使生物保鲜剂与食品充分接触,从而使食品保鲜的方法。生物保鲜剂也称天然保鲜剂,直接来源于生物体自身组成成分或其代谢产物,不仅具有良好的抑菌作用,而且一般都可被生物降解,具有无味、无毒、安全等特点。

1.植物源生物保鲜剂

许多植物中都存在抗菌物质,主要是醛类、酮类、酚类、酯类物质。

(1)茶多酚

能抑制 G^+ 菌和 G^- 菌,属于广谱性的抗菌剂。最小抑菌浓度随菌种不同而差异较大,大多为 50~500 mg/kg,符合食品添加剂用量的一般要求。

(2)大蒜提取物

大蒜辣素和大蒜新素是大蒜中的主要抗菌成分。大蒜辣素的抗菌机理是分子中的氧原子与细菌中的半胱氨结合,使半胱氨不能转变为胱氨酸,从而影响细菌体内氧化还原反应的进行。大蒜对多种球菌、霉菌有明显的抑制和杀菌作用,是目前发现的具有抗真菌作用植物中效力最强的一种。

2.动物源生物保鲜剂

(1)鱼精蛋白(protamine)

鱼精蛋白是一种特殊的抗菌肽,是存在于许多鱼类的成熟精细胞中的一种球形碱性蛋白。鱼精蛋白可作用于微生物细胞壁,破坏细胞壁的合成,还可以作用于微生物细胞质膜,通过破坏细胞对营养物质的吸收来起抑菌作用。

(2)溶菌酶(lysozyme)

溶菌酶又称细胞壁溶解酶,是一种专门作用于微生物细胞壁的水解酶。溶菌酶的种类主要有鸡蛋清溶菌酶、人和哺乳动物溶菌酶、植物溶菌酶、微生物溶菌酶。

3.微生物源生物保鲜剂

乳酸链球菌素(*Nisin*)又叫乳链菌肽、乳球菌肽,是某些乳酸乳球菌在代谢过程中合成和分泌的具有很强杀菌作用的小分子肽。

第9章

微生物与食品安全

学习目标

1.了解食物中毒的概念、类型和机理。

2.掌握常见病原菌的种类和生物学特性。

3.熟悉食品安全标准中的微生物学指标及其食品卫生学意义。

4.能判断食物中毒的类型及常见食物中毒的表现。

9.1 食物中毒性微生物及其引起的食物中毒

微生物在食品上大量生长繁殖,不仅会引起食品的腐败变质,造成巨大的经济损失,还可危及食用者的身体健康。细菌在食品上生长和产生毒素,人们食用后会发生食物中毒。有些微生物在食品上生长可产生真菌毒素,如黄曲霉毒素等,人们大量食用后发生急性中毒;长期食用还会引起癌症。

9.1.1 食物中毒的概念及类型

食物中毒一般是指人体因食用了含有有害微生物、微生物毒素或化学性有害物质而出现的非传染性的中毒。食物中毒潜伏期短,来势急剧;常集体性暴发,短时间内有很多人同时发病,且有相同的临床表现;一般人和人之间不直接传染。

食物中毒多种多样,按病因可分为微生物性食物中毒、动植物性食物中毒、化学性食物中毒等。

根据引起食物中毒的微生物类群不同,微生物性食物中毒又可分为细菌性食物中毒和真菌性食物中毒。细菌性食物中毒是最常见的一种,肉类、蛋类、奶类、水产品、海产品、家庭自制的发酵食物等均可引起细菌性食物中毒;真菌性食物中毒是指食用被有毒真菌及其毒素污染的食物而引起的中毒,如霉变甘蔗中毒等。

动植物性食物中毒是指误食有毒动植物或摄入因加工、烹调方法不当,未除去有毒成分的动植物食物引起的中毒,如河豚中毒、毒蕈(毒蘑菇)中毒、发芽马铃薯中毒、豆角中毒、生豆浆中毒等。

化学性食物中毒是指误食有毒化学物质或食入被其污染的食物而引起的中毒,如农药中毒、亚硝酸盐中毒等。

9.1.2 细菌性食物中毒

沙门氏菌食物中毒

细菌性食物中毒是指食进含有大量病原菌、条件致病菌或某些细菌的毒素而引起的中毒。这是食物中毒中最常见的一种类型。细菌性食物中毒一般分为感染型和毒素型两种。

感染型食物中毒是由沙门氏菌、变形杆菌、链球菌及一些条件致病菌引起的。病原细菌污染食物后，在食物中大量繁殖，这种含有大量活菌的食物被摄入人体，会引起人体消化道的感染而造成中毒，其特点是食物中含有大量活着的繁殖体。

毒素型食物中毒是指食物被某些细菌污染了以后，在适宜的条件下，这些细菌在食物中繁殖和产生毒素，含有毒素的食物被人食用后而引起的中毒。毒素型食物中毒也称为毒素型食物中毒。毒素型食物中毒常由肉毒梭菌引起。

此外还有以上两种情况并存的混合型食物中毒。

在各类食物中毒中，细菌性食物中毒最多见，占食物中毒总数的一半左右。细菌性食物中毒具有明显的季节性，多发生在气候炎热的季节。一方面是因为气温高，适合于微生物生长繁殖；另一方面是因为人体肠道的防御机能下降，易感性增强。细菌性食物中毒发病率高，病死率低，其中毒食物多为动物性食品。其主要原因有：食物在宰杀或收割、运输、储存、销售等过程中受到病菌的污染，被致病菌污染的食物在较高的温度下存放，食品中充足的水分、适宜的 pH 及营养条件使致病菌大量繁殖或产生毒素；食品在食用前未烧熟煮透或熟食受到生食交叉污染或食品从业人员中带菌者的污染。

目前，我国发生较多的细菌性食物中毒多见于沙门氏菌，变形杆菌、副溶血性弧菌、金黄色葡萄球菌、致病性大肠杆菌、肉毒梭菌等，近年来蜡样芽孢杆菌和李斯特氏菌中毒也有增加。现将几种常见的细菌性食物中毒分述如下：

1.沙门氏菌食物中毒

沙门氏菌是肠道杆菌科的一个大属，包括近 2 000 个血清型，它们是在形态结构、培养性状、生化特征和抗原构造等方面极相似的一群革兰氏阴性杆菌。

沙门氏菌属致病范围是不同的，按其传染范围可分为三个群：第一群专门对人致病，如伤寒沙门氏菌，甲、乙、丙副伤寒沙门氏菌，它们是人类伤寒、副伤寒的病原菌，可引起肠热症；第二群针对哺乳动物及鸟类致病，如鼠伤寒沙门氏菌、肠类沙门氏菌、猪霍乱沙门氏菌；第三群是仅对动物致病，很少传染给人，如马、牛、羊流产沙门氏菌，鸡伤寒沙门氏菌，雏白痢沙门氏菌等。

(1)病原菌生物特征

沙门氏菌(*Salmonella*)属于肠道病原菌，革兰氏阴性，无芽孢、无荚膜，两端钝圆，短杆菌，除鸡伤寒沙门氏菌外，均周生鞭毛，能运动，多数具有菌毛。最适生长温度为37 ℃，最适生长 pH 为 6.8～7.8。在普通琼脂培养基上培养 24 h，菌落圆形、表面光滑、无色、半透明、边缘整齐。该菌对热、消毒药水及外界环境的抵抗力不强，60 ℃处理 15～20 min 即可死亡。在牛乳及肉类中能存活数月，在含有 10%～15%食盐的肉腌制品中可存活 2～3 个月。当水煮或油炸大块肉、鱼、香肠时，若食品内部达不到足以杀死细菌和破坏毒素的温度，就会有细菌残留或毒素存在，由此常引起食物中毒。该菌具有耐低温的能力，在－25 ℃低温环境中能存活 10 个月左右，即冷冻保藏食品对本菌无杀伤作用。

沙门氏菌可产生内毒素或肠毒素。如肠炎沙门氏菌在适合的条件下，可在牛奶或肉类中产生达到危险水平的肠毒素。此肠毒素为蛋白质，在50～60 ℃时可耐受8 h，不被胰蛋白酶和其他水解酶破坏，并对酸碱有抵抗力。

(2)食物中毒原因及症状

沙门氏菌可引起感染型食物中毒。大多数的沙门氏菌食物中毒是沙门氏活菌对肠黏膜的侵袭导致全身性的感染型中毒。当沙门氏菌进入消化道后，可以在小肠和结肠内繁殖，引起组织感染，并可经淋巴系统进入血液，引起全身感染，这一过程有两种菌体毒素参与作用：一种是菌体代谢分泌的肠毒素，另一种是菌体细胞裂解释放出的菌体内毒素。中毒主要是由摄食一定量的活菌并在人体内增殖所引起的，因此，沙门氏菌引起的食物中毒主要属于感染型食物中毒。如沙门氏菌的鼠伤寒沙门氏菌、肠炎沙门氏菌除活菌菌体内毒素外，其产生的肠毒素在导致食物中毒中也起重要的作用。

由沙门氏菌引起的食物中毒有多种多样的中毒表现，一般可分为胃肠炎型、类伤寒型、类霍乱型、类感冒型和败血症型五种，其中胃肠炎型最为多见。潜伏期一般为12～36 h，短者6 h，长者为48～72 h，大多集中在48 h内，超过72 h的不多。潜伏期短者，病性较严重。

沙门氏菌食物中毒的临床症状一般在进食后12～24 h出现。主要表现为急性肠胃炎症状。发病初期表现为寒战、头痛、恶心、食欲不振等，以后出现腹痛、呕吐、腹泻甚至发热等，严重的会出现抽搐及昏迷等症状。病程一般为3～7 d，预后良好。老人、儿童和体弱者可能出现面色苍白、四肢发凉、血压下降甚至休克等症状，如不及时救治也可能导致死亡。

(3)病菌来源及预防措施

沙门氏菌多由动物性食品引起，特别是肉类，也可以是鱼类、禽类、乳类、蛋及其制品。豆制品和糕点有时也会引起沙门氏菌食物中毒，但非常少见。

沙门氏菌的宿主主要是家畜、家禽和野生动物，一般在这些动物的胃肠道内繁殖。沙门氏菌污染肉类可分为生前感染和宰后污染两个方面。生前感染指家畜、家禽在宰杀前已感染沙门氏菌。宰后污染是家畜、家禽在屠宰过程中被带沙门氏菌的粪便、容器、污水等污染。健康家畜带菌率为2%～15%，患病家畜的带菌率较高，检出率在70%以上。

蛋类及制品感染或污染沙门氏菌的机会较多，一般为30%～40%。如家禽的卵巢带菌，可使卵黄带菌，因而产的蛋也是带菌的。另外，蛋壳表面可在肛门腔里被污染，沙门氏菌可以通过蛋壳气孔侵入蛋内。各种肉制品及蛋制品等亦可在加工过程的各个环节受到污染。

沙门氏菌食物中毒预防措施除加强食品卫生监测外，应注意：

①防止沙门氏菌污染。加强家畜、家禽等宰前、后的卫生检验；容器及用具严防生肉和胃肠物污染；严禁食用和采用病死畜禽。

严格执行生、熟食分开制度，并对食品加工、销售及食品行业的从业人员定期进行健康检查，防止交叉感染。严禁家畜、家禽进入厨房和食品加工车间。

②控制食品中沙门氏菌的繁殖。沙门氏菌的最适繁殖温度为37 ℃，但在20 ℃以上就能大量繁殖。因此，低温储藏食品是预防食物中毒的一项措施。必须按照食品低温保藏的卫生要求储藏食品。

③彻底杀死沙门氏菌。对沙门氏污染的食品进行彻底的加热灭菌，是预防沙门氏菌食物中毒的关键。各种肉类、蛋类食用前应煮沸10 min，剩饭菜等必须充分加热后再食用。

为彻底杀灭肉类中可能存在的沙门氏菌,消灭活毒素,畜肉类应蒸煮至肉深部中心呈灰白硬固的熟肉状态。如尚有残存的活菌在适宜的条件下繁殖,仍可以引起食物中毒。

2.金黄色葡萄球菌食物中毒

金黄色葡萄球菌食物中毒系毒素型食物中毒。这种食物中毒是由于进食了含有一种或多种含葡萄球菌肠毒素的食物。虽然目前已经知道许多既不产生凝固酶也不产生耐热性核酸酶的葡萄球菌也能产生肠毒素,但一般认为引起食物中毒的肠毒素的产生与产生凝固酶和耐热性核酸酶的金黄色葡萄球菌有关。

(1)病原菌生物特征

金黄色葡萄球菌(*Staphylococcus Aureus*)为革兰氏阳性球菌。无芽孢,无鞭毛,不能运动,呈葡萄状排列。兼性厌氧菌,对营养要求不高,在普通琼脂培养基上培养 24 h,菌落圆形、边缘整齐、光滑湿润、不透明,颜色呈金黄色。最适生长温度为 35～37 ℃,最适 pH 为 7.4。此菌对外界的抵抗力是不产芽孢细菌中最强的一种,加热至 80 ℃处理 30 min 至 1 h 才能被杀死。

金黄色葡萄球菌能产生多种毒素和酶,故致病性极强。致病菌株产生的毒素和酶主要有溶血毒素、杀白细胞毒素、肠毒素、凝固酶、溶纤维蛋白酶、透明质酸酶、DNA 酶等。与食物中毒关系密切的主要是肠毒素。近年报告表明,50% 以上的金黄色葡萄球菌菌株在实验室条件下能够产生肠毒素,并且一种菌株能产生两种或两种以上的肠毒素。

(2)食物中毒原因及症状

金黄色葡萄球菌食物中毒的原因是可以产生肠毒素的葡萄球菌污染了食品,在较高的温度下大量繁殖,在适宜的 pH 和合适的食品条件下产生了肠毒素。

金黄色葡萄球菌肠毒素进入人体消化系统后被吸收进入血液,毒素刺激中枢神经系统而引起中毒反应。潜伏期一般为 1～5 h,最短为 15 min 左右,最长不超过 8 h。中毒症状有恶心、反复呕吐(多者可达十余次),并伴有腹痛、头晕、腹泻、发冷等。儿童对肠毒素比成人敏感。因此儿童发病率较高,病情也比成人重。但金黄色葡萄球菌肠毒素中毒病程较短,1～2 d 即可恢复,预后良好,一般不导致死亡。

(3)病菌来源及预防措施

肠毒素的形成与食品污染程度、食品存储温度、食品种类和性质密切相关。一般来说,食品污染越严重,细菌繁殖就越快,越易形成肠毒素,且温度越高,产生肠毒素时间越短;含蛋白质丰富、水分较多,同时含一定淀粉的食品受葡萄球菌污染后,易产生肠毒素。所以引起金黄色葡萄球菌食物中毒的食品以乳、鱼、肉及其制品、淀粉类食品等最为常见。

金黄色葡萄球菌食物中毒的主要污染来源包括原料和生产操作人员,如有患有乳腺炎的奶牛,生产操作人员患病等。金黄色葡萄球菌耐热性强,一旦食品被金黄色葡萄球菌污染并产生了肠毒素,食用前重新加热处理也不能完全消除引起中毒的可能性。

预防金黄色葡萄球菌食物中毒包括防止葡萄球菌污染和防止肠毒素形成两个方面。应从以下几方面采取措施:

①防止带菌人群对食品的污染。定期对食品生产人员、饮食从业人员及保育员等有关人员进行健康检查,患有化脓性感染的人不适于参加任何与食品有关的工作。

②防止葡萄球菌对食品原料的污染。定期对健康奶牛的乳房进行检查,患有乳腺炎的奶不能使用。同时为了防止葡萄球菌污染,健康奶牛的奶挤出后,应立即冷却于 10 ℃以下,

防止在较高的温度下，该菌进行繁殖和形成肠毒素。

③防止肠毒素的形成。在低温、通风良好的条件下储藏食物，在气温较高季节，食品放置时间不得超过 6 h，食用前还必须彻底加热。

3.大肠埃希氏菌食物中毒

大肠埃希氏菌属(*Escehrichia*)，也叫大肠杆菌属。大肠杆菌是人和动物肠道的正常寄生菌，一般不致病。但有些菌株可以引起人的食物中毒，是一类条件性致病菌。如肠道致病性大肠埃希氏菌(EPEC)、肠道毒素性大肠埃希氏菌(ETEC)、肠道侵袭性大肠埃希氏菌(EIEC)和肠道出血性大肠埃希氏菌(EHEC)等。

(1)病原菌生物特征

大肠杆菌均为革兰氏阴性菌，两端钝圆的短杆菌，大多数菌株有周生鞭毛，能运动，有菌毛，无芽孢。某些菌株有荚膜，大多为好氧或兼性厌氧菌。生长温度范围为 10～50 ℃，最适生长温度为 40 ℃，最适 pH 为 6.0～8.0。在普通琼脂平板培养基培养 24 h 后呈圆形、光滑、湿润、半透明近无色的中等大菌落，其菌落与沙门氏菌的菌落很相似。但大肠杆菌菌落对光观察可见荧光，部分菌落可溶血(β 型)。

大肠杆菌有中等强度的抵抗力，且各菌型之间有差异。巴氏消毒法可杀死大多数的菌，但耐热菌株可存活，煮沸数分钟即被杀灭，对一般消毒药水较敏感。

(2)食物中毒原因及症状

致病性大肠埃希氏菌的食物中毒与人体摄入的菌量有关。当一定量的致病性大肠埃希氏菌进入人体消化道后，可在小肠内继续繁殖并产生肠毒素。肠毒素吸附在小肠上皮细胞膜上，激活上皮细胞内腺分泌，导致肠液分泌增加，超过小肠管的再吸收能力，出现腹泻。其症状表现为腹痛、腹泻、呕吐、发热、大便呈水样或呈米泔水样，有的伴有脓血样或黏液等。一般轻者可在短时间内治愈，不会危及生命。最为严重的是肠道出血性大肠埃希氏菌(EHEC)引起的食物中毒，其症状不仅表现为腹痛、腹泻、呕吐、发热、大便呈水样，严重脱水，而且大便大量出血，还极易引发出血性尿毒症、肾衰竭等并发症，患者死亡率达 3%～5%。

(3)病菌来源与预防措施

肠道致病性大肠埃希氏菌存在于人和动物的肠道中，随粪便排出而污染水源、土壤。受污染的水、土壤及带菌者的手均可污染食品，或被污染的器具等再污染食品，如肉及肉制品、奶及奶制品、水产品、生蔬菜水果等。健康人肠道致病性大肠埃希氏菌带菌率为 2%～8%；成人肠炎和婴儿腹泻患者的肠道致病性大肠埃希氏菌带菌率为 29%～52%；器具、餐具污染的带菌率高达 50%左右，其中肠道致病性大肠埃希氏菌检出率为 0.5%～1.6%。

大肠杆菌食物中毒的预防措施和沙门氏菌食物中毒基本相同：

①预防第二次污染。防止动植物性食品被人类带菌者、带菌动物以及污染的水、用具等第二次污染。

②预防交叉污染。熟食品低温保藏，防止生熟食品交叉感染。

③控制食源性感染。在屠宰和加工动物时，避免粪便污染，动物性食品必须充分加热以杀死肠道致病性大肠埃希氏菌。避免吃生或半生的肉、禽类，不喝未经巴氏消毒的牛奶或果汁等。

4.肉毒梭菌食物中毒

(1)病原菌生物特征

肉毒梭菌(*C.Botulinum*)，又叫肉毒杆菌和肉毒梭状芽孢杆菌。为革兰氏阳性粗大杆菌。两端钝圆,无荚膜,周生鞭毛,能运动。严格的厌氧菌,对营养要求不高,最适生长温度为 28～37 ℃,生长最适 pH 为 7.8～8.2,在 20～25 ℃菌体次末端形成芽孢。当环境温度低于 15 ℃或高于 55 ℃时,肉毒梭菌芽孢不能生长繁殖,也不产生毒素。肉毒梭菌加热至 80 ℃时处理 30 min 或 100 ℃时处理 10 min 即可被杀死,但芽孢耐热能力强,需经高压蒸汽121 ℃ 30 min 才能将其杀死。

(2)食物中毒原因及症状

肉毒梭菌食物中毒是由肉毒梭菌产生的外毒素即肉毒素引起的,它属于毒素型食物中毒。肉毒素是一种强烈的神经毒素,经肠道吸收后进入血液,然后作用于人体的中枢神经系统,主要作用于神经和肌肉的连接处及植物神经末梢,阻碍神经末梢的乙酰基胆碱的释放,导致肌肉收缩和神经功能的不全或丧失。肉毒梭菌食物中毒的潜伏期比其他细菌性食物中毒潜伏期长。潜伏期的长短因摄入毒素量的多少而不同。潜伏期越短,病死率越高。

早期的症状为头痛、头晕,然后出现视力模糊、张目困难等症状,还有的可出现声音嘶哑、语言障碍、吞咽困难等,严重的可引起呼吸和心脏功能的衰竭而死亡。肉毒素对知觉神经和交感神经无影响,因而病人从开始发病到死亡,始终保持神志清楚,知觉正常状态。

根据肉毒素抗原性,肉毒梭菌已有 A、B、C、D、E、F、G 型,各型的肉毒梭菌分别产生相应的毒素,其中 A、B、E、F 四型对人体有不同程度的致病性而引起食物中毒。我国肉毒梭菌食物中毒,大多数是 A 型引起的,B 型和 E 型较少见。

(3)病菌来源与预防措施

食物中的肉毒梭菌主要来源于带菌的土壤、尘埃及粪便,尤其是带菌土壤污染食品加工原料,如家庭自制的发酵食品、罐头食品或其他加工食品,加热的温度及压力都不能杀死肉毒梭菌的芽孢,一旦条件适宜,肉毒梭菌的芽孢便生长繁殖,并产生毒素。此外,生吃污染肉毒梭菌及其毒素的肉类,极易引起中毒。

为了预防肉毒梭菌中毒发生,除加强食品卫生措施外,还应注意:

①在食品加工过程中,应使用新鲜的原料,避免泥土的污染。

②生产罐头食品及真空食品必须严格无菌操作,装罐后要彻底灭菌。

③加工后的食品应避免再次污染和在较高温度或缺氧条件下存放。

9.1.3　霉菌毒素及其引起的食物中毒

真菌是微生物中的高级生物,在自然界中广泛存在。真菌形态结构比细菌复杂,有的为单细胞,有的为多细胞。真菌被广泛用于酿酒、制酱和面包制造等食品工业,但有些真菌却能通过食物而引起食物中毒。真菌性食物中毒是指人或动物吃了含有由真菌产生的真菌毒素(Mycotoxin)的食物或饲料而引起的中毒现象。其中最常见的是毒蘑菇和霉菌毒素引起的食物中毒。尤其是从 20 世纪 60 年代初人类发现了强致癌性的黄曲霉毒素以来,霉菌毒素对食品的污染日益引起了人们的重视。

霉菌在自然界分布很广,种类繁多。霉菌能形成极小的孢子,因而很容易通过空气及其他途径污染食品,不仅造成食品腐败,而且有些霉菌能产毒素,人、畜误食会引起霉菌毒素性食物中毒。霉菌引起的食物中毒是真菌性食物中毒的典型代表。霉菌毒素是霉菌产生的有毒的次级代谢产物,目前发现能引起人畜中毒的霉菌毒素有 150 种以上。

1.主要的霉菌毒素

不少霉菌都可以产生毒素,但以曲霉、青霉、镰刀霉菌属菌产生的较多,且一种霉菌并非所有的菌株都能产生毒素。所以确切地说,产毒霉菌是指已经发现具有产毒能力的一些霉菌菌株,它们主要包括以下几个属:

曲霉属:黄曲霉、寄生曲霉、杂色曲霉、岛青霉、烟曲霉、构巢曲霉等。

青霉属:橘青霉、黄绿青霉、红色青霉、扩展青霉等。

镰刀菌属:禾谷镰刀菌、玉米赤霉、梨孢镰刀菌、无孢镰刀菌、粉红镰刀菌等。

其他菌属:粉红单端孢霉、木霉属、漆斑菌属、黑色葡萄穗状霉等。

(1)黄曲霉毒素(Aflatoxins,简称 AT)

1960 年英国发生了十万只以上的火鸡采食了发霉的花生粉而引起的中毒死亡事件。随后科学家从霉变的花生粉中分离出了黄曲霉,以后就把由此霉菌分泌出的毒素定为黄曲霉毒素。能产生黄曲霉毒素的霉菌有黄曲霉(*A. flavus*)和寄生曲霉,但不是所有这些菌种的菌株都产生黄曲霉毒素,而是其中的某些菌株体。此外,温特曲霉也能产生少量的黄曲霉毒素。

寄生曲霉所有的菌株都能产生黄曲霉毒素,但我国很少有报道。黄曲霉是我国粮食和饲料中常见的真菌。菌落生长较快,约 10～14 d。菌落最初带有黄色,然后变成黄绿色,老后颜色变暗。但并非所有的黄曲霉都是产毒株,即使是产毒株也必须在一定的环境条件下才能产毒,而非产毒株在特定的情况下,也会出现产毒能力。黄曲霉产毒条件为,温度 11～37 ℃,最适产毒温度为 35 ℃,因而,南方及沿海潮湿地区更有利于黄曲霉毒素的产生。黄曲霉毒素污染可以在多种食品中发生,如大米、玉米、油料、水果、干果、肉制品、调味品及乳制品等。其中,在花生、玉米及棉籽油中污染最严重,其次为大米、小麦、大麦、豆类等。

黄曲霉毒素基本结构为二呋喃环和香豆素,至今已分离出 10 余种。黄曲霉毒素具有耐热的特点,裂解温度为 280 ℃,所以一般的烹调方法不能消除。它在水中的溶解度很低,溶于油脂和多种有机溶剂。

黄曲霉毒素是一种强烈的肝脏毒,强烈抑制肝脏细胞中 RNA 的合成,阻止和影响蛋白质、脂肪、线粒体、酶等的合成和代谢,干扰人与动物的肝脏功能,导致突变、癌症及肝细胞坏死。因而,饲料中的毒素可以累积在动物的肝脏、肾脏和肌肉组织中,人食用了污染黄曲霉毒素的食品可引起慢性中毒。

黄曲霉毒素中毒症状按其临床症状分可为三型:

①急性和亚急性中毒　短时间内摄入量较大,从而迅速造成肝细胞变性、坏死、出血及胆管增生,在几天或几十天内死亡。

②慢性中毒　持续摄入一定量的黄曲霉毒素,使肝脏出现慢性损伤,生长缓慢,体重减轻,肝功能降低,出现肝硬化,在几周内或几十周后死亡。

③致癌性　黄曲霉毒素是目前已知的最强烈的化学致癌物质。动物实验证明,动物小剂量的反复摄入或大剂量的一次性摄入都能引起癌症的发生;也有研究表明,凡是食物中黄曲霉毒素污染严重的地区,肝癌的发病率也高。

(2)棕曲霉毒素 A

棕曲霉毒素 A 又称赭曲霉毒素 A,它主要是棕曲霉菌在玉米、高粱等储藏谷物上生长而产生的毒素,该毒素可积累残留在动物体内,主要是侵害肾脏,在肝、肌肉和脂肪中也有残留。

棕曲霉毒素 A 中毒的特征是引起肾萎缩，该毒素中毒死亡者可见其肾小管严重坏死。另外棕曲霉毒素 A 还有致胎儿畸形的作用。

(3)杂色曲霉毒素

杂色曲霉是一种广泛分布于大米、玉米、花生和面粉等食物上的霉菌，该菌在含水 15% 左右的储藏粮食上易生长繁殖产生杂色曲霉毒素。该毒素具有急性、慢性毒性和致癌性，主要是侵害肝和肾。

(4)黄绿青霉毒素

黄绿青霉毒素是由黄绿青霉产生的一种毒素，可使大米变黄，并引起食物中毒。该毒素是一种很强的神经毒素，食物中毒时，可引起中枢神经麻痹、肝肿瘤和贫血症。

(5)橘青霉毒素

橘青霉毒素是在橘青霉生长繁殖过程中产生的毒素。橘青霉是腐生性的不对称青霉，常常存在于粮食中，最初在黄变米中发现，后来在许多被青霉污染的粮食和饲料中都有发现。

(6)岛青霉毒素

岛青霉毒素是由岛青霉产生的一类有毒代谢产物，包括有黄米毒素(黄天精)、环氯素、岛青霉素与红米毒素(红天精)等，该毒素主要是引起肝脏病变，对肾、心肌和血管也有影响。

(7)镰刀菌毒素

镰刀菌毒素主要由镰刀菌属引起。本属菌种类很多，其中产毒菌株包括禾谷镰刀菌、梨孢镰刀菌和拟子孢镰刀菌。镰刀菌毒素种类很多，可分为四类，即单端孢霉素类、玉米赤霉烯酮、丁烯酸内酯及串珠镰刀菌素。它们由镰刀霉菌产生，均可以引起人类的急性食物中毒。

除以上所述的霉菌毒素中毒外，还经常发生霉变甘蔗中毒、赤霉病麦中毒等。

2.霉菌产毒的特点

(1)霉菌产毒仅限于少数的产毒霉菌，而产毒菌种中也只有一部分菌株产毒。

(2)产毒菌株的产毒能力具有可变性和易变性，即产毒株经过几代培养可以完全失去产毒能力，而非产毒菌株在一定情况下，可以出现产毒能力。

(3)产毒霉菌并不具有一定的严格性，即一种菌种或菌株可以产生几种不同的毒素，而同一霉菌毒素也可由几种霉菌产生。

(4)产毒霉菌产生毒素需要一定的条件，主要包括基质、水分、温度、湿度及空气流通情况等。

3.霉菌性食物中毒的预防措施

微课

食品防霉方式与去毒措施

(1)防霉

霉菌产毒需要一定的环境条件，如基质、水分、温度和通风等。在自然条件下，要做到完全杜绝霉菌污染是非常困难的，主要是防止和减少霉污染的机会。常采用的防霉措施有：

①降低食品中的水分和控制空气相对湿度；

②气调防霉，即减少食品表面环境的氧浓度；

③低温防霉，即降低食品的储藏温度；

④化学防霉，即采用防霉剂，如二氯乙烷、环氧乙烷、溴甲烷等，食品中加入少量的山梨酸防霉效果很好。

(2)去霉

利用物理、化学、生物的方法除去原料或食品中的霉菌毒素。常用的方法如下：

①人工或机械拣出霉(毒)粒：用于花生、玉米等颗粒较大的原料效果好。毒素多数集中在霉烂、破损或变色的粒仁中。如黄曲霉毒素，拣出霉粒后则毒素 B_1 可达允许量标准以下。

②吸附去毒素：用活性炭、酸性白土等吸附处理含有黄曲霉毒素的油品效果非常好。如加入 1%的酸性白土，同时搅拌 30 min，然后澄清分离，去毒效果可达 96%～98%。

③加热灭毒处理：干热或湿热都可以除去部分毒素。花生在 150 ℃以下炒 30 min，可除去 70%黄曲霉毒素，0.01 MPa 高压蒸汽煮 2 h 可除去大部分的黄曲霉毒素。

④溶剂提取：用 80%的异丙酮和 90%丙酮可将花生中的黄曲霉毒素全部提出来。按玉米量 4 倍的甲醇去除黄曲霉毒素效果较理想。

⑤微生物去毒：对污染黄曲霉毒素的高水分玉米进行微生物乳酸发酵，在酸催化下高毒性的黄曲霉毒素 B_1 可转变为黄曲霉毒素 B_2，此法常用于饲料去毒处理。其他微生物如假丝酵母、根霉等也能降解粮食中的黄曲霉毒素，甚至完全去毒。

9.2 食品卫生标准中的微生物指标

食品的来源渠道广泛，同时食品的加工、运输、储藏、销售等环节，随时都可能被微生物污染。食品的卫生质量，是依照人们对食品卫生要求来评定的，为了保障人民的身体健康，必须对食品进行各项安全检验，才能对食品安全质量做出准确评价。我国《食品安全法》第八十七条规定，县级以上人民政府食品安全监督管理部门应当对食品进行定期或者不定期的抽样检验，并依据有关规定公布检验结果，不得免检。目前，我国制定的食品安全国家标准一般包括感官要求，理化指标，污染物限量和真菌毒素限量、微生物限量及食品添加剂等方面的内容。

所谓感官指标，就是通过目视、鼻闻、手摸和口尝检查各种食品外观的指标，一般包括色泽、气味、口味和组织状态等内容。通过人的感官鉴定，看看某种食品的色泽、气味、口味是否正常，有无霉变和其他异物污染，如果是固体食品，是否有发黏或软化等现象出现，如果是液体食品，是否出现混浊、沉淀、凝块或发霉等现象。根据这些指标，以判断或初步判断其卫生状况，就可知道该食品是否发生腐败变质以及腐败变质的程度。如果某种食品有不正常的色泽、气味、口味或者霉变严重，并且有明显的腐败，这就说明该食品不符合感官要求。

理化指标一般是指食品在原料、生产、加工过程中带入的有毒有害物质以及由于霉变和腐败变质而产生的有毒有害物质，如食品中农药残留、砷、汞、铅等重金属的污染；奶和奶制品、酱油等酸性食品，霉变食品和发酵食品中的黄曲霉毒素 B_1；浸出油的溶剂残留；酒中甲醇含量；动物性食品中挥发性盐基氮；包装容器及食具中有害物质的迁移量等。

以下主要介绍微生物指标。

微生物限量指标一般有细菌菌落总数、大肠菌群和致病菌三项内容。

9.2.1 细菌菌落总数

细菌菌落总数，也叫细菌总数。一般针对每克、每毫升或每平方厘米面积上的细菌数目而言，指 1 g 或 1 mL 的食品，经过适当处理，接入 pH＝7.0±0.2 平板计数琼脂培养基上，放入 36 ℃±1 ℃温度下培养 48 h±2 h(水产品 30 ℃±1 ℃培养 72 h±3 h)，观察平板上能发育成肉眼可见的细菌菌落总数，即活菌数。

GB 4789.2—2016《食品安全国家标准 食品微生物学检验 菌落总数测定》中对菌落总数的定义是指食品检样经过处理，在一定条件下(如培养基、培养温度和培养时间等)培养后，所得每克(毫升)检样中形成的微生物菌落总数。规定了菌落总数测定方法是平板菌落计数法。

食品中的细菌菌落总数至少有两个方面的食品卫生意义。第一，它可以作为食品被污染程度的标志。许多实验结果表明，食品中的细菌菌落总数能够反映出食品的新鲜程度、是否变质以及生产过程的一般卫生状况等。一般来讲，食品中细菌菌落总数越多，则表明该食品污染程度越深，腐败变质速度越快。第二，它可以用来预测食品存放的期限或程度。例如，在 0 ℃条件下，每平方厘米细菌菌落总数约为 10^5 个的某种鱼只能保存 6 天，如果细菌菌落总数为 10^3 个，就可延长至 12 天。

细菌菌落总数指标只有和其他一些指标配合起来，才能对食品卫生质量做出比较正确的判断。这是因为，有时食品中的细菌菌落总数很多，食品不一定会出现腐败变质现象。

9.2.2 大肠菌群数

大肠菌群指一群在 36 ℃条件下培养 48 h 能发酵乳糖并产酸产气，好氧或兼性厌氧生长的革兰氏阴性的无芽孢杆菌。

GB 4789.3—2016《食品安全国家标准 食品微生物学检验 大肠菌群计数》中对大肠菌群的定义是指在一定培养条件下能发酵乳糖、产酸产气的好氧和兼性厌氧革兰氏阴性无芽孢杆菌。

大肠菌群不是微生物学分类名称，这类菌群是温血动物肠道中的正常菌群，主要包括埃希氏菌属、柠檬细菌属、肠杆菌属、克雷伯菌属等，大肠菌群中以埃希氏菌属为主，称为典型大肠杆菌，其他三属习惯上称为非典型大肠杆菌。这群细菌在含有胆盐的培养基上生长，能分解乳糖而产酸产气。若在水中或食品中发现大肠菌群的细菌，即可证实水或食品已被粪便污染。目前在评定食品安全指标时，大都是采用大肠菌群近似值。

因为大肠菌群都是直接或间接来自人与温血动物的粪便，来自粪便以外的极为罕见，所以，大肠菌群作为食品卫生标准的意义在于，它是较为理想的粪便污染的指示菌群。另外，肠道致病菌如沙门氏菌属和志贺氏菌属等，对食品安全性威胁很大，经常检验致病菌有一定困难，而食品中的大肠菌群较容易检出来，肠道致病菌与大肠菌群的来源相同，而且在一般条件下大肠菌群在外环境中生存时间也与主要肠道致病菌一致，所以大肠菌群的另一重要意义是作为肠道致病菌污染食品的指示菌，推断食品中肠道致病菌污染的可能性。

GB 4789.3—2016《食品安全国家标准 食品微生物学检验 大肠菌群计数》中规定了大肠菌群的两种检验方法，分别是大肠菌群 MPN 计数法和大肠菌群平板计数法。

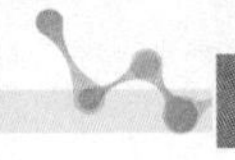

测定大肠菌群数量的方法，通常按稀释平板法，以每 100 mL (g)食品检样内大肠菌群的最可能数(MPN)表示。

9.2.3 致病菌

致病菌是指能够引起人们发病的细菌。致病菌是可以引起食物中毒，产生食品安全问题的重要原因，也是评价食品卫生质量极其重要的指标。

致病菌种类繁多，可以引起食物中毒或以食品为传播媒介的致病菌主要有沙门氏菌、志贺氏菌、致泻大肠埃希氏菌、副溶血性弧菌、肉毒梭菌等。不同食品，不同的加工、储藏条件被致病菌污染的情况是不同的，所以应选择不同的参考菌群进行检验。如禽、蛋及其制品以沙门氏菌、金黄色葡萄球菌、变形杆菌等作为参考菌群进行检查；海产品以副溶血性弧菌作为参考菌群；米、面类食品以蜡样芽孢杆菌、变形杆菌、霉菌等作为参考菌群，酸度不高的罐头以肉毒梭菌作为参考菌群等。当发生食物中毒时必须根据当时当地传染病的流行情况，对食品进行有关病原菌检查等，另外，有些病原菌还能产生毒素，毒素的检查也是一项不容忽视的指标，毒素的检查一般采用动物实验法，测定其最小致死量、半数致死量等指标。

过去，我国食品卫生标准中规定致病菌在各类食品中均不得检出，但 2014 年 7 月 1 日起实施的 GB 29921—2013《食品安全国家标准 食品中致病菌限量》中，允许某些致病菌在食品中有一定量的存在，例如，公众比较熟悉的沙门氏菌在各类食品中的限量值均为 0，即样品中不得检出，而金黄色葡萄球菌在各类食品中的限量则均为 100 CFU/g。

本章小结

食物中毒一般是指人体因食用了含有有害微生物、微生物毒素或化学性有害物质而出现的非传染性的中毒。食物中毒潜伏期短，来势急剧，常集体性暴发，短时间内有很多人同时发病，且有相同的临床表现，一般人和人之间不直接传染。食物中毒多种多样，按食物中毒的病因分为：微生物性食物中毒、动植物性毒素中毒、化学性食物中毒等。

细菌性食物中毒是指食进含有大量病原菌、条件致病菌或食进某些细菌的毒素。这是食物中毒中最常见的一种类型。细菌性食物中毒一般分为感染型和毒素型两种。食品卫生标准中的微生物指标一般分为细菌菌落总数、大肠菌群数、致病菌数量。细菌菌落总数反映食品受微生物污染的程度；大肠菌群数说明食品可能被肠道菌污染的情况；致病菌直接危害人体健康，有些致病菌在食品中生长繁殖能产生毒素，所以食品中限量检出。

复习思考题

1.什么是食物中毒？根据引起食物中毒的微生物类群不同，微生物性食物中毒分哪几类？

2.黄曲霉毒素的简称是什么？性质及毒性如何？

3.如何预防金黄色葡萄球菌污染？

4.致病性大肠埃希氏菌的食物中毒原因是什么？

5.大肠埃希氏菌属又名什么？有何生理、生活习性？

6.什么是大肠菌群？试述细菌菌落总数、大肠菌群检验的卫生学意义。

7.疫情时代，应该养成哪些良好的卫生习惯？如何保障食品安全？

8.查阅最新微生物检验相关标准，谈一谈食品安全标准中致病菌指标规定。

知识链接

用生物传感器检测病菌

俗话说，病从口入。如果食品销售商采购了被病菌污染的食物，消费者就要遭殃。近年来比较有影响的食品危机事件，比如疯牛病、禽流感、非典，都与食品携带的病毒有关。目前，我国传统的食品检测主要通过感官、物理化学或者生物检测的途径开展，检测量小，效率低。就拿传统的生物检测技术来说，通常要进行微生物培养，少则两三天，多则一个星期，才会有结果。等结果出来了，往往灾情已经发生了。因此，开发快速的检测方法是很必要的。

美国研究人员开发的一种新型的基于纳米技术的生物传感器，在高度准确检测沙门氏菌等食源性病原菌方面正显示出巨大的潜力。研究人员通过掠射角沉积技术制备薄膜法，构造了异质结构的硅和金纳米棒阵列，并使用抗沙门氏菌抗体和有机染料分子附着在上面，一个生物传感器就制成了。当这个生物传感器接触含有沙门氏菌的食物时，传感器上的抗体就会发生生物化学反应，导致有机燃料分子产生肉眼可见的强荧光。其实，这种传感器用途十分广泛，如果改变传感器中的抗体类型，就可以用于检测食物中是否有其他病菌。

模块二

食品微生物实验与实训

在微生物实验实训中，要求学生规范操作，吃苦耐劳，精益求精，以实例培养学生的劳模精神、诚实守信、工匠精神和爱岗敬业。弘扬劳动精神、奋斗精神、奉献精神、创造精神、勤俭节约精神。

第10章

实验实训

实验实训1　普通光学显微镜的构造和使用

1　实验目的

(1)学习光学显微镜的使用方法。

(2)学习并掌握油镜的工作原理和使用方法。

(3)学会微生物绘图的基本技术。

2　实验原理

微生物的显著特点是个体微小,必须借助显微镜才能观察到它们的个体形态和细胞结构。熟悉显微镜和掌握其操作技术是研究微生物不可缺少的手段。本实验将介绍目前微生物研究中最常用的普通光学显微镜的结构和样品制作。目的在于通过实验,使同学们对光学显微镜有比较全面的了解,并重点掌握普通光学显微镜中油镜的使用。

3　实验器材

(1)菌种　霉菌标本片、大肠杆菌染色标本片、金黄色葡萄球菌标本片。

(2)试剂　香柏油、二甲苯。

(3)仪器及其他用品　显微镜、擦镜纸、压片夹等。

4　操作方法

(1)观察前的准备

①将显微镜置于平稳的实验台上,镜座距实验台边沿约为4 cm。坐正,练习用左眼观察。若采用双目显微镜,需要调整好目镜间的距离。

②调节光源。将低倍物镜转到工作位置,把光圈完全打开,聚光器升至与载物台相距约1 mm。转动反光镜采集光源,光线较强的天然光源宜用平面镜,光线较弱的天然光源或人工光源宜用凹面镜,对光至视野内均匀明亮为止。观察染色标本片时,光线宜强;观察未染色标本片时,光线不宜太强。

(2)低倍镜观察

首先上升镜筒,将标本片置于载物台上,用压片夹夹住,将观察位置移至物镜正下方,物镜降至距标本片 0.5 cm 处,适当缩小光圈,然后两眼从目镜观察,转动粗调节旋钮使物镜逐渐上升(或使镜台下降)至发现物像,改用细调节旋钮调节到物像清楚为止。移动装片,把合适的观察部位移至视野中心。

(3)高倍镜观察

显微镜的设计一般是共焦点的。低倍镜对准焦点后,转换到高倍镜基本上也对准焦点,只要稍微转动微调即可。

眼睛离开目镜从侧面观察,旋转转换器,将高倍镜转至正下方,注意避免镜头与标本片相撞。再由目镜观察,仔细调节光圈,使光线的明亮度适宜。用细调节旋钮校正焦距使物镜清晰为止。不要移动标本片位置,准备用油镜观察。

(4)油镜观察

油镜(油浸物镜)的工作距离(指物镜前透镜的表面到被检物体之间的距离)很短,一般在 0.2 mm 以内,因此使用油浸物镜时要特别细心,避免"调焦"不慎而压碎标本片并使物镜受损。

使用油镜按下列步骤操作:

①先用粗调节旋钮将镜筒提升(或将载物台下降)约 2 cm,并将高倍镜转出。

②在标本片的镜检部位(镜头的正下方,聚光器的正上方)滴上一滴香柏油。

③从侧面注视,用粗调节旋钮使载物台缓缓上升,使物镜浸入香柏油中至油圈不再扩大为止,镜头几乎与标本片接触。但不可压及标本片,以免压碎,损坏镜头。

④从接目镜内观察,放大视场光阑及聚光镜上的虹彩光圈,使光线充分照明。用粗调节旋钮使载物台徐徐下降,当出现物像一闪后改用细调节旋钮调至最清晰为止。如油镜已离开油面而仍未见到物像,必须再从侧面观察,重复上述操作直至看清物像为止。仔细观察并绘图。

⑤再次观察。提起镜筒,换上其他的染色标本片,依次用低倍镜、高倍镜和油镜观察,并绘图。重复观察时可比第 1 次少加香柏油。

(5)镜检完毕后的工作

①移开物镜镜头。观察完毕,下降载物台,将油镜头转出。

②取出标本片。

③清洁油镜。油镜使用完毕后,先用擦镜纸擦去镜头上的油,再用擦镜纸蘸少许二甲苯,擦去镜头上残留油迹,最后用擦镜纸擦拭 2~3 次即可(注意向一个方向擦拭)。

④还原显微镜。擦净显微镜后,将接物镜呈"八"字形降下,不可使其正对聚光器,同时降下聚光器,转动反光镜使其镜面垂直于镜座。最后套上镜罩,对号放入镜箱中,置阴凉干燥处存放。若显微镜自带光源及亮度调节系统,应该将光源调至最暗,再关闭电源。

5 实验报告

绘图说明从细菌标准片中观察到的细菌的形态特征。

6　思考题

(1)油镜观测完毕后,镜头应如何处理?

(2)什么叫工作距离?

(3)聚光器如何调节?

(4)虹彩光圈如何调节?

实验实训2　简单染色法和革兰氏染色法

1　实验目的

(1)学习微生物制片和染色的基本技术。

(2)掌握细菌简单染色的原理和方法,初步认识细菌的形态特征。

(3)掌握细菌涂片方法及革兰氏染色法的原理和方法。

(4)掌握取菌的无菌操作方法。

2　实验原理

细菌的菌体很小,活细胞的含水量一般为80%～90%,因此对光的吸收和反射与水溶液相差不大,所以观察其细胞结构必须染色。染色是利用细菌细胞与各种不同碱性有机染料具有亲和性的特点而被着色,使染色的细菌细胞与背景形成鲜明的对比,在显微镜下更易于识别。根据实验目的不同,可分为简单染色法、革兰氏染色法和特殊染色法等。本实验只学习前两种。

(1)简单染色法　这是利用单一染料对细菌进行染色的一种方法。此法操作简便,适用于菌体一般形态的观察。

(2)革兰氏染色法　1884年由丹麦药理学家兼细菌学家Hans Christian Gram创立,是细菌学上最常用的鉴别染色法。革兰氏染色法可将细菌区分为革兰氏阳性菌(G^+)和革兰氏阴性菌(G^-),革兰氏可判定菌和革兰氏不可判定菌。将细菌分为G^+菌和G^-菌是因为这两类菌细胞壁的结构和成分不同。G^-菌的细胞壁中含有较多易被乙醇溶解的类脂质,而且肽聚糖层较薄、交联度低,故用乙醇或丙酮脱色时溶解了类脂质,增加了细胞壁的通透性,使初染的结晶紫和碘的复合物易于渗出,结果细菌就被脱色,再经番红复染后就成红色。G^+菌细胞壁中肽聚糖层厚且交联度高,类脂质含量少,经脱色剂处理后反而使肽聚糖层的孔径缩小,通透性降低,因此细菌仍保留初染时的颜色。芽孢杆菌属、丁酸弧菌属、梭菌属细菌在不同生长阶段会有不同的肽聚糖厚度,当肽聚糖层核薄时也会显现红色,从而在视野中常出现紫色菌体与红色菌体混杂的现象。微杆菌属中许多种细菌是革兰氏不可判定菌。

3 实验器材

(1)菌种　培养 24 h 的大肠杆菌和金黄色葡萄球菌。实验教师也可根据具体情况提供合适的菌种。

(2)染色剂和试剂　革兰氏染色液(草酸铵结晶紫染液、革兰氏碘液、95％乙醇、番红染液或苯酚复红液等)、香柏油、二甲苯。

(3)仪器及其他用品　显微镜、酒精灯、载玻片、盖玻片、接种环、擦镜纸、吸水纸、火柴、小烧杯、玻片架、试管、小滴管等。

4 操作方法

微课

细菌的简单染色操作示范

(1)简单染色

①涂片　取干净的载玻片一块,滴一小滴生理盐水于载玻片中央,严格按无菌操作(图 10-1)程序,挑取少许大肠杆菌或金黄色葡萄球菌于载玻片的水滴中,调匀并涂成薄膜。注意滴生理盐水时不宜过多;涂片必须均匀;挑取菌种时切勿将培养基挑破。

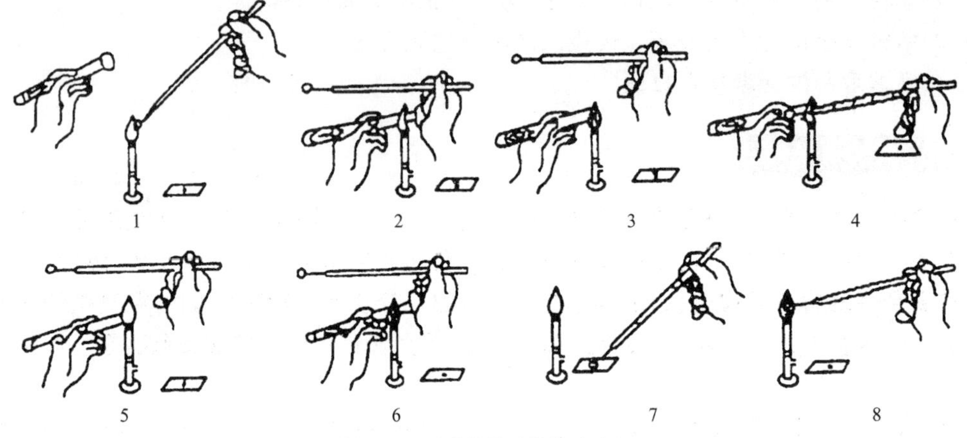

图 10-1　无菌操作及做涂片过程

1—烧灼接种环;2—拔去棉塞(或硅胶塞);3—烘烤试管口;4—挑取少量菌体;
5—再烘烤试管口;6—将棉塞(或硅胶塞)塞好;7—做涂片;8—烧去残留的菌体

②晾干　让涂片自然晾干或者置于温暖处加速晾干。

③固定　手执玻片一端,让菌膜朝上,通过火焰 2～3 次固定(以不烫手为宜)。

④染色　将固定过的涂片放在搁架上,冷却后加番红或结晶紫染色 1～2 min。

⑤水洗　染色时间到后,用自来水冲洗,直至冲下之水无色为止。注意冲洗水流不宜过急、过大,水由玻片上端流下,避免直接冲在涂片处。

⑥干燥　将洗过的涂片放在空气中晾干或用吸水纸吸干。

⑦镜检　先低倍镜观察,再高倍镜观察,找出适当的视野后,将高倍镜转出,在涂片上加香柏油一滴,将油镜头浸入油滴中仔细调焦观察细菌的形态。

①～⑥流程如图 10-2 所示。

(2)革兰氏染色

①涂片　涂片方法与简单染色法相同。

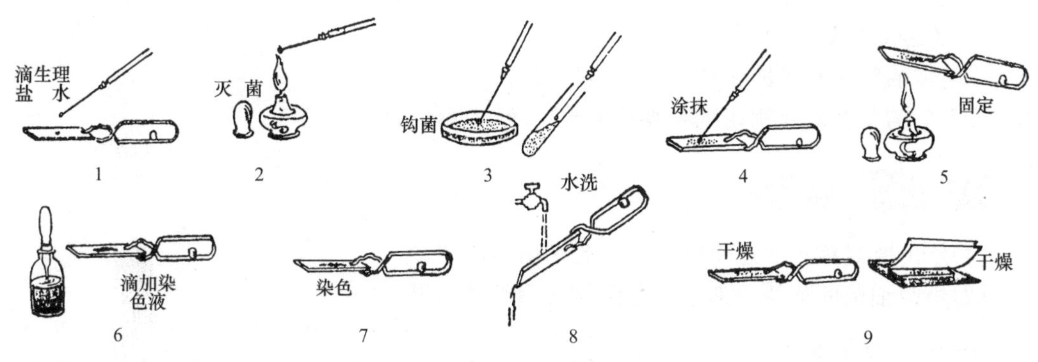

图 10-2　细菌涂片的制备和单染法

②晾干　与简单染色法相同。

③固定　与简单染色法相同

④结晶紫染色　将玻片置于玻片搁架上，加适量(以盖满细菌涂面)的结晶紫染液染色 1 min。

⑤水洗　倾去染色液，用水小心冲洗。

⑥媒染　滴加革兰氏碘液(卢戈氏碘液)，媒染 1 min。

⑦水洗　用水洗去碘液。

⑧脱色　将玻片倾斜，连续滴加 95%乙醇脱色 15～20 s 至流出液无色，立即水洗。亦可乙醇覆盖 30 s。

⑨复染　滴加番红复染 1 min。若使用苯酚复红液复红液只需 10 s 即可。

⑩水洗　用水洗去涂片上的番红染液。

⑪晾干　将染好的涂片放在空气中晾干或用吸水纸吸干。

⑫镜检　镜检时先用低倍镜，再用高倍镜，最后用油镜观察，并判断菌体的革兰氏染色反应性。

④～⑪流程如图 10-3 所示。

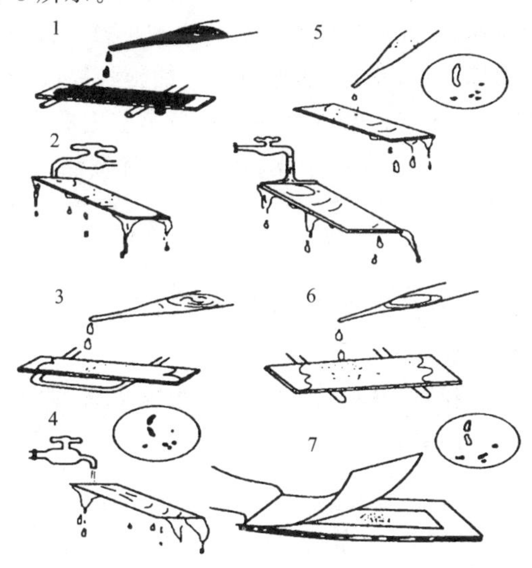

图 10-3　革兰染色操作过程

1—滴加结晶紫；2—水洗；3—滴加碘液；4—水洗；5—滴加乙醇脱色水洗；6—滴加番红；7—水洗，吸干水分

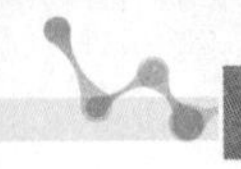

(3)实验完毕后的处理

①清洁油镜头和还原显微镜。方法同实验一。

②看后的染色玻片用废纸将香柏油擦干净,消毒处理后再清洗。

5 实验报告

(1)绘出所观察到的经简单染色后的细菌形态图。

(2)绘制细菌的革兰氏染色视野图并标明染色结果。

6 思考题

(1)涂片后为什么要进行固定?固定时应注意什么?

(2)革兰氏染色法的染色过程中应注意什么问题?关键环节是什么?

(3)取菌时,怎么做到无菌?

实验实训3 放线菌形态观察

1 实验目的

(1)观察放线菌的基本形态特征。

(2)掌握培养放线菌的几种方法。

2 实验原理

放线菌一般由分枝状菌丝组成,它的菌丝可分为基内菌丝(营养菌丝)、气生菌丝和孢子丝三种。放线菌生长到一定阶段,大部分气生菌丝分化成孢子丝,通过横割分裂的方式产生成串的分生孢子。孢子丝形态多样,有直形、波曲形、钩状、螺旋状等多种形态。孢子也有球形、椭圆形、杆状和瓜子状等。它们的形态构造都是放线菌分类鉴定的重要依据。放线菌的菌落早期与细菌菌落相似,后期形成孢子,菌落呈干燥粉状,有各种颜色,呈同心圆放射状。

3 实验材料

(1)菌种 灰色链霉菌、天蓝色链霉菌、细黄链霉菌。

(2)培养基 高氏Ⅰ号培养基。

(3)仪器及其他用品 培养皿、载玻片、盖玻片、无菌滴管、镊子、接种环、小刀(或刀片)、酒精灯、显微镜、超净工作台、恒温箱等。

4 操作方法

(1)插片法

①倒平板 将高氏Ⅰ号培养基熔化后,倒10~12 mL于灭菌培养皿内,凝固后使用。

②插片　将灭菌的盖玻片以45°插入培养皿内的培养基中，插入深度为1/2或1/3(图10-4)。

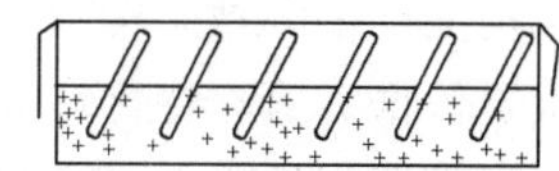
图10-4　插片法

③接种与培养　用接种环将菌种接种在盖玻片与琼脂相接的沿线，置于28 ℃的恒温箱中培养3～7 d。

④观察　培养后菌丝体生长在培养基及盖玻片上，小心用镊子将盖玻片抽出，轻轻擦去生长较差一面的菌丝体，将生长良好的菌丝体面向载玻片，压放于载玻片上。直接在显微镜下观察。

(2)压印法

①制备放线菌平板　同插片法，在凝固的高氏Ⅰ号培养基平板上用画线分离法得到单一的放线菌菌落。

②挑取菌落　用灭菌的小刀(或刀片)挑取有单一菌落的培养基一小块，放在洁净的载玻片上。

③加盖玻片　用镊子取一洁净盖玻片，在火焰上稍微加热(注意别将盖玻片烤碎)，然后把盖玻片放在带菌落的培养基小块上，再用小镊子轻轻压几下，使菌落的部分菌丝体印压在盖玻片上。

④观察　将印压好的盖玻片放在洁净的载玻片上(菌体朝向载玻片)，然后放置在显微镜下观察。

5　实验报告

(1)观察并绘制放线菌的孢子丝形态，并指明其着生方式。

(2)绘图和描述观察到的自然生长状态下的放线菌形态。

(3)比较不同放线菌形态特征的异同。

6　思考题

(1)在高倍镜或油镜下如何区分放线菌的基内菌丝和气生菌丝？

(2)比较实验中采用的两种观察方法的优缺点。

实验实训4　霉菌形态观察

1　实验目的

(1)观察霉菌的菌丝以及菌丝体。

(2)观察霉菌营养和气生菌丝体的特化形态。

(3)学会用水浸法观察霉菌的技术。

2　实验原理

霉菌由粗大、有隔或无隔分支状菌丝构成，菌丝分为营养菌丝、气生菌丝，气生菌丝特化

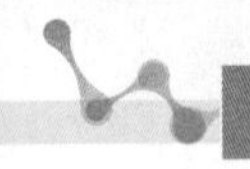

结构上产生多种无性、有性孢子，孢子着生部位、排列方式以及孢子形态可作为真菌鉴定的重要依据。菌丝特化形成假根等特化菌丝。

霉菌菌丝粗大，细胞易收缩变形，且孢子易飞散，因此制片时常用乳酸-苯酚棉蓝染液，它一方面能杀菌防腐，保持细胞不变形，另一方面有染色作用。

3 实验器材

(1)菌种　黑根霉、总状毛霉、产黄青霉、木霉、黑曲霉、犁头霉等斜面菌种。

(2)试剂与培养基　乳酸-苯酚液、PDA 培养基。

(3)仪器及其他用品　接种针、接种钩、接种环、培养皿、载玻片、盖玻片、吸管、显微镜、擦镜纸、恒温箱等。

4 操作方法

(1)倒平板　将 PDA 培养基熔化后，倒 10～12 mL 于灭菌培养皿内，凝固后使用。

(2)接种与培养　将产黄青霉、木霉、总状毛霉、黑曲霉、黑根霉、犁头霉接种在不同的平皿中，置于 28～30 ℃的恒温箱中培养 3～7 d。

(3)制水浸片　取洁净的载玻片，分别滴加 1 滴乳酸-苯酚液，挑取不同菌株的一团菌丝，分别置于不同的载玻片上(用记号笔标记菌株名称)，加盖玻片(图 10-5)。

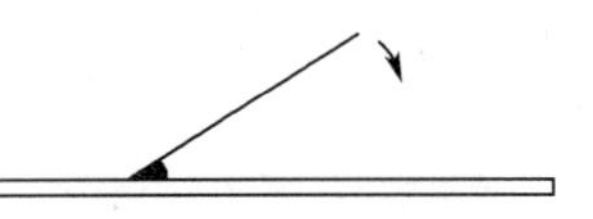

图 10-5　加盖玻片的方法

(4)观察　分别选取标记产黄青霉、木霉、总状毛霉、黑曲霉、黑根霉、犁头霉的载玻片，观察它们的形态。

5 实验报告

(1)把观察到的各种霉菌绘图。

(2)比较黑根霉与总状毛霉，产黄青霉与黑曲霉在形态结构上的异同。

6 思考题

(1)为何要用乳酸-苯酚液做霉菌水浸片？

(2)比较霉菌菌丝与假丝酵母菌丝的区别。

实验实训 5　酵母菌形态观察及死、活细胞的鉴别

1 实验目的

(1)进一步熟练掌握显微镜的使用技术，通过高倍镜观察了解酵母菌的形态结构。

(2)掌握鉴别酵母菌细胞死、活的染色方法。

2 实验原理

酵母菌是单细胞的真核微生物，细胞核和细胞质有明显分化，个头比细菌大得多。酵母菌的形态通常有球状、卵圆状、椭圆状、柱状或香肠状等多种。酵母菌的无性繁殖有芽殖、裂殖；酵母菌的有性繁殖形成子囊和子囊孢子。酵母菌母细胞在一系列的芽殖后，如果长大的子细胞与母细胞并不分离，就会形成藕节状的假菌丝。

3 实验器材

(1)菌种　酵母菌标准片、酵母菌悬液。

(2)染色液或试剂　革兰氏染色用碘液、0.1%吕氏碱性亚甲蓝染色液。

(3)仪器和其他用品　显微镜、载玻片、盖玻片、镊子等。

4 操作方法

(1)酵母菌细胞的形态观察

①酵母菌-水-碘液浸片的制作　取一洁净的载玻片，用滴管取一小滴革兰氏染色用碘液，将其滴于载玻片中央，然后滴加酵母菌悬液放入其中混匀，盖上盖玻片，小心将其一端与菌液接触，然后缓慢放下，避免产生气泡。

②镜检　先用低倍镜观察，再用高倍镜观察。用同样的方法观察其他酵母菌标本片。观察时注意酵母菌细胞的形状和出芽情况。

(2)死活酵母细胞的染色鉴别

取亚甲蓝染色液一滴，滴在载玻片中央，再加一滴酵母菌悬液，混合均匀，染色3～5 min后加盖玻片镜检。未被染色的是活细胞，被染成蓝色的是死细胞。

5 实验报告

绘图说明所观察到的酵母菌的形态特征。

6 思考题

(1)如何鉴别死、活酵母菌？

(2)在酵母菌死、活细胞的观察中，使用亚甲蓝染色液有何作用？

实验实训6　微生物细胞大小的测定和显微镜直接计数

1 实验目的

(1)学习目镜测微尺的校正方法。

(2)了解血球计数板的构造和计数原理。

(3)学习使用显微镜测微尺测定微生物细胞大小的方法。

(4)掌握用血球计数板测定微生物细胞总数的方法。

2 实验原理

微生物细胞的大小是微生物分类鉴定的重要依据之一。微生物个体微小,必须借助于显微镜才能观察,要测量微生物细胞大小,也必须借助于特殊的测微尺在显微镜下进行测量。

显微测微尺由镜台测微尺和目镜测微尺两部分组成。后者可直接用于测量细胞大小。它是一块圆形破片[图 10-6(a)],其中央有精确等分刻度,测量时将其放在接目镜中的隔板上。由于目镜测微尺所测量的是微生物细胞经过显微镜放大之后所成像的大小,刻度实际代表的长度随使用的目镜和物镜放大倍数及镜筒的长度而改变,所以,使用前须先用镜台测微尺进行标定,算出某一放大率下目镜测微尺每一小格所代表的长度,然后用目镜测微尺直接测量被测对象的大小。镜台测微尺是一块中央有精确刻度的玻片[图 10-6(b)],刻度的总长为 1 mm,等分为 100 小格,每小格长 10 μm,专用于对目镜测微尺进行标定。

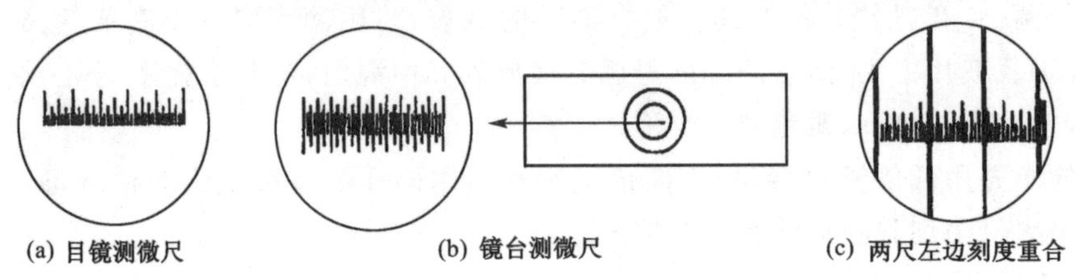

图 10-6 显微测微尺

血球计数板(结构如图 10-7 所示,a 为平面图,b 为侧面图)由一块比普通载玻片厚的特制玻片制成。玻片中央刻有四条槽,中央两条槽之间的平面比其他平面略低,中央有一小槽,槽两边的平面上各刻有 9 个大方格。中间的一个大方格为计数室,它的长和宽各为 1 mm,深度为 0.1 mm,其体积为 0.1 mm^3。计数室有两种规格:一种是把一个大方格分成 16 个中格,每一中格分成 25 小格,共 400 小格;另一种规格是把一个大方格分成 25 个中格,每一中格分成 16 小格,总共也是 400 小格,每个格的边长为 1/20 mm,面积为 1/400 mm^2,深度为 0.1 mm,故每小格容积为 1/4 000 mm^3。

计数室注满菌液后,平均每小方格菌液的含菌数可在显微镜下计出,然后再换算成每毫升(1 000 mm^3)菌液的含菌数,并乘以菌液的稀释倍数,即原菌液的含菌量。

3 实验器材

(1)菌种 培养 48 h 的啤酒酵母斜面菌体和菌悬液。

(2)染色液 革兰氏染液。

(3)器具和其他用品 显微镜、目镜测微尺、镜台测微尺、载玻片、盖玻片、血球计数板及其专用盖玻片、擦镜纸、吸水纸、玻片架、肾形盘、洗瓶、接种环、酒精灯、火柴、滴管。

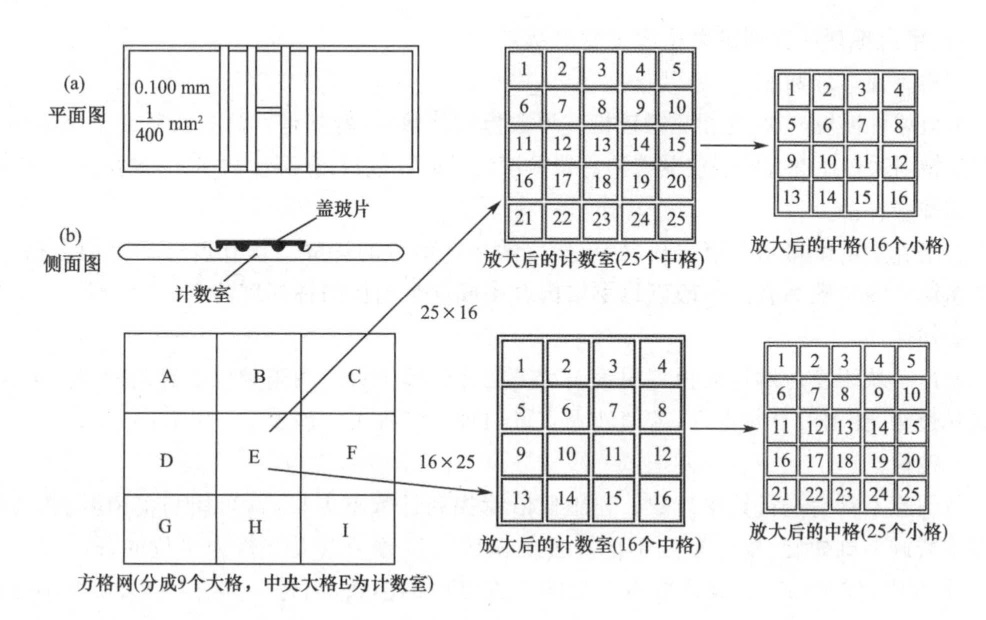

图 10-7　血细胞计数板

4　操作方法

(1)微生物菌体大小的测定

①目镜测微尺的校正

a.更换目镜镜头:更换目镜测微尺镜头(标记为 PF)。或者取下目镜上部或下部的透镜,在光圈的位置上安上目镜测微尺,刻度朝下,再装上透镜,制成一个目镜测微尺的镜头。

b.在某一倍率下标定目镜刻度:将镜台测微尺置于载物台上,使刻度面朝上,先用低倍镜对准焦距,看清镜台测微尺的刻度后,转动目镜,使目镜测微尺与镜台测微尺的刻度平行,移动推动器使两尺重叠,并使两尺左边的某一刻度相重合,向右寻找另外两尺相重合的刻度。记录两重叠刻度间的目镜测微尺的格数和镜台测微尺的格数[图 10-6(c)]。

c.计算该倍率下目镜刻度

$$\text{目镜测微尺每格长度}(\mu m)=\frac{\text{两个重合线间镜台测微尺格数}}{\text{两个重合线间目镜测微尺格数}}\times 10$$

d.标定并计算其他放大倍率下的目镜刻度:以同样方法分别在不同倍率的物镜下测定目镜测微尺每格代表的实际长度。如此测定后的测微尺的长度,仅适用于测定时使用的显微镜以及该目镜与物镜的放大倍率。

②菌体大小的测定

a.将啤酒酵母制成水浸片。

b.大小换算:将标本先在低倍镜下找到目的物,然后在高倍镜下用目镜测微尺测定每个菌体长度和宽度所占的刻度,刻度乘以目镜测微尺每格代表的长度,即等于该微生物的大小。

c.求平均值:一般测量微生物细胞的大小时,用同一放大倍数在同一标本上任意测定10～20 个菌体后,求出其平均值即可代表该菌的大小。

(2)用血球计数板测定微生物细胞的数量

①检查血球计数板

取血球计数板一块,先用显微镜检查计数板的计数室,看其是否沾有杂质或干涸的菌体,若有污物则通过擦洗、冲洗,使其清洁。镜检清洗后的计数板,直至计数室无污物时才可使用。

②稀释样品

将培养后的酵母培养液振摇混匀,然后做一定倍数的稀释。稀释度选择以小方格中分布的菌体清晰可数为宜。一般以每小格内含 4 或 5 个菌体的稀释度为宜。

③加样

取出一块干净血球计数板专用盖玻片盖在计数板中央。用滴管取 1 滴菌稀释悬液注入盖玻片边缘,让菌液自行渗入,若菌液太多可用吸水纸吸去。静置 5～10 min。

④镜检

待细胞不动后进行镜检计数。先用低倍镜找到计数室方格后,再用高倍镜测数。计数时需不断调节细螺旋,以便看到不同深度的菌体。计数是以大方格为单位的,若计数室有 16 个大方格(25×16),一般只数四个角的大方格中的菌数,因每个大方格有 25 个小方格,所以四个大方格的总菌数就是 100 个小方格的总菌数。若计数板有 25 个大方格(16×25),除数四个角大方格的菌数外,还需数中央一个大方格的含菌数,即 80 个小方格的含菌数。计数时若遇到位于线上的菌体,一般只计数格上方(下方)及右方(左方)线上的菌体。若酵母菌芽体达到母细胞大小的一半时,可作为两个菌体计数。每个样品重复 3 次。

⑤计算

取以上计数的平均值,按下列公式计算出 1 mL 菌液中的含菌量。

a.计数室为 16×25 计数板计算公式

菌体细胞数(CFU/mL)=100 个小方格细胞总数/$100\times400\times10^4\times$稀释倍数

b.计数室为 25×16 计数板计算公式

菌体细胞数(CFU/mL)=80 个小方格细胞总数/$80\times400\times10^4\times$稀释倍数

⑥清洗

计数板用毕后先用 95%的酒精轻轻擦洗,再用蒸馏水淋洗,然后吸干,最后用擦镜纸揩干净。若计数的样品是病原微生物,则需先浸泡在 5%苯酚溶液中进行消毒后再进行清洗。然后放回原位,切勿用硬物洗刷。

⑦注意

计数室上的盖玻片为悬空状态,极易被物镜压破,使用时要小心调焦。

5 实验报告

(1)计算出目镜测微尺在低、高倍镜下的刻度值。

(2)记录菌体大小的测定结果。

(3)计算样品中的酵母菌浓度。

6 思考题

(1)为什么随着显微镜放大倍数的改变,目镜测微尺每格相对的长度也会改变?能找出这种变化的规律吗？

(2)根据测量结果，为什么同种酵母菌的菌体大小不完全相同？

(3)能否用血球计数板在油镜下进行计数？为什么？

(4)根据自己的体会，说明血球计数板计数的误差主要来自哪些方面？如何减少误差？

实验实训7　常用玻璃器皿的清洗、包扎及灭菌

1　实验目的

(1)掌握玻璃器皿的清洗与包扎技术。

(2)学习并掌握高压蒸汽灭菌、干热灭菌的基本原理和操作方法。

2　实验原理

灭菌是指杀死或消灭一定环境中的所有微生物，灭菌的方法分物理灭菌法和化学灭菌法两大类。本实验主要介绍物理灭菌法的一种，即加热灭菌。

高压蒸汽灭菌法：高压蒸汽灭菌用途广，效率高，是微生物学实验中最常用的灭菌方法。这种灭菌方法是基于水的沸点随着蒸汽压力的升高而升高的原理设计的。当蒸汽压力达到0.105 MPa时，水蒸气的温度升高到121 ℃，经15～30 min，可杀死锅内物品上的各种微生物和它们的孢子或芽孢。一般培养基、玻璃器皿以及传染性标本和工作服等都可应用此法灭菌。

干热灭菌法：通过使用干热空气杀灭微生物的方法。一般是把待灭菌的物品包装就绪后，放入恒温干燥箱中烘烤，即加热至160～170 ℃，维持1～2 h。

火焰灭菌法：直接用火焰灼烧灭菌，迅速彻底。对于接种环、接种针或其他金属用具，可直接在酒精灯火焰上烧至红热进行灭菌。此外，在接种过程中，试管或三角瓶口，也可采用火焰灭菌的方法而达到灭菌的目的。

3　实验器材

(1)器皿：培养皿(10个/组)、1 mL吸管(9支/组)、试管18 mm×180 mm(10支/组)、试管15 mm×150 mm(12支/组)、三角瓶500 mL(3个/组)、三角瓶500 mL(内装蒸馏水250 mL)、10 mL吸管。

(2)其他：牛皮纸或报纸、酒精灯、棉花、干燥烘箱、高压蒸汽灭菌锅、棉绳、毛刷、紫外灯等。

4　操作方法

(1)玻璃器皿的清洗包扎

玻璃器皿在灭菌前必须经正确包裹和加塞，以保证玻璃器皿于灭菌后不被外界杂菌所

污染。

①培养皿包扎

培养皿由一底一盖组成一套，可用旧报纸或牛皮纸卷成一筒，以 5～10 个为一组。包扎培养皿时，双手同时折报纸往前卷，并边卷边收边，使纸贴于培养皿边缘，最后的纸边折叠结实即可。培养皿也可直接置于特制的铁皮圆筒内，加盖，待灭菌。

②吸管包扎

吸管应在距管口约 0.5 cm 的地方塞入少许长约 1.5 cm 的棉花，将拉直的曲别针一端放在棉花的中心，轻轻插入管口，松紧必须适中，松紧程度以吹气时通气顺畅而不致下滑为准，管口外露的棉花纤维统一用火焰烧去。然后，将吸管尖端放在 4～5 cm 宽的长条纸的一端，约与纸条成 45°，折叠纸条，包住吸管尖端，一手捏住管身，一手将吸管压紧在桌面上，向前滚动，以螺旋式包扎，末端剩余纸条折叠打结，待灭菌(图 10-8)。也可将包装好的吸管放于特制的铁皮筒，加盖密封后待灭菌。

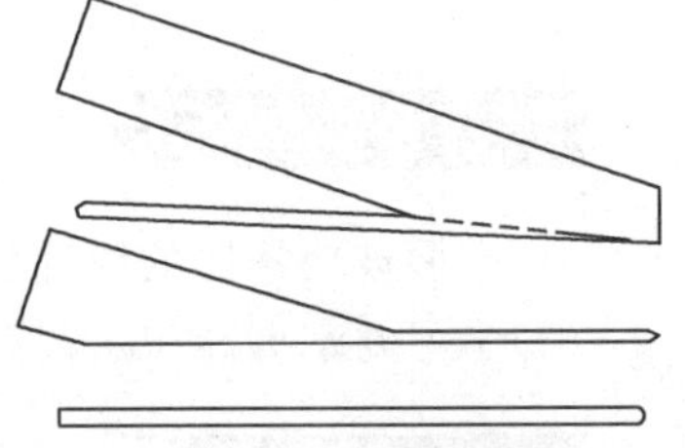
图 10-8　吸管包扎法

③三角瓶包扎

先用制好的大小适宜的棉塞或硅胶塞将试管或三角瓶口塞好，棉塞应头较大，约有 1/3 在管外，2/3 在管内，总长 4～5 cm。注意棉塞的形状、大小、松紧应与试管口或瓶口完全适合，没有皱纹和缝隙，过紧时妨碍空气流通，且易挤破管口和不易塞入或拔出；太松时易掉落和污染空气中的杂菌。棉塞正确的松紧度应以手提棉塞略加摇摆却不致从管口脱落为佳。棉塞外面用牛皮纸或两层旧报纸包扎，用棉绳或橡皮筋以活结扎紧，以防灭菌后瓶口被外部杂菌所污染。

④试管包扎

试管口塞上棉花塞或硅胶塞，多支扎成一捆，外用牛皮纸或两层旧报纸与绵绳包扎好。

(2)玻璃器皿的灭菌方法

①干热灭菌

将包扎好的试管、培养皿、三角瓶、吸管放入干燥烘箱内，注意不要摆放太密，以免妨碍空气流通；不得使器皿与烘箱的内层底板直接接触。将烘箱的温度升至 160～170 ℃并恒温 1～2 h，注意勿使温度过高，超过 170 ℃，器皿外包裹的纸张、棉花会被烤焦燃烧。温度降至 60～70 ℃时方可打开箱门，取出物品，否则玻璃器皿会因骤冷而爆裂。

②高压蒸汽灭菌

用高压蒸汽灭菌锅(图 10-9)来完成。

a.加水。打开灭菌锅盖，向锅内加水到水位线。立式消毒锅最好用已煮开过的水，以便减少水垢在锅内的积存。注意水要加够，防止灭菌过程中干锅。

b.装料、加盖。将待灭菌物品放好后，关闭灭菌锅盖，对角式均匀拧紧锅盖上的螺旋，使蒸汽锅密闭，勿漏气。

c.排气。排气方法有两种：一是打开排气口(也叫放气阀)，用电炉加热，待水煮沸后，水蒸气和空气一起从排气孔排出，当有大量蒸汽排出时，维持 5 min，使锅内冷空气完全排净；二是待压

图 10-9　高压蒸汽灭菌锅

力升至 0.05 MPa 时，打开放气阀，待压力降至为“0”时，同时排出气体为连续的水蒸气时再关闭放气阀。

d.升压、保压和降压。当锅内冷空气排净时，即可关闭放气阀，压力开始上升。当压力上升至所需压力时，控制电压以维持恒温，并开始计算灭菌时间，待时间达到要求(一般培养基和器皿灭菌控制在 121 ℃，20 min)后，停止加热，待压力降至接近“0”时，打开放气阀。注意不能过早过急地排气，否则会由于瓶内压力下降的速度比锅内慢而造成瓶内液体冲出容器。

5　思考题

(1)吸管在灭菌前应如何处理？

(2)灭菌在微生物学实验操作中有何重要意义？

(3)试述高压蒸汽灭菌的操作方法和原理。

(4)高压蒸汽灭菌时应注意哪些事项？

实验实训 8　微生物培养基的制备

1　实验目的

(1)了解并掌握培养基的配制、分装方法。

(2)学习微生物实验的一些准备方法(灭菌培养皿的准备、灭菌吸管的准备、无菌水的准备、培养基平板和斜面的准备等)，为后续实验做准备。

(3)掌握培养基的灭菌方法及技术。

2　实验原理

培养基是供微生物生长、繁殖、代谢的混合养料。由于微生物具有不同的营养类型，对营养物质的要求也各不相同，加之实验和研究的目的不同，所以培养基的种类很多，使用的原料也各有差异，但从营养角度分析，培养基中一般含有微生物所必需的碳源、氮源、无机盐、生长素以及水分等。另外，培养基还应具有适宜的 pH、一定的缓冲能力、一定的氧化还原电位及合适的渗透压。

琼脂是从石花菜等海藻中提取的胶体物质，是应用最广的凝固剂。加琼脂制成的培养基在 98～100 ℃下熔化，于 45 ℃以下凝固。但多次反复熔化，其凝固性降低。

任何一种培养基一经制成就应及时彻底灭菌，以备纯培养用。一般培养基的灭菌采用高压蒸汽灭菌。

3　实验器材

(1)试剂　蛋白胨、牛肉膏、NaCl、琼脂、乳糖、K_2HPO_4、猪胆盐、2%伊红溶液、0.65%亚甲蓝溶液、0.04%溴甲酚紫水溶液、15%NaOH 溶液、5%HCl 溶液。

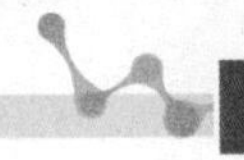

(2)器皿及其他用品　天平、称量纸、牛角匙、精密 pH 试纸、量筒(500 mL、1 000 mL)、刻度搪瓷杯、试管、三角瓶(500 mL)、玻璃漏斗、铁架台、培养皿、玻璃棒、烧杯、棍条、试管架、剪刀、酒精灯、石棉网、棉花、线绳、牛皮纸或报纸、纱布、电炉、灭菌锅、干燥箱、杜氏小管等。

4　操作流程

称药品→溶解→调 pH 值→熔化琼脂→过滤分装→包扎标记→灭菌→摆斜面或倒平板。

5　操作方法

(1)培养基的制备

①营养琼脂培养基

a.配方。牛肉膏 3 g、蛋白胨 10 g、NaCl 5 g、琼脂 15～20 g、蒸馏水 1 000 mL、调节 pH 为 7.2～7.4。

b.制法。将称好的牛肉膏、蛋白胨及 NaCl 放入搪瓷杯中,加入少于所需要的水量,用玻璃棒搅匀,然后,在石棉网上加热使其溶解。将称好的琼脂放入已溶解的药品中,再加热使其溶解。琼脂的用量可灵活掌握,用作保藏菌种的培养基,琼脂用量可提高至2.5%,以增加持水性。冬季的气温低,琼脂的用量可适当减少。琼脂条用前可剪成小段,以利于溶解。在琼脂溶解的过程中,需不断搅拌,以防琼脂糊底使烧杯破裂。最后补足所失的水分。

c.pH 的调节。当培养基的 pH 要求为自然 pH 时,培养基的 pH 不需要调整,除此之外都必须进行 pH 调节。应注意以下几个问题:

・调节 pH 应当待水溶解的营养物质完全溶解并冷却至室温时才可进行。

・在进行 pH 调节前,应当预先测定待调节 pH 的基质 pH,然后根据配方所要求的 pH 确定加酸量或加碱量。

・应当注意调节 pH 所用酸或碱浓度适当。酸或碱浓度过高,易使培养基局部酸或碱浓度过高,也有可能使 pH 调节过度;酸或碱浓度过低,也会使酸或碱用量过多,导致培养基中营养物质浓度降低。用清净干燥的玻璃棒蘸一点培养基点至试纸上,立即与比色板比较。一般用 15%的 NaOH 或 HCl 来调节。

d.分装。取玻璃漏斗一个,放在铁架台上,将培养基趁热倒入垫有纱布的漏斗中使培养基直接滤至试管或三角瓶中,分装试管 18 mm×180 mm,其装量不超过管高的 1/5,分装三角瓶的量不超过三角瓶容积的一半为宜(图 10-10)。

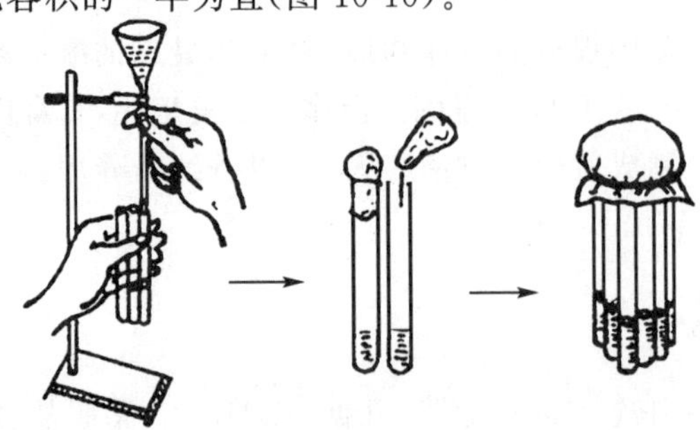

图 10-10　培养基的分装、加塞、包扎

e.加塞。培养基分装完毕后，在试管口或三角烧瓶口上塞上棉塞，以防止外界微生物进入培养基内而造成污染，并保证有良好的通气性能。

f.包扎。加塞后，将全部试管用麻绳捆扎好，再在棉塞外包一层牛皮纸或报纸，以防止灭菌时冷凝水润湿棉塞，其外再用一道麻绳扎好。用记号笔注明培养基名称、组别、日期。三角烧瓶加塞后，外包牛皮纸或报纸，用麻绳以活结形式扎好，使用时容易解开，同样用记号笔注明培养基名称、组别、日期。

g.灭菌。分装后的培养基应立即灭菌，确保培养基处于无菌状态，有利于进行微生物的纯培养。一般培养基采用的压力为 0.105 MPa(121.3 ℃)，维持 15～30 min 高压蒸汽灭菌。

h.制作斜面或平板。将灭菌后的试管趁热斜置于棍条上，倾斜度以试管中的培养基约占试管高度的 1/2 为宜，凝固后即成斜面培养基(图 10-11)。

待灭菌后三角瓶内的培养基冷却至 45～50 ℃时，以无菌操作法向无菌培养皿中倒入培养基，装量以刚好覆盖整个培养皿底部为宜(约 15 mL)，凝固后即成平板培养基(图11-12)。

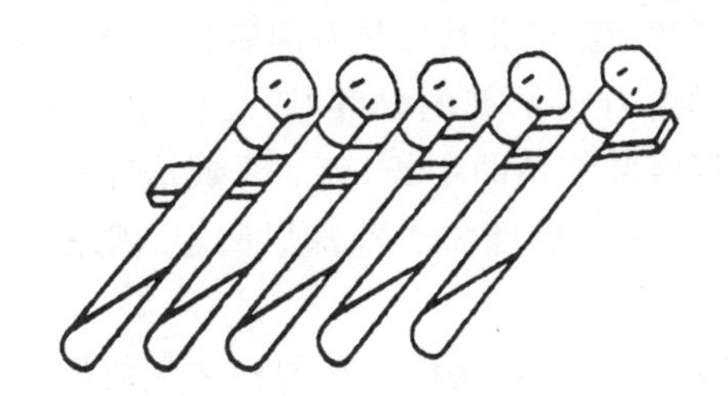
图 10-11 置放成斜面的试管

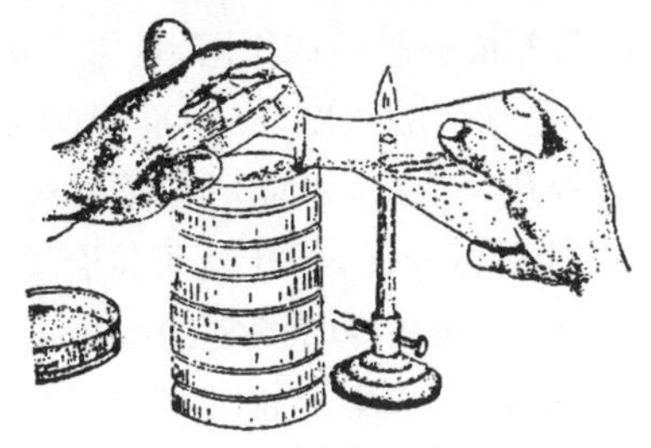
图 10-12 平板的制备

②伊红亚甲蓝培养基(EMB 培养基)

a.配方。蛋白胨 10 g、乳糖 10 g、K_2HPO_4 2 g、琼脂 17 g、2%伊红水溶液 20 mL、0.65%亚甲蓝水溶液 10 mL、蒸馏水 1 000 mL、pH 为 7.1。

b.制法。将称好的蛋白胨、乳糖及 K_2HPO_4 放入搪瓷杯中，加入少于所需要的水量，用玻璃棒搅匀，定容后再加入 15% NaOH 溶液校正 pH 为 7.1。

c.分装。取玻璃漏斗一个，放在铁架台上，将培养基分装进三角瓶，量不超过三角瓶容积的一半为宜。

d.包扎。同上。

e.灭菌。同上。

③乳糖胆盐发酵管

a.配方。蛋白胨 20 g、猪胆盐 5 g，乳糖 10 g、0.04%溴甲酚紫水溶液 25 mL，蒸馏水 1 000 mL、pH 为 7.4。

b.制法。将称好的蛋白胨、乳糖及猪胆盐放入搪瓷杯中，加入少于所需要的水量，用玻璃棒搅匀，定容后再加入 15%NaOH 溶液校正 pH 为 7.4，再加入指示剂。

c.过滤和分装。取玻璃漏斗一个，在玻璃漏斗中放一层滤纸，放在铁架台上，将培养基分装进试管，每管 10 mL，并放入杜氏小管。

d.包扎。同上。

e.灭菌。同上。

(2)培养基的无菌检查

将灭菌的培养基放入 37 ℃的温室中培养 24～48 h，以检查灭菌是否彻底。

(3)培养基的合理存放

制作好的培养基应存放于冷暗处,最好放于普通冰箱内。放置时间不宜超过 1 周,倾注的平板培养基不宜超过 3 d,以免降低其营养价值或发生化学变化。

6 培养基制备过程中的注意事项

(1)配制培养基所用器皿,最好用中性硬质玻璃器皿,如果用铜、铁器皿,会影响微生物生长。培养基内的含铜量,每 1 000 mL 如果超过 0.3 mg 时,细菌即不能生长,每 1 000 mL 含铁量如果超过 0.11 mg,则妨碍细菌毒素产生。因此,一般用玻璃、搪瓷或不锈钢的容器。

(2)配制培养基所用的化学药品,均需化学纯以上纯度,各种成分称量必须准确。

(3)商品干燥培养基按说明书准确称量,应先在容器中加水,然后加称出的干粉培养基,不可先加干粉后加水,这不利于溶解;不主张加热溶解的,可通过搅拌、振荡或延长放置时间以促进其溶解,只有在急需情况下才能加热溶解,但加热时间不宜过长,温度不宜过高,因高热对琼脂和某些营养成分起破坏作用,且影响培养基的酸碱度;培养基加热煮沸后,应补足失水。

(4)培养基的酸碱度,必须准确测定,特别对含有指示剂的培养基,更应注意,否则每批培养基的颜色不一致,可能影响培养基反应的观察和细菌的生长;商品干燥培养基一般已校正 pH,用时需再验证,判断是否符合要求;培养基的酸碱度需于冷却后测定,因培养基所含的成分不同,在热和冷时测定的酸碱度相差很大。

(5)一般培养基均用高压蒸汽灭菌,灭菌的温度和时间随培养基的种类和数量的不同有所差别,一般培养基少量分装时高压灭菌 15 min 即可;培养基分装量较大,可高压蒸汽灭菌 30 min;含糖或明胶培养基需在 115 ℃灭菌 15 min,以防止糖类被破坏或明胶凝固力降低。如果培养基中存在热不稳定性营养物质,且培养基是液体培养基,此时应当采用过滤除菌技术除菌。

7 思考题

(1)微生物的培养基应具备哪些条件？为什么？

(2)制备培养基的一般程序是什么？

(3)培养基配好后,为什么必须立即灭菌？如何检查灭菌后的培养基是无菌的？

(4)做过本次实验后,你认为在制备培养基时要注意什么问题？

实验实训 9　微生物的分离、纯化与接种

一、微生物的分离、纯化

1 实验目的

(1)了解微生物分离与纯化的原理。

(2)掌握常用的分离与纯化微生物的方法。

2 实验原理

从混杂微生物群体中获得只含有某一种或某一株微生物的过程称为微生物的分离与纯化。平板分离法普遍用于微生物的分离与纯化，其基本原理是选择适合于待分离微生物的生长条件，如营养成分、酸碱度、温度和氧等要求，或加入某种抑制剂造成只利于该微生物生长，而抑制其他微生物生长的环境，从而淘汰一些不需要的微生物。

微生物在固体培养基上生长形成的单个菌落，通常是由一个细胞繁殖而成的集合体。因此可通过挑取单菌落而获得一种纯培养。获取单个菌落的方法可通过稀释涂布平板或平板画线等技术完成。从微生物群体中经分离生长在平板上的单个菌落并不一定保证是纯培养。因此，纯培养的确定除观察其菌落特征外，还要结合显微镜检测个体形态特征后才能确定，有些微生物的纯培养要经过一系列分离与纯化过程和多种特征鉴定才能得到。

土壤是微生物生活的大本营，它所含的微生物无论是数量还是种类都是极其丰富的。因此土壤是微生物多样性的重要场所，是发掘微生物资源的重要基地，可以从中分离、纯化得到许多有价值的菌株。本实验将采用不同的培养基从土壤中分离不同类型的微生物。

3 实验器材

(1)培养基　淀粉琼脂培养基(高氏Ⅰ号琼脂培养基)、牛肉膏蛋白胨琼脂培养基、马丁氏琼脂培养基、查氏琼脂培养基。

(2)溶液或试剂　10%酚液、链霉素、土样、4%水琼脂。

(3)仪器及其他用品　无菌玻璃涂棒、无菌吸管、接种环、无菌培养皿、盛 9 mL 无菌水的试管、盛 90 mL 无菌水并带有玻璃珠的三角烧瓶、显微镜、血细胞计数板、涂布器等。

4 操作流程

倒平板→制备梯度稀释液→涂布(或画线法)→培养→挑取单菌落→保存。

5 操作方法

(1)稀释涂布平板法

①倒平板

将牛肉膏蛋白胨琼脂培养基、高氏Ⅰ号琼脂培养基、马丁氏琼脂培养基分别加热熔化，待冷至 55～60 ℃时，在高氏Ⅰ号琼脂培养基中加入 10%酚液数滴，马丁氏琼脂培养基中加入链霉素溶液(终浓度为 30 μg/mL)，混合均匀后分别倒平板，每种培养基倒三皿。

倒平板的方法(图 10-13)：右手持盛培养基的试管或三角瓶置火焰旁边，用左手将试管塞或瓶塞轻轻地拔出，试管或瓶口保持对着火焰，然后左手拿培养皿并将皿盖在火焰附近掀开一道小缝，迅速倒入培养基约 15 mL，加盖后轻轻摇动培养皿，使培养基均匀分布在培养皿底部，然后平置于桌面上，待凝固后即为平板。

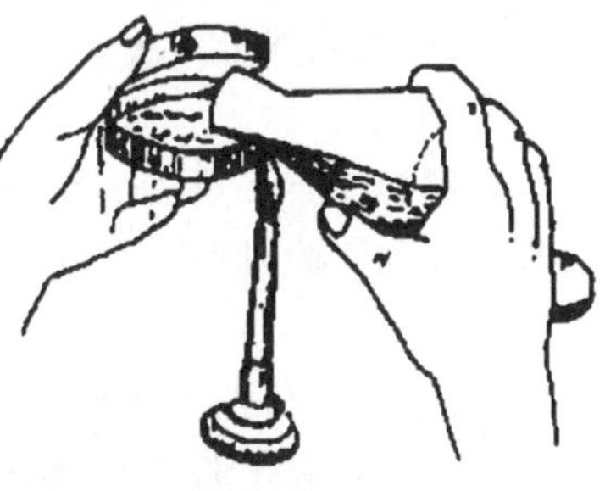

图 10-13　倒平板

②制备土壤稀释液

称取土样 10 g，放入盛 90 mL 无菌水并带有玻璃珠的三角烧瓶中，振摇约 20 min，使土样与水充分混合，将细胞分散。用一支 1 mL 无菌吸管从中吸取 1 mL 土壤悬液加入盛有 9 mL 无菌水的大试管中充分混匀，然后用无菌吸管从此试管中吸取 1 mL（图 10-14）加入另一盛有 9 mL 无菌水的试管中，混合均匀，以此类推，制成 10-1、10-2、10-3、10-4、10-5、10-6 不同稀释度的土壤溶液（注意操作时管尖不能接触液面，每一个稀释度换一支试管）。

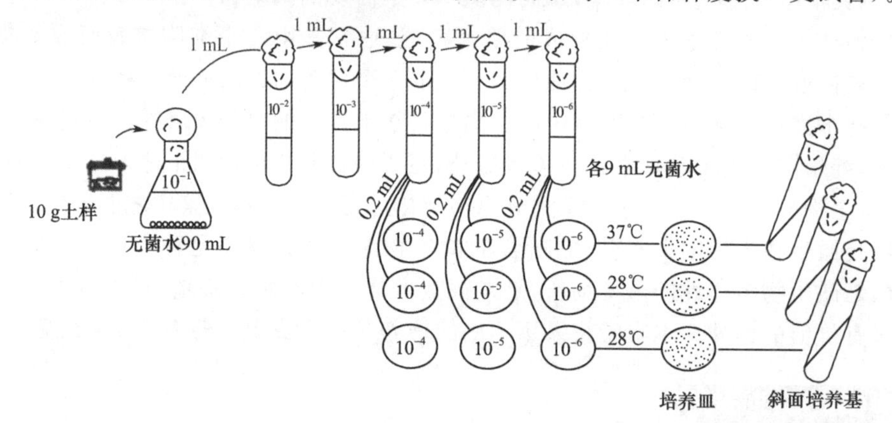

图 10-14　从土壤中分离微生物的操作过程

③涂布

将上述每种培养基的三个平板底面分别用记号笔写上 10-4、10-5、10-6 三种稀释度，然后用无菌吸管分别由 10-4、10-5、10-6 三管土壤稀释液中各吸取 0.1 或0.2 mL，小心地滴在对应平板培养基表面中央位置（图 10-14、图 10-15）。

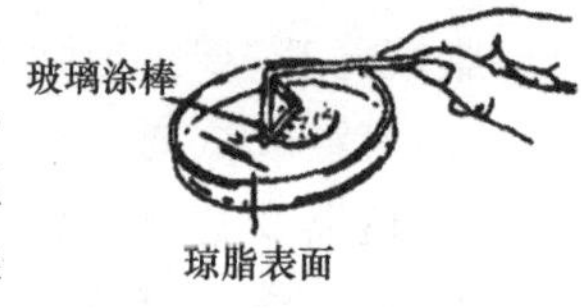

图 10-15　平板涂布操作图

如图 10-15 所示，右手拿无菌玻璃涂棒平放在平板培养基表面上，将菌悬液沿同心圆方向轻轻地向外扩展，使之分布均匀。室温下静置 5～10 min，使菌液浸入培养基。

④培养

将高氏Ⅰ号培养基平板和马丁氏培养基平板倒置于 28 ℃温室中培养 3～5 d，肉膏蛋白胨平板倒置于 37 ℃温室中培养 2～3 d。

⑤挑取菌落

将培养后长出的单个菌落分别挑取少许细胞接种到上述三种培养基斜面上，分别置于 28 ℃和 37 ℃温室培养（图 10-14）。若发现有杂菌，需再一次进行分离、纯化，直到获得纯培养。

(2)平板画线分离法

①倒平板

按稀释涂布平板法倒平板，并用记号笔标明培养基名称、土样编号和实验日期。

②画线

在近火焰处，左手拿皿底，右手拿接种环，挑取上述 10-1 的土壤悬液一环在平板上画线（图 10-16）。画线的方法很多，但无论采用哪种方法，其目的都是通过画线将样品在平板上进行

图 10-16　平板画线操作图

稀释,使之形成单个菌落。常用的方法是用接种环以无菌操作挑取土壤悬液一环,先在平板培养基的一边做第一次平行画线3或4条,再转动培养皿约70°,并将接种环上剩余物烧掉,待冷却后通过第一次画线部分做第二次平行画线,再用同样的方法通过第二次画线部分做第三次画线,通过第三次平行画线部分做第四次平行画线(图10-17)。画线完毕后,盖上培养皿盖,倒置于温室培养。

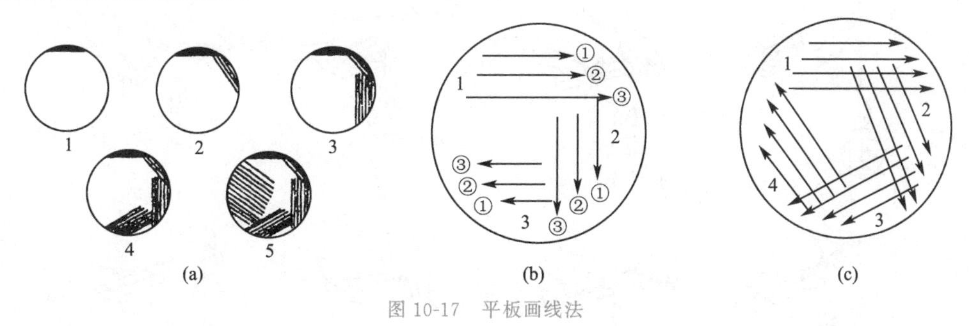

图10-17 平板画线法

③挑菌落

同稀释涂布平板法,一直到分离的微生物认为纯化为止。

6 实验报告

分析所做涂布平板法和画线法是否较好地得到了单菌落。如果不是,分析其原因并重做。分析在三种不同的平板上分离得到哪些类群的微生物,简述其菌落特征。

二、微生物的接种

1 实验目的

(1)掌握微生物的几种接种技术。

(2)建立无菌操作的概念,掌握无菌操作的基本环节。

2 实验原理

将微生物的培养物或含有微生物的样品移植到培养基上的操作技术称之为接种。接种是微生物实验及科学研究中的一项最基本的操作技术。无论微生物的分离、培养、纯化或鉴定以及有关微生物的形态观察及生理研究都必须进行接种。接种的关键是要严格进行无菌操作,如操作不慎引起污染,则实验结果就不可靠,影响下一步工作的进行。

3 实验器材

(1)菌种 大肠杆菌、金黄色葡萄球菌。

(2)培养基 普通琼脂斜面和平板、营养肉汤、普通琼脂高层(直立柱)。

(3)仪器及其他用品 酒精灯、玻璃铅笔、火柴、试管架、接种环、接种针、接种钩、滴管、移液管、三角形接种棒等接种工具。

4 操作方法

(1)斜面接种法

斜面接种法(图 10-18)主要用于接种纯菌,使其增殖后用以鉴定或保存菌种。

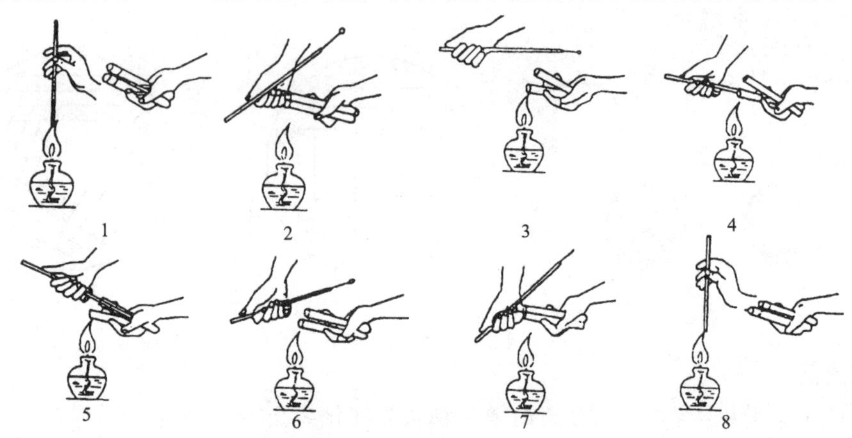

图 10-18 斜面试管接种

①通常先从平板培养基上挑取分离的单个菌落,或挑取斜面,将肉汤中的纯培养物接种到斜面培养基上。操作应在无菌室、接种柜或超净工作台上进行,先点燃酒精灯。

②将菌种斜面培养基(简称菌种管)与待接种的新鲜斜面培养基(简称接种管)持在左手拇指、食指、中指及无名指之间,菌种管在前,接种管在后,斜面向上管口对齐,应斜持试管成0°～45°,并能清楚地看到两个试管的斜面,注意不要持成水平,以免管底凝集水浸湿培养基表面。

③用右手在火焰旁转动两管棉塞,使其松动,以便接种时易于取出。

④右手持接种环柄,将接种环垂直放在火焰上灼烧。镍铬丝部分(环和丝)必须烧红,以达到灭菌目的,然后将除手柄部分的金属杆全用火焰灼烧一遍,尤其是接镍铬丝的螺口部分,要彻底灼烧以免灭菌不彻底。

⑤用右手的小指和手掌之间及无名指和小指之间拔出试管棉塞,将试管口在火焰上通过,以杀灭可能黏附的微生物。棉塞应始终夹在手中,如掉落应更换无菌棉塞。

⑥将灼烧灭菌的接种环插入菌种管内,先接触无菌苔生长的培养基上,待冷却后再从斜面上刮取少许菌苔,接种环不能通过火焰,应在火焰旁迅速插入接种管。

⑦在试管中由下往上做S形画线。接种完毕,接种环应通过火焰抽出管口,并迅速塞上棉塞。再重新仔细灼烧接种环后,放回原处,并塞紧棉塞。

⑧将接种管贴好标签或用玻璃铅笔画好标记后再放入试管架,即可进行培养。

(2)液体接种法

多用于增菌液进行增菌培养,也可用纯培养菌接种液体培养基进行生化反应实验,其操作方法和注意事项与斜面接种法基本相同,仅将不同点介绍如下:

由斜面培养物接种至液体培养基(图 10-19)时,用接种环从斜面上蘸取少许菌苔,接至液体培养基时应在管内靠近液面试管壁上将菌苔轻轻研磨并轻轻振荡,或将接种环在液体内振摇几次即可。如接种霉菌菌种时,若用接种环不易挑起培养物,可用接种钩或接种铲进行。

由液体培养物接种液体培养基时,用接种环或接种针蘸取少许液体移至新液体培养基即可。也可根据需要,用吸管、滴管或注射器吸取培养液移至新液体培养基(图 10-20)。

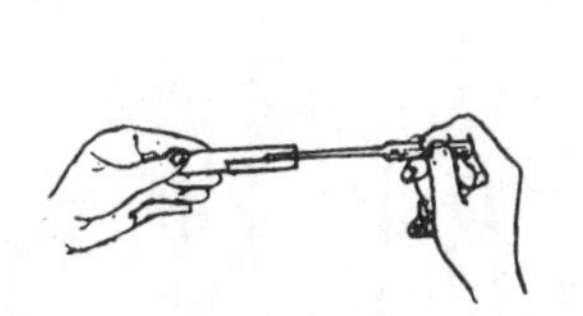
图 10-19 液体培养基接种

图 10-20 用吸管接种

接种液体培养物时应特别注意勿使菌液溅在工作台上或其他器皿上,以免造成污染。如有溅污,可用酒精棉球灼烧灭菌,再用消毒液擦净。凡吸过菌液的吸管或滴管,应立即放入盛有消毒液的容器内。

(3)固体接种法

普通斜面和平板接种均属于固体接种,斜面接种法已讲了,不再赘述。固体接种的另一种形式是接种固体曲料,进行固体发酵。按所用菌种或种子菌来源不同可分为:

①用菌液接种固体料。包括用刮洗菌苔制成的菌悬液和直接培养的种子发酵液。接种时按无菌操作将菌液直接倒入固体料中,搅拌均匀。但要注意接种所用水容量要计算在固体料总加水量之内,否则会使接种后含水量加大,影响培养效果。

②用固体种子接种固体料。包括用孢子粉、菌丝孢子混合种子菌或其他固体培养的种子菌。将种子菌于无菌条件下直接倒入无菌的固体料中即可,但必须充分搅拌使之混合均匀。一般要先把种子菌和少部分固体料混匀后再拌入大堆料。

(4)穿刺接种法

此法多用于半固体、醋酸铅、三糖铁琼脂与明胶培养基的接种,操作方法和注意事项与斜面接种法基本相同。但必须使用笔直的接种针,而不能使用接种环。接种柱状高层或半高层斜面培养管时,应向培养基中心穿刺,一直插到接近管底,再沿原路抽出接种针(图 10-21)。注意勿使接种针在培养基内左右移动,以使穿刺线整齐,便于观察生长结果。

图 10-21 穿刺接种

5 实验结果

分别记录并描绘平板画线、斜面和半固体接种的微生物生长情况和培养特征。

6 思考题

(1)如何确定平板上某单个菌落是否为纯培养?请写出实验的主要步骤。

(2)为什么高氏Ⅰ号培养基和马丁氏培养基中要分别加入酚液和链霉素?如果用牛肉

膏蛋白胨培养基分离一种对青霉素具有抗性的细菌，你认为应如何做？

(3)试述如何在接种中贯彻无菌操作的原则。

(4)以斜面上的菌种接种到新的斜面培养基为例说明操作方法和注意事项。

(5)试设计一个实验，从土壤中分离酵母菌并进行计数。

实验实训 10 微生物的复壮及扩大培养技术

1 实验目的

(1)了解微生物扩大培养的工艺过程。

(2)巩固常用的接种方法(斜面接种、液体接种、穿刺接种、平板接种)。

2 实验原理

保存的菌种活力比较弱，在使用以前需恢复活力并要求达到一定数量，以满足生产的需要。

3 实验器材

(1)菌种 斜面乳酸菌种。

(2)药品 普通琼脂培养基、脱脂乳粉(或脱脂乳)、全脂牛奶(或全脂粉)。

(3)仪器及其他用品 恒温培养箱、超净工作台、冰箱、试管、棉塞、酒精灯、接种环(针)、试管架、三角烧瓶、10 mL 吸管。

4 工艺流程

菌种活化──→制作一级菌种──→制作二级菌种──→制作生产用菌种。

5 操作步骤

(1)制备无菌试管、三角烧瓶和吸管

将包扎好的吸管、带棉塞的试管和三角烧瓶进行干热灭菌(160 ℃，1.5～2 h)。

(2)制备培养基

①一级菌种(纯培养物)培养基的制备：按 12%将脱脂粉复原(或直接用脱脂牛奶)溶解后过滤，装入试管中，每支试管中装入约 10 mL，塞好棉塞，用报纸、线绳扎紧后，高压蒸汽灭菌(115 ℃，15 min)。

②二级菌种(母发酵剂)培养基的制备：将脱脂乳装入三角烧瓶中，每瓶装入约 200 mL，瓶口用报纸、线绳系好，高压蒸汽灭菌(115 ℃，15 min)。

(3)菌种复活

①操作应在无菌室、接种柜或超净工作台上进行，先点燃酒精灯。

②将菌种斜面培养基与待接种的试管牛奶培养基持在左手拇指、食指、中指及无名指之间，按无菌操作程序用接种环从保存的斜面菌种上挑取乳酸菌菌种。

③将蘸有乳酸菌种的接种环按无菌操作程序插入装有牛奶的试管中，并在试管壁上轻轻研磨，使菌体分散到牛奶中。接种完毕，接种环应通过火焰抽出管口，棉塞过火后迅速塞入试管中。摇匀后于 42 ℃培养凝固。

④将凝固的脱脂乳试管菌种按无菌操作程序用接种环（1～2 环）转接到灭菌的脱脂乳试管中，摇匀后于 42 ℃培养凝固，反复多次，直到凝固时间满足该菌种的要求。

(4)菌种扩大培养

①制作一级菌种。在超净工作台内，酒精灯下，按无菌操作程序将活化好的乳酸菌纯培养物用接种环（1～2 环）转接入灭菌牛奶试管中，摇匀后，放入温箱中培养（42 ℃），待凝固后即可使用。接种管数多少根据生产需要来确定。

②制作二级菌种（液体培养基接种液体培养基）。用灭菌吸管将试管里凝固好的菌种按无菌操作程序转接入灭菌的三角烧瓶中（按 1%的量），摇匀后，放入恒温培养箱中42 ℃ 培养，待凝固后即可使用。

(5)生产菌种的制作（培养基和正式生产用的原料要相同）

将牛奶加热到 90～95 ℃，15～20 min，倒入洗净消毒的灭菌容器中，冷却到 45 ℃左右，将三角烧瓶里的菌种搅匀后，按 2%的量加入灭菌牛奶中，搅匀后，放入温箱中培养，待凝固后即可使用。

6 思考题

(1)在完成操作的过程中应注意哪些问题？

(2)阐述菌种扩大培养的工艺过程。

实验实训 11 菌种保藏技术

一、常规保藏技术

1 实验目的

(1)了解菌种保藏的基本原理。

(2)掌握几种常用的菌种保藏方法。

2 实验原理

菌种保藏的方法很多，其原理却大同小异，即为优良菌株创造一个适合长期休眠的环境，有利的条件包括干燥、低温、缺氧和充足的养料等，使微生物的代谢活动处于最低状态，

但又不至于死亡，从而达到保藏的目的。依据不同的菌种或不同的需求，应该选用不同的保藏方法。一般情况下，斜面保藏、半固体穿刺保藏、液状石蜡封存和沙土管保藏法较为常用，也比较容易操作。

3 实验器材

(1)菌株　待保藏的适龄菌株斜面。

(2)培养基　肉汤蛋白胨斜面、半固体及液体培养基。

(3)试剂　10%HCl、无水 $CaCl_2$、液状石蜡、P_2O_5。

(4)仪器及其他用品　用于菌种保藏的小试管(10 mm×100 mm)数支、5 mL 无菌吸管、1 mL 无菌吸管、灭菌锅、真空泵、干燥器、恒温培养箱、冰箱、无菌水、筛子(40 目、120 目，孔径/mm=16/筛号)、标签、接种针、接种环、棉花、牛角匙等。

4 操作方法

(1)斜面保藏

①流程

标记试管→接种→培养→保藏。

③步骤

a.贴标签　取无菌的肉汤蛋白胨斜面培养基数支。在斜面的正上方距离试管口 2～3 cm 处贴上标签。在标签纸上写明接种的细菌菌名、培养基名称和接种日期。

b.斜面接种　将待保藏的细菌用接种环以无菌操作在斜面上做画线接种。

c.培养　置于 37 ℃恒温培养箱中培养 48 h。

d.保藏　斜面长好后，直接放入 4 ℃的冰箱中保藏。这种方法一般可保藏 3～6 个月。

(2)半固体穿刺保藏

①流程

标记试管→穿刺接种→培养→保藏。

②步骤

a.贴标签　取无菌的半固体肉汤蛋白胨培养基直立柱数支，贴上标签，注明细菌菌名、培养基名称和接种日期。

b.穿刺接种　用接种针以无菌操作方式从待保藏的细菌斜面上挑取菌种，朝直立柱中央直刺至试管底部，然后再沿原线拉出。

c.培养　置于 37 ℃恒温培养箱中培养 48 h。

d.保藏　半固体直立柱长好以后，放入 4 ℃的冰箱中保藏。这种方法一般可保藏6～12 个月。

(3)液状石蜡封存

①流程

标记试管→接种→培养→加液状石蜡→保藏。

②步骤

a.标记　同斜面保藏。

b.接种　同斜面保藏。

c.培养　同斜面保藏。

d.加液状石蜡　在无菌操作下将 5 mL 液状石蜡加入培养好的菌种上面，加入的量以超过斜面或直立柱 1 cm 为宜。

e.保藏　液状石蜡封存以后，同样放入 4 ℃冰箱中保存。也可直接放在低温干燥处保藏。这种方法保藏期一般为 1～2 年。

(4)沙土管保藏

①流程

制沙土管→灭菌→制菌液→加样→干燥→保藏。

②步骤

a.制作沙土管　选取过 40 目筛的黄沙，酸洗，再水洗至中性，烘干备用；过 120 目筛子的黄土备用；按 1 份土加 4 份沙的比例均匀混合后，装入小试管，装置 1 cm 左右。

b.灭菌　加压蒸汽灭菌，直至检测无菌为止。

c.制备菌液　取 3 mL 无菌水至待保藏的菌种斜面中，用接种环轻轻刮下菌苔。振荡制成菌悬液。

d.加样　用 1 mL 吸管吸取上述悬液 0.1 mL 至沙土管，再用接种环拌匀。

e.干燥　把装好菌液的沙土管放入干燥器或同时用真空泵连续抽气，使之干燥。

f.保藏　干燥后的沙土管可直接放入冰箱中保藏；也可以用石蜡封住棉花塞后放冰箱中保藏。

二、冷冻干燥保藏法

1　实验目的

(1)理解冷冻干燥保藏菌种的原理。

(2)掌握冷冻干燥保藏菌种的方法。

2　实验原理

冷冻干燥保藏法可克服简单保藏法的不足，利用有利于菌种保藏的一切因素，使微生物始终处于低温、干燥、缺氧的条件下，因而它是迄今为止最有效的菌种保藏法之一。

3　实验材料器材

(1)菌株　待保藏的各种菌种。

(2)试剂　2%HCl、牛奶。

(3)仪器及其他用品　安瓿管、标签、长滴管、脱脂棉、蒸馏水、干冰、离心机、接种环、冷冻真空装置、高频真空检测仪等。

4 操作流程

备安瓿管→备脱脂乳→制菌悬液→分装→预冻→真空干燥→封管→保藏→活化。

5 实验步骤

(1)准备安瓿管

选用中性硬质玻璃制备安瓿管,先用10%HCl浸泡8~10 h,再用自来水冲洗多次,最后用蒸馏水洗1~2次,烘干。将标有菌名接种日期的标签放入安瓿管内,字面朝向管壁可见,管口塞上棉花,于121 ℃灭菌30 min备用。

(2)制备脱脂乳

将新鲜牛奶煮沸除去表面油脂,用脱脂棉过滤并以3 000 r/min的速度离心分离15 min,除去上层油脂。如使用脱脂奶粉,可直接配成20%乳液,然后分装,高压灭菌,并做无菌实验。

(3)制菌悬液

将无菌牛奶直接加到待保藏的菌种斜面内,用接种环将菌种刮下,轻轻搅拌使其均匀地悬浮在牛奶内成悬浮液。

(4)分装

用无菌长滴管将悬浮液分装入安瓿管底部,每支安瓿管的装量约为0.9 mL(一般装入量为安瓿管球部体积的1/3)。

(5)预冻

将安瓿管口外的棉花剪去,并将其余棉花向里推至离管口约15 mm处,再将安瓿管上端烧熔拉成细颈,将安瓿管用橡皮管连接在L管的侧管上,并将安瓿管整个浸入装有干冰和95%乙醇的预冻槽内(图10-22),此时槽内温度为-50 ~-40 ℃,可使悬液冻结成固体。

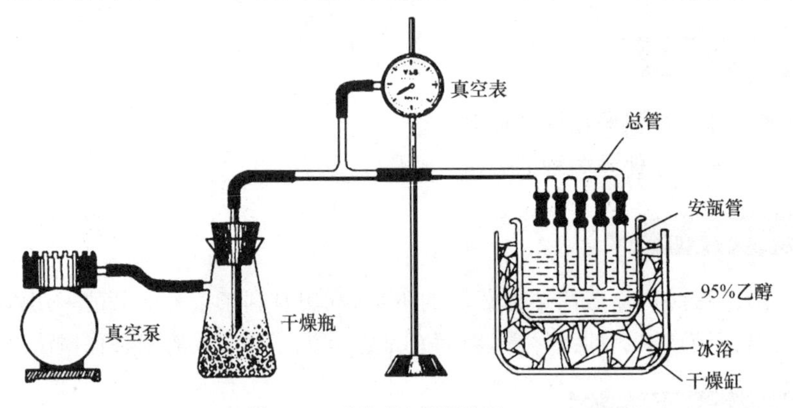

图10-22 冷冻真空干燥装置

(6)真空干燥

完成预冻后,开动真空泵抽气。注意严密封闭,勿使漏气。气压降至133.3 kPa以下,维持冻结可于4 h后移去。继续于室温中抽气,直至干燥瓶内的变色硅胶由粉红色变为蓝色。再继续抽气,时间为原抽气时间的一半,即可达到完全干燥。

(7)封管

待菌种完全干燥后即从干燥缸内取出安瓿管,置于抽气管上抽成真空,需3~10 min。

用高频真空检测仪检查,若安瓿颈部呈现淡紫色荧光,即可边抽气边封口。

(8)保藏

制备好的安瓿管应放置在低温(4 ℃)避光处保藏。

(9)活化

如果要从中取出菌种恢复培养,可先用75%酒精将管的外壁消毒,然后将安瓿管上部在火焰上烧热,再滴几滴无菌水,使管子破裂。然后用数层纱布包住折断。用无菌吸管取0.8 mL肉汤注入安瓿管,使其全部溶解,即可吸出,移种于适宜培养基上。

6　思考题

(1)菌种保藏中,液状石蜡的作用是什么?

(2)经常使用的细菌菌株,使用哪种保藏方法比较好?

(3)沙土管法适合保藏哪一类微生物?

实验实训12　酸乳的制作与乳酸菌单菌株发酵

1　实训目的

1.学习酸乳的制作方法。

2.从酸乳中分离和纯化乳酸菌。

3.了解乳酸菌的生长特性。

4.初步了解食品药品生产时的管理规定和技术标准。

2　实训原理

酸乳是以牛乳或乳制品为原料,经均质(或不均质)、杀菌(或灭菌)、冷却后,加入特定的微生物发酵剂而制成的产品。乳酸菌的发酵作用,使酸乳的营养成分比牛乳更趋完善,更易于消化吸收。当乳酸菌在牛乳中生长繁殖和产酸至一定程度时,牛乳中的蛋白质就因乳酸菌产酸而凝结成块状,并产生一些次生代谢物质使它具有清新爽口的味觉。此外,酸乳中含有乳酸菌的菌体及代谢产物,对肠道内的致病菌有一定的抑制作用,故对人体的肠胃消化道疾病也有良好的治疗效果。用于发酵的乳酸菌可以通过分离筛选和市售获得。通过本实验学习制作酸乳并根据国家相关产品质量标准进行评定,应用各种纯种分离法从酸乳中分离和纯化乳酸菌。

3　实训器材

(1)酸乳菌种

可自市场销售的各种酸乳或酸乳饮料中分离。

(2)培养基及原料

①酸乳发酵培养基

市场销售的牛乳(或用奶粉配制)。

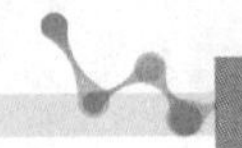

②分离乳酸菌培养基

a.培养基Ⅰ　200 g马铃薯(去皮)煮出汁、脱脂鲜乳100 mL、酵母膏5 g、琼脂20 g、加水至1 000 mL,调节pH为7.0。配平板培养基时,牛乳与其他成分分开灭菌,倒平板前再混合。

b.培养基Ⅱ　牛肉膏0.5%、酵母膏0.5%,蛋白胨1%、葡萄糖1%、乳糖0.5%、NaCl 0.5%、琼脂2%、调节pH为6.0。

c.番茄汁培养基　番茄汁400 mL、蛋白胨10 g、胨化牛奶10 g、蒸馏水1 000 mL。

③全脂奶粉

内含脂肪28%、蛋白质27%、乳糖37%、矿物质6%、水分2%。

④其他

无菌血浆瓶(250 mL)、无菌移液管、培养皿、恒温水浴锅、恒温培养箱、冰箱等。

4　操作方法

(1)酸乳的制作方法

①配复原牛奶　按1:7的比例加水,把奶粉配制成复原牛奶,并加入5%～6%蔗糖。或用市售鲜牛奶加入5%～6%蔗糖调匀亦可。

②装瓶　在250 mL的血浆瓶中装入牛乳200 mL。

③消毒　将装有牛乳的血浆瓶置于80 ℃恒温水浴锅中用巴氏消毒法消毒15 min,或者置于90 ℃水浴中消毒5 min即可。

④冷却　将已消毒过的牛奶冷却至45 ℃。

⑤接种　以5%接种量将市售酸乳接种入冷却至45 ℃的牛奶中,并充分摇匀。

⑥培养　把接种后的血浆瓶置于40～45 ℃恒温培养箱中培养3～4 h(准确培养时间视凝乳情况而定)。

⑦冷藏　同大多数发酵食品一样,酸乳在形成凝块后应在4～7 ℃的低温下保持24 h以上(称后熟阶段),以获得酸乳的特有风味和较好的口感。

⑧品味　酸乳质量评定以品尝为标准,通常有凝块状态、表层光洁度、酸度及香味等数项指标,品尝时若有异味就可判定酸乳污染了杂菌。

(2)酸乳中乳酸菌的分离纯化

①倒平板培养基　将乳酸菌分离用的培养基(例如牛肉膏蛋白胨乳糖培养基或番茄汁培养基等)完全熔化并冷却至45 ℃左右倒平板,冷凝待用。

②稀释　将待分离的酸乳做适当稀释,取一定稀释度的菌液做平板分离。

③分离纯化　乳酸菌的分离可采用新鲜酸乳进行平板涂布分离,或直接用接种环蘸取酸乳做平板画线分离。分离后,置于37 ℃条件下培养以获得单菌落。

④观察菌落特征　经过2～3 d培养,待菌落长成后,应仔细观察并区别不同类型的乳酸菌。酸乳中的各种乳酸菌在马铃薯汁牛乳培养基平板表面常呈现三种形态特征的菌落:

a.扁平状菌落:大小为2～3 mm,边缘不整齐,很薄,近似透明状,染色镜检为杆状。

b.半球状隆起菌落:大小为1～2 mm,隆起成半球状,高约0.5 mm,边缘整齐且四周可见酪蛋白水解透明圈,染色镜检为链球状。

c.礼帽形突起菌落:大小为1～2 mm,边缘基本整齐,菌落中央呈隆起状,四周较薄,也有酪蛋白透明圈,染色镜检也呈链球状。

⑤单菌株发酵实验　若将上述单菌落接入牛乳，经活化增殖后再以10%的接种量接入消毒后的牛乳中，分别于37 ℃和45 ℃下培养，各菌株的发酵液均可达到10^{10}个/mL细胞，若采用两种菌株的混合培养，则含菌量常可倍增。

⑥品尝　单菌株发酵成的酸乳与混菌发酵成的酸乳相比较，其香味和口感等都比较差。而两菌混合发酵又以球菌和杆菌按等量混菌接种所发酵成的酸乳为佳。

(3)注意事项

①选择优良的酸乳(或发酵剂)是获得最佳酸乳的关键。

②在酸乳发酵及传代中应避免杂菌污染，特别是芽孢杆菌的污染，否则可导致酸乳产生异味。

5 实训报告

按表10-1填写实训报告。

乳酸菌类	品评项目					结论
	凝乳情况	口感	香味	异味	pH	
球菌 杆菌 球杆菌混合(1∶1)						

6 思考题

为什么采用乳酸菌混合发酵的酸乳比单菌发酵的酸乳口感和风味更佳？

实验实训13　甜酒酿的制作

1 实训目的

(1)通过甜酒酿的制作了解酿酒的基本原理。

(2)掌握甜酒酿的制作技术。

2 实训原理

甜酒酿是糯米经过蒸煮糊化，利用酒药中的根霉和米曲霉等微生物将原料中糊化后的淀粉糖化，将蛋白质水解成氨基酸，然后酒药中的酵母菌利用糖化产物生长繁殖，并通过酵解途径将糖转化为酒精，从而赋予甜酒酿特有的香气、风味和丰富的营养。随着发酵时间延长，甜酒酿中的糖分逐渐转化成酒精，因而糖度下降，酒度提高，故适时结束发酵是保持甜酒酿口味的关键。

3 实训器材

(1)材料　糯米、酒药。

(2)器具及其他用品　手提高压锅或蒸锅(将糯米蒸熟用)、不锈钢丝碗、滤布、烧杯、不锈钢锅、棉絮或其他保温材料、生化培养箱、盛酒酿的容器。

4 操作方法

(1)洗米蒸饭　将糯米淘洗干净,用水浸泡 2～4 h ,捞起放置于有滤布的钢丝碗中,于高压锅内蒸熟(约 0.1 MPa,9 min),使饭“熟而不糊”(八分熟)。

(2)淋水降温　用清洁冷水淋洗蒸熟的糯米饭,使其降温至 35 ℃ 左右,同时使饭粒松散。

(3)落缸搭窝　将酒药均匀拌入饭内,并在洗干净的烧杯内洒少许酒药,然后将饭松散放入烧杯内,搭成凹形圆窝,面上洒少许酒药粉。盖上培养皿盖。

(4)保温发酵　于 30 ℃ 进行发酵,待发酵 2 d 后,当窝内甜液达饭堆 2/3 高度时,进行搅拌,再发酵 1 d 左右即可。

5 实训报告

(1)发酵期间每天观察、记录发酵现象。

(2)对产品进行感官评定,写出品尝体会。

6 思考题

(1)制作甜酒酿的关键操作是什么?

(2)发酵期间为什么要进行搅拌?

实验实训 14　食品中细菌总数的测定

1 实训目的

(1)学习并掌握细菌分离和活菌计数的基本原理和方法。

(2)了解菌落总数测定在对被检样品进行安全性评价中的意义。

2 实训原理

菌落总数是指食品经过处理,在一定条件下(如培养基、培养温度和培养时间等)培养后,所得每 g(mL)检样中形成的微生物菌落总数。菌落总数主要作为判别食品被污染程度的标志,也可以应用这一方法观察细菌在食品中繁殖的动态,以便为被检样品进行安全性评价提供依据。细菌菌落总数并不表示样品中实际存在的所有细菌总数,细菌菌落总数并不能区分其中细菌的种类,所以有时被称为杂菌数、好氧菌数等。

本实验采用平板计数技术测定食品中细菌总数。平板菌落计数法是将待测样品经适当稀释之后,其中的微生物充分分散成单个细胞,取一定量的稀释样液接种到平板上,经过培养,由每个单细胞生长繁殖而形成肉眼可见的菌落,即一个单菌落应代表原样品中的一个单细胞。统计菌落数,根据其稀释倍数和取样接种量即可换算出样品中的含菌数。但是,由于待测样品往往不易完全分散成单个细胞，所以长成的一个单菌落也可来自样品中的2～3个或更多个细胞。因此平板菌落计数的结果往往偏低。为了清楚地阐述平板菌落计数的结果，现在已倾向使用菌落形成单位CFU而不以绝对菌落数来表示样品的活菌含量。

3 实训器材

(1)培养基　平板计数琼脂(PCA)培养基、无菌生理盐水(或pH 7.2磷酸盐缓冲液)。

(2)器具　无菌平皿、无菌锥形瓶、无菌吸管、无菌不锈钢勺、无菌试管、酒精灯、牛皮纸或报纸、高压蒸汽灭菌锅、恒温培养箱、均质器或拍击式均质器等。

4 操作方法

(1)取样、稀释和培养

①以无菌操作取检样25 g(或mL)，放于225 mL灭菌生理盐水的无菌锥形瓶内(瓶内预置适量的玻璃珠)，经充分振摇或研磨制成1∶10的均匀稀释液。固体检样在加入稀释液后，最好置于灭菌均质器中以8 000～10 000 r/min的速度处理1 min，制成1∶10的均匀稀释液，或者放入盛有225 mL稀释液的无菌均质袋中，用拍击式均质器拍打1～2 min，制成1∶10样品匀液。

②用1 mL无菌吸管吸取1∶10稀释液1 mL，沿管壁徐徐注入含有9 mL灭菌生理盐水的试管内，振摇试管混合均匀，制成1∶100的稀释液。

③另取1 mL无菌吸管，按上述操作顺序，制作10倍递增稀释液，每递增稀释一次即换用1支吸管。

④根据标准要求或对污染情况的估计，选择2或3个适宜稀释度，分别在制作10倍递增稀释的同时，用吸取该稀释度的吸管移取1 mL稀释液于无菌平皿中，每个稀释度倒两个平皿。

⑤稀释液移入平皿后，及时将冷却至46 ℃的平板计数琼脂培养基注入平皿15～20 mL，并迅速转动平皿使之混合均匀。同时将PCA培养基倾入加有1 mL稀释液(不含样品)的无菌平皿内做空白对照。

⑥待琼脂凝固后，翻转平板，置于36 ℃±1 ℃恒温培养箱内培养24 h±2 h或48 h±2 h，取出，计算平板内菌落数目，乘以稀释倍数，即得1 g(1 mL)样品所含细菌菌落总数。水产品检测时，应于30 ℃±1 ℃培养72 h±3 h。若样品中可能含有能在琼脂表面弥漫生长的菌落时，可在凝固后的琼脂表面再覆盖一薄层琼脂(约4 mL)，再次凝固后倒置培养。

(2)菌落计数方法

平皿菌落计数时，可用肉眼观察，必要时用放大镜检查，以防遗漏，在记下各平皿的菌落总数后，求出同稀释度的各平皿平均菌落数。到达规定培养时间，应立即计数，如果不能立即计数，应将平板放置于0～4 ℃环境下，但不要超过24 h。菌落计数以菌落形成单位(Colony-forming Units，CFU)表示。

①先计算相同稀释度的平均菌落数。若其中一个平皿有较大片状菌苔生长，则不应采用，而应以无片状菌苔生长的平皿计算该稀释度的平均菌落数。若片状菌苔的大小不到平皿的一半，而其余的一半菌落分布又很均匀时，则可将此一半的菌落数乘以2以代表全培养皿的菌落数，然后再计算该稀释度的平均菌落数。

②首先选择平均菌落数在30～300的，当只有一个稀释度的平均菌落数符合此范围时，

则以该平均菌落数乘以其稀释倍数即为该检样的细菌总数。

③若有两个稀释度的平均菌落数均在 30～300,则按公式计算

$$N=\frac{\sum C}{(n_1+0.1n_2)d}$$

式中　N—— 样品中菌落数；

$\sum C$—— 平板(含适宜范围菌落数的平板) 菌落数之和；

n_1—— 第一稀释度(低稀释倍数) 平板个数；

n_2—— 第二稀释度(高稀释倍数) 平板个数；

d—— 稀释因子(第一稀释度)。

④若所有稀释度的平均菌落数均大于 300,则应以稀释度最高的平均菌落数乘以稀释倍数。

⑤若所有稀释度的平均菌落数均小于 30,则应以稀释度最低的平均菌落数乘以稀释倍数。

⑥若所有稀释度的平均菌落数均不在 30～300,则以最近 300 或 30 的平均菌落数乘以稀释倍数。

(3)菌落计数报告方法

菌落数在 1～100 时,按实有数字报告,如大于 100 时,则报告前面两位有效数字,第三位数按四舍五入计算,为了缩短数字后面的零数,也可以 10 的指数表示(表 10-2)。

表 10-2　计算菌落总数方法举例

例次	不同稀释度的平均菌落数			菌落总数 (CFU/mL)	报告方式 (CFU/mL)	备注
	10^{-1}	10^{-2}	10^{-3}			
1	1 365	164	20	16 400	16 000 或 1.6×10^4	两位以后的数字采取四舍五入的方法去掉
2	2 760	295	46	31 000	31 000 或 3.1×10^4	
3	2 890	271	60	32 600	33 000 或 3.3×10^4	
4	无法计数	1 650	513	513 000	510 000 或 5.1×10^5	
5	27	11	5	270	270 或 2.7×10^2	
6	无法计数	305	12	30 500	31 000 或 3.1×10^4	

5　实训报告

(1)平皿内菌落计数时,可用肉眼观察,必要时用放大镜检查,以防遗漏。在记下各平板的菌落数后,求出同稀释度的各平板的平均菌落总数。

将各稀释平板上的菌落数填入表 10-3。

表 10-3　记录菌落数

稀释度												
平板号	1	2	3	平均	1	2	3	平均	1	2	3	平均
菌落数(CFU)												

根据实验结果,报告检测结果：

1 mL 水中的菌落数是__________________ CFU。

(2)对样品菌落总数做出是否符合安全性要求的结论。

6　思考题

(1)食品检验为什么要测定细菌菌落总数?
(2)实验操作如何使数据可靠?
(3)食品中检出的菌落总数是否代表该食品上的所有细菌数?为什么?
(4)为什么 PCA 培养基在使用前要保持在(46±1)℃的温度?

实验实训 15　水中大肠菌群的测定

1　实训目的

(1)学习测定水中大肠菌群的检测程序和方法。
(2)掌握大肠菌群检测结果的报告方式。

2　实训原理

大肠菌群是评价水质好坏的一个重要的卫生指标,也是反映水体被生活污水污染的一项重要监测项目。

大肠菌群是在一定培养条件下能发酵乳糖、产酸产气的好氧及兼性厌氧的革兰氏阴性无芽孢杆菌。一般在 36 ℃生长时,能在 48 h 内发酵乳糖并产酸产气。食品中大肠菌群数常以每 g(mL)检样内大肠菌群最可能数 MPN 表示(多管发酵法),此外,若采用平板计数法也常用 CFU/g (mL)表示。检查大肠菌群数,一方面能表明食品中有无粪便污染,另一方面还可以根据数量的多少,判定食品受污染的程度。我国生活饮用水卫生标准中规定水样中总大肠菌群(MPN/100mL 或 CFU/100mL)不得检出。

大肠菌群的测定通常采用多管发酵法(最可能数法,亦写作 MPN 法),以及平板计数法。

多管发酵法包括初发酵实验、复发酵实验两个部分。发酵管内装有月桂基硫酸盐胰蛋白胨液体培养基,并倒置一德汉氏小管。乳糖能起选择作用,因为很多细菌不能发酵乳糖,而大肠菌群能发酵乳糖而产酸产气。

3　实训器材

(1)培养基　月桂基硫酸盐胰蛋白胨(Lauryl Sulfate Tryptose,LST)肉汤、煌绿乳糖胆盐(Brilliant Green Lactose Bile,BGLB)肉汤、结晶紫中性红胆盐琼脂(Violet Red Bile Agar,VRBA)、无菌生理盐水或无菌磷酸盐缓冲液。

(2)器皿及其他用品　无菌培养皿、1 mL 吸管、10 mL 吸管,试管(15 mm×150 mm)、500 mL 锥形瓶、牛皮纸或报纸、酒精灯、棉塞或硅胶塞、高压蒸汽灭菌锅、电烘箱、线绳、毛刷、水浴锅等。

第一法　大肠菌群 MPN 计数法

4　操作流程(图 10-23)

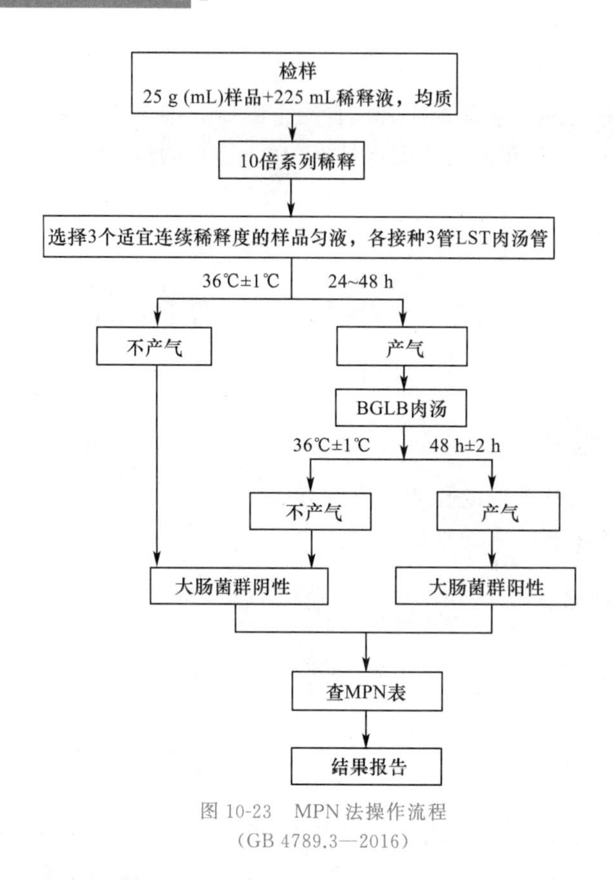

图 10-23　MPN 法操作流程
(GB 4789.3—2016)

5　MPN 法操作方法

(1)水样的采取

应取距水面 10～15 cm 的深层水样(池水、河水或湖水)，先将灭菌的带玻璃塞瓶的瓶口向下浸入水中，然后翻转过来，除去玻璃塞，水即流入瓶中，盛满后，将瓶塞盖好，再从水中取出，最好立即检查，否则需放入冰箱中保存。

(2)检样稀释

①以无菌操作，将检样 25 mL 放于含有 225 mL 灭菌蒸馏水的无菌锥形瓶(瓶内预置适量的无菌玻璃珠)中，摇匀，做成 1∶10 的均匀稀释液。样品匀液的 pH 应在 6.5～7.5，必要时分别用 1 mol/L 的 NaOH 或 1 mol/L HCl 调节。

②取一支 1 mL 吸管或微量移液器吸取 1∶10 稀释液 1 mL 注入含有 9 mL 无菌磷酸盐缓冲液或生理盐水的无菌试管内，吸管或吸头尖端不要触及稀释液面，振摇试管或换用一支 1 mL 无菌吸管或吸头反复吹打，混合均匀，做成 1∶100 稀释液。

③另取 1 mL 无菌吸管或吸头按上述操作顺序制作 10 倍递增稀释液，每递增稀释1 次，即换用 1 支 1 mL 无菌吸管或吸头。从制备样品匀液至样品接种完毕，用时不得超过 15 分钟。

(3)初发酵实验

每个样品根据对检样污染情况的估计，选择 3 个适宜的连续稀释度的样品匀液(液体样品可以选择原液)，每个稀释度接种 3 管月桂基硫酸盐胰蛋白胨(LST)肉汤，每管一般接种 1 mL，如果接种量超过 1 mL，则用双料(浓度加倍)LST 肉汤，36 ℃±1 ℃培养 24 h±2 h，观察倒管内是否有气泡产生，24 h±2 h 产气者进行复发酵实验(证实实验)，如未产气则继续培养至 48 h±2 h，产气者进行复发酵实验。未产气者为大肠菌群阴性。

(4)复发酵实验(证实实验)

用接种环从产气的 LST 肉汤管中分别取培养物 1 环，移种于煌绿乳糖胆盐肉汤(BGLB)管中，36 ℃±1 ℃培养 48 h±2 h，观察产气情况。产气者为大肠菌群阳性。

(5)大肠菌群最可能数(MPN)报告

按上述确证的每个稀释度下的大肠菌群 BGLB 阳性管数，查 MPN 检索表(表 10-4)，报告每 g(mL)样品中大肠菌群的 MPN 值，计入表 10-5 中。

表 10-4　　大肠菌群最可能数(MPN)检索表(GB 4789.3—2016)

阳性管数			MPN	95%可信限		阳性管数			MPN	95%可信限	
0.10	0.01	0.001		下限	上限	0.10	0.01	0.001		下限	上限
0	0	0	<3.0	—	9.5	2	2	0	21	4.5	42
0	0	1	3.0	0.15	9.6	2	2	1	28	8.7	94
0	1	0	3.0	0.15	11	2	2	2	35	8.7	94
0	1	1	6.1	1.2	18	2	3	0	29	8.7	94
0	2	0	6.2	1.2	18	2	3	1	36	8.7	94
0	3	0	9.4	3.6	38	3	0	0	23	4.6	94
1	0	0	3.6	0.17	18	3	0	1	38	8.7	110
1	0	1	7.2	1.3	18	3	0	2	64	17	180
1	0	2	11	3.6	38	3	1	0	43	9	180
1	1	0	7.4	1.3	20	3	1	1	75	17	200
1	1	1	11	3.6	38	3	1	2	120	37	420
1	2	0	11	3.6	42	3	1	3	160	40	420
1	2	1	15	4.5	42	3	2	0	93	18	420
1	3	0	16	4.5	42	3	2	1	150	37	420
2	0	0	9.2	1.4	38	3	2	2	210	40	430
2	0	1	14	3.6	42	3	2	3	290	90	1 000
2	0	2	20	4.5	42	3	3	0	240	42	1 000
2	1	0	15	3.7	42	3	3	1	460	90	2 000
2	1	1	20	4.5	42	3	3	2	1 100	180	4 100
2	1	2	27	8.7	94	3	3	3	>1 100	420	—

注：本表采用 3 个稀释度[0.1 g(mL)、0.01 g(mL)、0.001 g(mL)]，每个稀释度接种 3 管。表内所列检样量如改用 1 g(mL)、0.1 g(mL)和 0.01 g(mL)时，表内数字应相应降低 10 倍；如改用 0.01 g(mL)、0.001 g(mL)、0.0001 g(mL)时，则表内数字应相应增高 10 倍，其余类推。

表 10-5　　　　MPN 法实训报告表

样品编号	稀释度 1 阳性管数	稀释度 2 阳性管数	稀释度 3 阳性管数	MPN

6　MPN 法思考题

(1)大肠菌群的定义是什么？

(2)大肠菌群被认为是肠道病原菌污染的指示菌，为什么？

(3)伊红亚甲蓝琼脂培养基含有哪几种主要成分？在检查大肠菌群时各起什么作用？

第二法　大肠菌群平板计数法

1　大肠菌群平板计数法检验程序(图 10-24)

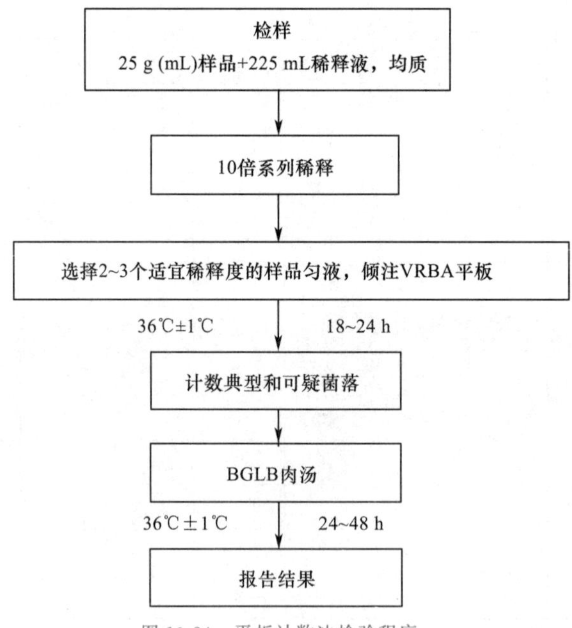

图 10-24　平板计数法检验程序
(GB 4789.3—2016)

2　大肠菌群平板计数法操作方法

(1)水样的采取

同 MPN 法。

(2)检样稀释

同 MPN 法。

(3)平板计数

选取 2～3 个适宜的连续稀释度样品匀液，每个稀释度接种 2 个无菌平皿，每皿 1 mL。同时取 1 mL 无菌生理盐水放入无菌平皿做空白对照。

将熔化并恒温至 46 ℃的结晶紫中性红胆盐琼脂(VRBA)15～20 mL 倾注于每个平皿中。小心旋转平皿，将培养基与样液充分混匀，待凝固后，再添加 3～4 mL VRBA 覆盖平板表层。凝固后翻转平板，置于 36 ℃±1 ℃培养 18～24 h。

选取菌落数在 15～150 CFU 的平板，分别计数平板上出现的典型和可疑大肠菌群菌落(如菌落直径较典型菌落小)。典型菌落为紫红色，菌落周围有红色的胆盐沉淀环，菌落直径为 0.5 mm 或更大，最低稀释度平板低于 15 CFU 的记录具体菌落数。

(4)证实实验

从 VRBA 平板上挑取 10 个不同类型的典型和可疑菌落，少于 10 个菌落的挑取全部典型和可疑菌落。分别移种于 BGLB 肉汤管内，36℃±1 ℃培养 24～48 h，观察产气情况。凡 BGLB 肉汤管产气，即报告为大肠菌群阳性。

(5)大肠菌群平板计数的报告

经证实为大肠菌群阳性的试管比例乘以上述平板计数的平板菌落数，再乘以稀释倍数，即每 g(mL)样品中大肠菌群数。若所有稀释度(包括液体样品原液)平板均无菌落生长，则以小于 1 乘以最低稀释倍数计算。将计数结果填入表 10-6。

表 10-6　平板计数法实训报告表

样品编号	典型及可疑大肠菌落数	阳性管数	接种管数	计数结果(CFU/mL)

3　大肠菌群平板计数法思考题

大肠菌群在 VRBA 培养基上有什么培养特征？

参考文献

[1]杨玉红.食品微生物学[M].北京:中国轻工业出版社,2011.

[2]殷文政,樊明涛.食品微生物学[M].北京:科学出版社,2015.

[3]贾英民.食品微生物学[M].北京:中国轻工业出版社,2004.

[4]周奇迹.农业微生物学[M].北京:中国农业出版社,2001.

[5]刘海春,藏玉红.环境微生物学[M].北京:高等教育出版社,2008.

[6]黄秀犁.微生物学[M].北京:高等教育出版社,2003.

[7]谢梅英,别智鑫.发酵技术[M].北京:化学工业出版社,2007.

[8]张曙光.微生物学[M].北京:中国农业出版社,2006.

[9]钱爱东.食品微生物[M].北京:中国农业出版社,2002.

[10]周德庆.微生物学教程[M].北京:高等教育出版社,2002.

[11]沈萍.微生物学[M].北京:高等教育出版社,2004.

[12]刘运德.微生物学检验[M].北京:人民卫生出版社,2003.

[13]黄儒强,李铃.生物发酵技术与设备操作[M].北京:化学工业出版社,2006.

[14]党建章.发酵工艺教程[M].北京:中国轻工业出版社,2003.

[15]江汉湖.食品微生物学[M].2版.北京:中国农业出版社,2005.

[16]中华人民共和国国家标准.食品卫生检验方法(微生物部分)[M].北京:中国标准出版社,2003.

[17]祖若夫,胡宝龙.周德庆微生物学实验教程[M].上海:复旦大学出版社,1993.

[18]翟礼嘉,顾红雅.现代生物技术导论[M].北京:高等教育出版社—施普林格出版社,1998.

[19]张文治.新编食品微生物学[M].北京:中国轻工业出版社,1995.

[20]杨洁彬.食品微生物学[M].北京:北京农业大学出版社,1995.

[21]万萍.食品微生物基础与实验技术[M].北京:科学出版社,2004.

[22]翁连海.食品微生物基础[M].北京:高等教育出版社,2005.

[23]苏世彦.食品微生物检验手册[M].北京:中国轻工业出版社,1998.

[24]牛天贵.食品微生物学实验技术[M].北京:中国农业大学出版社,2002.